Volker Drosse | Bernd Stier

# Bilanzen

INTENSIVTRAINING

Der günstige Preis dieses Buches wurde durch großzügige Unterstützung der

**MLP Finanzdienstleistungen AG Heidelberg**

ermöglicht, die sich seit vielen Jahren als Partner der Studierenden der Wirtschaftswissenschaften versteht.

Als führender unabhängiger Anbieter von Finanzdienstleistungen für akademische Berufsgruppen fühlt sich MLP Studierenden besonders verbunden. Deshalb ist es MLP ein Anliegen, Studenten mit dem MLP-REPETITORIUM Informationen zur Verfügung zu stellen, die ihnen für Studium und Examen großen Nutzen bieten, der sich schnell in Erfolg umsetzen lässt.

MLP-REPETITORIUM

Volker Drosse | Bernd Stier

# Bilanzen
### INTENSIVTRAINING

**REPETITORIUM WIRTSCHAFTSWISSENSCHAFTEN**
HERAUSGEBER: VOLKER DROSSE | ULRICH VOSSEBEIN

PROF. DR. VOLKER DROSSE ist Fachleiter für Controlling und Rechnungswesen an der FOM in Essen.

DIPLOM-WIRTSCHAFTSINGENIEUR BERND STIER ist langjährig im Bereich Wirtschaftsprüfung tätig.

Bibliografische Information Der Deutschen Bibliothek
Die Deutsche Bibliothek verzeichnet diese Publikation in der Deutschen Nationalbibliografie; detaillierte bibliografische Daten sind im Internet über <http://dnb.ddb.de> abrufbar.

1. Auflage Juli 2005

Alle Rechte vorbehalten
© Betriebswirtschaftlicher Verlag Dr. Th. Gabler/GWV Fachverlage GmbH, Wiesbaden 2005
Der Gabler Verlag ist ein Unternehmen von Springer Science+Business Media.
www.gabler.de

Das Werk einschließlich aller seiner Teile ist urheberrechtlich geschützt. Jede Verwertung außerhalb der engen Grenzen des Urheberrechtsgesetzes ist ohne Zustimmung des Verlags unzulässig und strafbar. Das gilt insbesondere für Vervielfältigungen, Übersetzungen, Mikroverfilmungen und die Einspeicherung und Verarbeitung in elektronischen Systemen.

Die Wiedergabe von Gebrauchsnamen, Handelsnamen, Warenbezeichnungen usw. in diesem Werk berechtigt auch ohne besondere Kennzeichnung nicht zu der Annahme, dass solche Namen im Sinne der Warenzeichen- und Markenschutz-Gesetzgebung als frei zu betrachten wären und daher von jedermann benutzt werden dürften.

Gedruckt auf säurefreiem und chlorfrei gebleichtem Papier

**Lektorat** Jutta Hauser-Fahr / Walburga Himmel
**Umschlagkonzeption** independent, München

ISBN-13: 978-3-409-12619-9   e-ISBN-13: 978-3-322-86722-3
DOI: 10.1007/978-3-322-86722-3

*für*
*Tamina, Katharina und Maximilian*

# Vorwort zum Repetitorium Wirtschaftswissenschaften

Das Repetitorium Wirtschaftswissenschaften richtet sich an Dozenten und Studenten der Wirtschaftswissenschaften, des Wirtschaftsingenieurwesens und anderer Studiengänge mit wirtschaftswissenschaftlichen Inhalten an Universitäten, Fachhochschulen und Akademien. Es ist gleichermaßen zum Selbststudium für Praktiker geeignet, die auf der Suche nach einem fundierten theoretischen Hintergrund für ihre Entscheidungen in den Unternehmen sind.

In allen Bänden des Repetitoriums wird besonderer Wert auf Beispiele, Übersichten und Übungsaufgaben gelegt, die die Erarbeitung des jeweiligen Lernstoffs erleichtern und das Gelernte festigen sollen. Zur Sicherung des Lernerfolgs dienen auch die zahlreichen Tipps zur Lösung der Aufgaben, die vor einem Vergleich der eigenen Lösung mit der Musterlösung eingesehen werden sollten. Sie enthalten einerseits die Resultate der Musterlösungen und zum anderen Hinweise zum Lösungsweg.

Für Anregungen, die der weiteren inhaltlichen und didaktischen Verbesserung des Repetitoriums dienen, sind wir dankbar.

Die Herausgeber

*Volker Drosse*                                                       *Ulrich Vossebein*

# Inhaltsverzeichnis

1. **Einleitung** .................................................................1

2. **Wesen und Grundlagen des Jahresabschlusses** ..............2
   - 2.1 Einordnung des Jahresabschlusses in das betriebliche Rechnungswesen ...............................................2
   - 2.2 Theorien des Jahresabschlusses ...........................7
     - 2.2.1 Statische Bilanztheorie...................................7
     - 2.2.2 Dynamische Bilanztheorie .............................8
     - 2.2.3 Organische Bilanztheorie...............................9
   - 2.3 Rechtliche Grundlagen zum Jahresabschluss ...............10
     - 2.3.1 Vorschriften für alle Kaufleute ......................11
     - 2.3.2 Ergänzende Vorschriften für Kapitalgesellschaften und haftungsbeschränkte Personenhandelsgesellschaften (= Kapitalgesellschaften*) ...............12
     - 2.3.3 Bestimmungen des Publizitätsgesetzes..............18
     - 2.3.4 Zusammenhang von Handels- und Steuerbilanz .......20
     - 2.3.5 Grundsätze ordnungsmäßiger Buchführung............22
   - Übungsaufgaben zum 2. Kapitel .................................32

3. **Allgemeine Ansatz- und Bewertungsregeln** ..................35
   - 3.1 Überblick .......................................................35
   - 3.2 Allgemeine Ansatzregeln ....................................35
   - 3.3 Allgemeine Bewertungsregeln ..............................41
     - 3.3.1 Grundlegende Wertbegriffe ...........................41
       - 3.3.1.1 Anschaffungskosten..............................42
       - 3.3.1.2 Herstellungskosten................................44
       - 3.3.1.3 Rückzahlungsbetrag (Erfüllungsbetrag).........47
       - 3.3.1.4 Barwert...............................................48
       - 3.3.1.5 Vernünftige kaufmännische Beurteilung........49
     - 3.3.2 Wertkorrekturen ........................................49
       - 3.3.2.1 Grundlagen..........................................49
       - 3.3.2.2 Korrekturwerte .....................................52
   - Übungsaufgaben zum 3. Kapitel .................................56

**4. Bilanzierung des Anlagevermögens** ... 59
   4.1  Posten des Anlagevermögens ... 60
   4.2  Bewertung des Anlagevermögens ... 63
        4.2.1 Aufgaben und Arten der Abschreibung ... 64
            4.2.1.1 Planmäßige Abschreibung ... 66
            4.2.1.2 Außerplanmäßige Abschreibung ... 76
        4.2.2 Zuschreibung bzw. Wertaufholung ... 80
   4.3  Nachträgliche Änderung des Abschreibungsplans ... 82
   4.4  Anlagespiegel ... 83
Übungsaufgaben zum 4. Kapitel ... 87

**5. Bilanzierung des Umlaufvermögens** ... 93
   5.1  Posten des Umlaufvermögens ... 93
   5.2  Bewertung des Umlaufvermögens ... 98
        5.2.1 Grundlagen für die Bewertung ... 98
        5.2.2 Bewertung der Vorräte ... 101
        5.2.3 Bewertung der Forderungen ... 107
        5.2.4 Bewertung der Wertpapiere des Umlaufvermögens ... 110
        5.2.5 Bewertung der liquiden Mittel ... 111
        5.2.6 Bewertung langfristiger Fertigungsaufträge ... 111
Übungsaufgaben zum 5. Kapitel ... 113

**6. Bilanzierung des Eigenkapitals** ... 116
   6.1  Begriff und Posten des Eigenkapitals ... 116
   6.2  Gezeichnetes Kapital ... 117
   6.3  Rücklagen ... 120
        6.3.1 Kapitalrücklage ... 122
        6.3.2 Gewinnrücklagen ... 122
   6.4  Darstellung der Ergebnisverwendung ... 127
   6.5  Besonderheiten bei Einzelunternehmen und Personen-
        handelsgesellschaften ... 130
Übungsaufgaben zum 6. Kapitel ... 132

**7. Bilanzierung des Fremdkapitals** ... 135
   7.1  Posten des Fremdkapitals ... 135
        7.1.1 Verbindlichkeiten ... 135

|  |  | 7.1.2 Rückstellungen................................................................139 |
| --- | --- | --- |
|  | 7.2 | Bewertung des Fremdkapitals ..............................................146 |
|  |  | 7.2.1 Bewertung von Verbindlichkeiten.....................................146 |
|  |  | 7.2.2 Bewertung von Rückstellungen ........................................148 |

Übungsaufgaben zum 7. Kapitel .................................................................152

**8. Besondere Posten und Schuldverhältnisse**..........................................155
    8.1 Rechnungsabgrenzungsposten (RAP)..................................155
    8.2 Sonderposten mit Rücklagenanteil ......................................157
    8.3 Aufwendungen gemäß § 269 HGB .....................................159
    8.4 Latente Steuern...................................................................161
    8.5 Haftungsverhältnisse ..........................................................163
    8.6 Leasing ...............................................................................164
Übungsaufgaben zum 8. Kapitel .................................................................167

**9. Gewinn- und Verlustrechnung (GuV)**..................................................169
    9.1 Aufgabe der GuV ...............................................................169
    9.2 Aufbau der GuV .................................................................170
    9.3 Die Posten der GuV im Einzelnen ......................................176
        9.3.1 Posten des Gesamtkostenverfahrens ................................176
        9.3.2 Posten des Umsatzkostenverfahrens ................................182
Übungsaufgaben zum 9. Kapitel .................................................................184

**10. Anhang und Lagebericht** ....................................................................185
    10.1 Der Anhang .......................................................................185
    10.2 Der Lagebericht.................................................................188
Übungsaufgaben zum 10. Kapitel ...............................................................193

Tipps zur Lösung der Übungsaufgaben ......................................................194

Musterlösung zu den Übungsaufgaben .......................................................202

Literaturverzeichnis....................................................................................223
Stichwortverzeichnis ..................................................................................224

# Abkürzungsverzeichnis

| | |
|---|---|
| a.A. | außerplanmäßige Abschreibung |
| Abs. | Absatz |
| AfA | Absetzung für Abnutzung (Steuerrecht) |
| AfaA | Absetzung für außergewöhnliche technische oder wirtschaftliche Abnutzung (Steuerrecht) |
| AfS | Absetzung für Substanzverringerung (Steuerrecht) |
| AG | Aktiengesellschaft |
| AK | Anschaffungskosten |
| AktG | Aktiengesetz |
| AO | Abgabenordnung |
| aRAP | aktivischer Rechnungsabgrenzungsposten |
| BFH | Bundesfinanzhof |
| BMJ | Bundesministerium der Justiz |
| d.h. | das heißt |
| DRS | Deutscher Rechnungslegungsstandard |
| DSR | Deutscher Standardisierungsrat |
| eG | eingetragene Genossenschaft |
| EGHGB | Einführungsgesetz zum Handelsgesetzbuch |
| EStDV | Einkommensteuer-Durchführungsverordnung |
| EStG | Einkommensteuergesetz |
| EStR | Einkommensteuerrichtlinien |
| F&E | Forschung und Entwicklung |
| FIFO | first in – first out (Verbrauchfolgeverfahren) |
| GKV | Gesamtkostenverfahren |
| GmbH | Gesellschaft mit beschränkter Haftung |
| GmbHG | Gesetz betreffend die Gesellschaften mit beschränkter Haftung (kurz GmbH-Gesetz) |
| GoB | Grundsätze ordnungsmäßiger Buchführung |
| GoFW | Geschäfts- oder Firmenwert |
| GuV | Gewinn- und Verlustrechnung |
| GWG | geringwertiges Wirtschaftsgut |
| HB | Handelsbilanz |
| HIFO | highest in – first out (Verbrauchfolgeverfahren) |
| HGB | Handelsgesetzbuch |

| | |
|---|---|
| HK | Herstellungskosten |
| i.d.R. | in der Regel |
| inkl. | inklusive |
| KapCoRiLiG | Kapitalgesellschaften- und Co.-Richtlinie-Gesetz |
| KG | Kommanditgesellschaft |
| KGaA | Kommanditgesellschaft auf Aktien |
| KStG | Körperschaftsteuergesetz |
| LIFO | last in – first out (Verbrauchfolgeverfahren) |
| LOFO | lowest in – first out (Verbrauchfolgeverfahren) |
| Mio. | Millionen |
| OHG | Offene Handelsgesellschaft |
| RAP | Rechnungsabgrenzungsposten |
| RFH | Reichsfinanzhof |
| pRAP | passivischer Rechnungsabgrenzungsposten |
| PublG | Gesetz über die Rechnungslegung von bestimmten Unternehmen und Konzernen (kurz Publizitätsgesetz) |
| RechkredV | Rechnungslegungsverordnung der Kreditinstitute und Finanzdienstleistungsinstitute |
| RechVersV | Rechnungslegungsverordnung von Versicherungsunternehmen |
| StB | Steuerbilanz |
| u.a. | unter anderem |
| UKV | Umsatzkostenverfahren |
| USt | Umsatzsteuer |
| u.U. | unter Umständen |
| z.B. | zum Beispiel |

# 1. Einleitung

Gegenstand der vorliegenden Folge „Bilanzen" des Repetitoriums der Wirtschaftswissenschaften ist die Darlegung des handelsrechtlichen Jahresabschlusses eines Unternehmens. Hierbei erfolgt eine Beschränkung auf den handelsrechtlichen Einzelabschluss – der Konzernabschluss ist nicht Gegenstand dieses Buches. Steuerrechtliche Bestimmungen erfahren nur insoweit Erwähnung, als dass steuerrechtliche Vorschriften bei der Erstellung des handelsrechtlichen Abschlusses zu beachten sind. Insofern handelt es sich um eine Einführung in die externe Rechnungslegung deutscher Unternehmen, gemäß des üblichen (Vorlesungs-)Aufbaus der Thematik:

1. (Handelsrechtlicher) Jahresabschluss = „Bilanzen"
2. Handelsrechtliche Konzernrechnungslegung und Sonderbilanzen
3. Konzernrechnungslegung nach internationalen Standards
4. Bilanzpolitik
5. Bilanzanalyse

Die Themen 2 bis 5 sind Gegenstand der Folge „Bilanzen II".

Der Terminus „Bilanzen" und damit auch die Aktivität des „Bilanzierens" kann in einem engeren und einem weiteren Sinne verstanden werden. Im weiteren Sinne „bilanziert" der Kaufmann, wenn er den Jahresabschluss, d.h. neben der eigentlichen Bilanz auch die Gewinn- und Verlustrechnung und ggf. weitere Elemente erstellt. Im engeren Sinne ist die Bilanz die Gegenüberstellung von Aktiva und Passiva – die Bilanzierung mithin eine der Aufgaben im Zusammenhang mit der gesamten Jahresabschlusserstellung. Wie oben bereits angeführt, interpretiert der Titel dieser Folge den Begriff „Bilanzen" im weiteren Sinne.

Wesentlich für das effektive Erlernen der nachfolgend dargebotenen Inhalte ist das Vorhandensein einer aktuellen Ausgabe der relevanten Gesetzestexte, insbesondere des Handelsgesetzbuchs (HGB). Es wird zur Vertiefung der Inhalte empfohlen, die erwähnten gesetzlichen Vorschriften jeweils bei ihrer Erwähnung durchzulesen.

# 2. Wesen und Grundlagen des Jahresabschlusses

## 2.1 Einordnung des Jahresabschlusses in das betriebliche Rechnungswesen

Das Rechnungswesen eines Unternehmens wird klassisch in die Bereiche des externen und des internen Rechnungswesens differenziert. Grundsätzliche Aufgabe des betrieblichen Rechnungswesens ist die Erfassung, Speicherung und Verarbeitung aller ökonomisch relevanten, quantitativen Informationen.

Dient das externe Rechnungswesen (eher) der Unterrichtung aller unternehmensexternen Interessenten, so richtet sich das interne Rechnungswesen, mit den Teilbereichen der Kosten- und Leistungsrechnung, der Planungsrechnungen (z.B. der Finanz- und Investitionsplanung) und der betrieblichen Statistik an den Informationsbedürfnissen des Managements aus und dient somit der zielorientierten Steuerung des Unternehmens.

Externe Interessenten sind in erster Linie:

a) Derzeitige Eigen- und Fremdkapitalgeber
b) Potenzielle Eigen- und Fremdkapitalgeber
c) Fiskus
d) Mitarbeiter
e) Sonstige Marktpartner (Lieferanten, Kunden etc.)

Das externe Rechnungswesen zeigt sich zunächst in Form der Finanzbuchhaltung und aller Nebenbuchhaltungen (Anlagenbuchhaltung, Personalbuchhaltung usw.) und findet seinen jährlichen Abschluss in Form des Jahresabschlusses.

Das externe und das interne Rechnungswesen eines Unternehmens sind an zahlreichen Stellen verzahnt, so u.a. bei der Sammlung aller Werteverzehre einer Periode (siehe hierzu die quantitative Identität von Zweckaufwand und Grundkosten, erläutert im Band „Kostenrechnung" in dieser Reihe) oder auch der Bewertung fertiger und unfertiger Erzeugnisse.

*Beispiel 2.1:* Erzeugnisbewertung

> Ein Unternehmen produzierte in der abgelaufenen Periode 100 Regenschirme. Hiervon konnten 90 in der gleichen Periode verkauft werden, 10 wurden eingelagert. Die Aufgabe des Rechnungswesens besteht zum einen in der Bestimmung der Selbstkosten der verkauften Stück und zum anderen in der Ermittlung der anteiligen Kosten/Aufwendungen der eingelagerten Stücke. Bilanziert der Kaufmann nach Abschluss dieser Periode, so stellen die eingelagerten 10 Regenschirme einen Teil des Gesamtvermögens des Kaufmanns dar, sie sind mit einem adäquaten Wertansatz zu berücksichtigen.

Der wohl wichtigste Unterschied des externen zum internen Rechnungswesen ist die gesetzliche Pflicht des ersteren. Während alle Elemente des letzteren i.d.R. auf freiwilliger Basis erstellt werden, muss der Kaufmann Bücher führen (§ 238 Abs. 1 HGB und 141 AO) und hat einen Jahresabschluss anzufertigen (§ 242 HGB). Indirekt zur gesetzlichen Pflicht werden Elemente der Kosten- und Leistungsrechnung dort, wo sie zur Bestimmung von Anschaffungs- und Herstellungskosten zwingend notwendig sind.

Der Jahresabschluss besteht zunächst aus der Bilanz und der Gewinn- und Verlustrechnung. In der Bilanz werden Vermögen (Aktiva) und Kapital (Passiva) gegenübergestellt, hierbei repräsentiert das Vermögen die Mittelverwendung und das Kapital die Mittelherkunft. Kapitalbereitstellungen durch (Mit-)Eigentümer des Unternehmens werden als Eigenkapital, Kapitalbereitstellungen durch Gläubiger als Fremdkapital berücksichtigt.

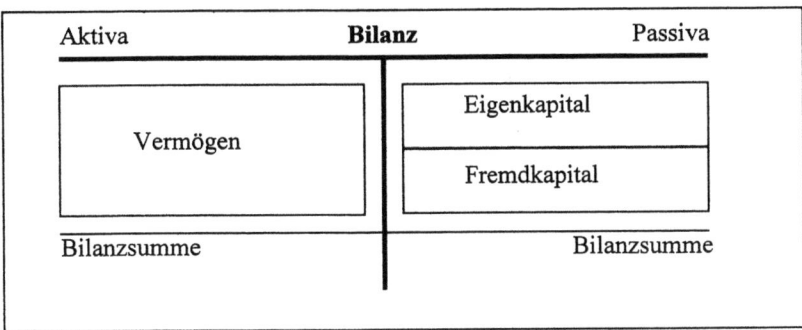

*Abbildung 2.1:* Vermögen und Kapital in der Bilanz

In die Bilanz eines Unternehmens gehen ausnahmslos Bestandsgrößen, d.h. zeitpunktdefinierte Größen, ein. Die Angabe der Höhe der vorhandenen Schulden erfolgt ebenso auf einen Zeitpunkt bezogen, wie die Angaben zum Wert eines Vermögensgegenstandes.

Ereigneten sich keinerlei Einlagen oder Entnahmen durch die Eigentümer des Unternehmens, kann ein erzielter Erfolg (Gewinn oder Verlust) einer Periode durch Vergleich des Netto- oder Reinvermögens (= Vermögen minus Schulden) bestimmt werden.

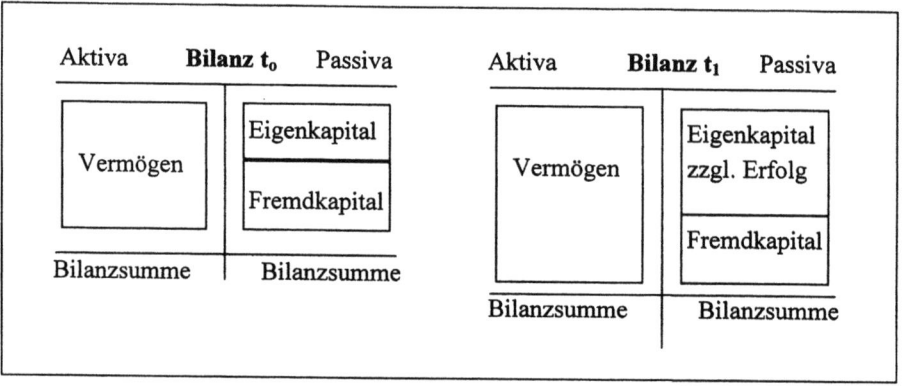

*Abbildung 2.2:* Bestimmung des Erfolgs durch Reinvermögensvergleich

Ein Erfolg kann nicht nur durch Reinvermögensvergleich bestimmt werden. Die vorrangige Aufgabe der Gewinn- und Verlustrechnung (GuV) ist die Erfolgsbestimmung durch Gegenüberstellung von Erträgen und Aufwendungen einer Periode. Im Unterschied zur Bilanz sind alle Posten dieses zweiten Elements des Jahresabschlusses immer Stromgrößen, folglich zeitraumdefinierte Größen. Erträge sind die auf eine Abrechnungsperiode bezogenen, also periodisierten Einnahmen, die zu einer Erhöhung des Reinvermögens eines Unternehmens führen. Aufwendungen stellen auf die Abrechnungsperiode bezogene Ausgaben dar, die zu einer Verringerung des Reinvermögens (Sach- und Geldvermögen) führen.

*Beispiel 2.2:* Periodisierte Ausgaben

> Eine Ausgabe liegt bei der Beschaffung von Rohstoffen vor. Werden diese erst in der nächsten Periode verbraucht, so entsteht dann erst der Aufwand.

Die GuV gibt einen Einblick in die Entstehungsursachen des Erfolgs, indem sie die einzelnen Aufwands- und Ertragsarten differenziert darlegt. Allerdings zeigt sie nicht auf, wie sich die Vermögensposten geändert haben. Insofern ergänzen sich die Bilanz und die GuV. Der Erfolg nach beiden Rechnungen ist identisch und stellt zudem die verbindende Größe dieser beiden Elemente des Jahresabschlusses dar.

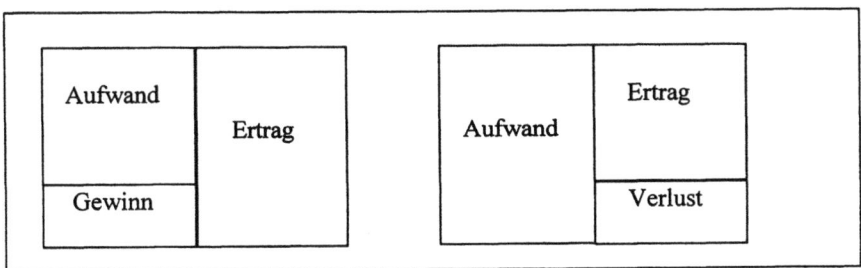

*Abbildung 2.3:* Erfolg als Saldo von Ertrag und Aufwand

Die letzten Ausführungen sollen durch ein einfaches Beispiel verdeutlicht werden.

*Beispiel 2.3:* Zusammenhang von Bilanz und GuV

Ein Unternehmen wies zum letzten Bilanzstichtag (31.12.00) folgende einfache Vermögens- und Kapitalstruktur auf:

| Aktiva | **Bilanz 31.12.00** | Passiva |
|---|---|---|
| Vorräte: 100 | Eigenkapital: | 80 |
|  | Fremdkapital: | 20 |
| Bilanzsumme: 100 | Bilanzsumme: | 100 |

In der nun anschließenden Periode 01 werden die Vorräte (nach sorgfältiger Kalkulation in der Kosten- und Leistungsrechnung) zu 130 bar verkauft. Weitere Geschäftsvorfälle ereignen sich nicht.

Die GuV zeigt die Gewinnentstehung auf, so für den Zeitraum des Geschäftsjahres 01:

**Ertrag**
Umsatzerlöse in 01:        130
**./. Aufwand**
Materialaufwand in 01:    ./. 100
= Gewinn in 01:              30

Die Bilanz zum Zeitpunkt 31.12.01 zeigt die Gewinnverwendung (Eigenkapitalerhöhung um 30) und die Änderung in der Vermögensstruktur auf:

| Aktiva | **Bilanz 31.12.01** | Passiva |
|---|---|---|
| Kasse: 130 | Eigenkapital: | 110 |
|  | Fremdkapital: | 20 |
| Bilanzsumme: 130 | Bilanzsumme: | 130 |

Abschließend verdeutlicht die folgende Abbildung nochmals die Teilbereiche eines (voll ausgebauten) Rechnungswesens:

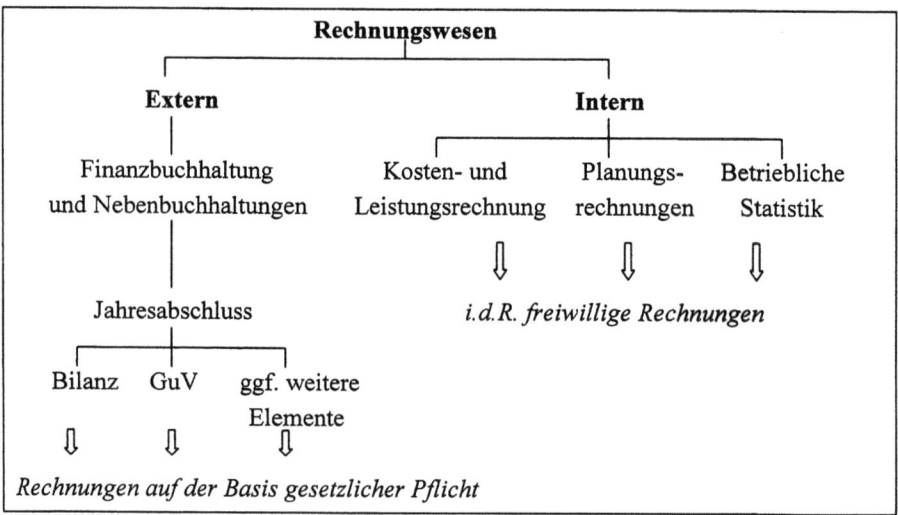

*Abbildung 2.4:* Bestandteile des Rechnungswesens

## 2.2 Theorien des Jahresabschlusses

Bilanztheorien (auch Bilanzauffassungen) unternehmen den Versuch, unabhängig konkreter gesetzlicher Regelungen, den betriebswirtschaftlichen Sinn und Zweck des Jahresabschlusses herzuleiten. Bilanztheorien wirken prägend auf die real auffindbaren, zeitlich und national unterschiedlichen Bestimmungen zum Jahreabschluss. Ausdruck der Theorien ist beispielsweise die Art der Bestimmung des Periodenerfolgs oder auch die Form der Bewertung von Vermögensgegenständen.

Aus der Vielzahl der unterschiedlichen Theorien des Jahresabschlusses werden nachfolgend kurz erläutert:

a) die statische Bilanztheorie
b) die dynamische Bilanztheorie
c) die organische Bilanztheorie

### 2.2.1 Statische Bilanztheorie

Die wesentliche Aufgabe des Jahresabschlusses gemäß statischer Bilanztheorie ist die jährliche Ermittlung des Reinvermögens – die Erfolgsermittlung ist hierbei von nachrangiger Bedeutung.

Wird von der Annahme der Fortführung des Unternehmens ausgegangen, so handelt es sich um den Ansatz der sog. „Fortführungsstatik". Wird hingegen die Zerschlagung des Unternehmens unterstellt, so liegt der Extremfall der „Zerschlagungsstatik" vor.

Letztere beruht auf einer zentralen Entscheidung des Reichsoberlandesgerichts von 1873. Der Begriff des sog. „Schuldendeckungspotenzials" nimmt hierbei eine zentrale Rolle ein – dieses repräsentiert gewissermaßen den schlechtestmöglichen Fall: die Bewertung des gesamten Vermögens unter der Annahme der Zerschlagung des Unternehmens. Vermögensgegenstände und Schulden sind jeweils einzeln zu bewerten. Zur Eindämmung der Bewertungswillkür des bilanzierenden Kaufmanns wurde das Konstrukt eines „objektiven" Wertes geschaffen, bei dem zerschlagungsspezifische Einflüsse unberücksichtigt bleiben – dieser „gemeine Wert" hat zentrale Bedeutung innerhalb aktueller deutscher Bewertungsgrundsätze. Die einzig als Schulden berücksichtigten, rechtverbindlichen Zahlungsverpflichtungen sind durch den Einzelveräußerungspreis der Vermögensgegenstände („Versilberungswerte") zu decken.

Im Unterschied dazu werden Vermögensgegenstände und Schulden im Konzept der Fortführungsstatik (H. V. Simon, 1898) zu Unternehmens-Fortführungswerten angesetzt, sofern die Fortführung die realistische Annahme ist. Das dem Zerschlagungsprinzip polar gegenüberstehende Fortführungsprinzip findet aktuell u.a. seinen Niederschlag in § 252 Abs. 1 Nr. 2 HGB (going-concern-Prinzip). Dennoch sind nicht alle zur Fortführung des Unternehmens relevanten Positionen aktivierungsfähig. Die Mitarbeiterqualität, das Image oder die Qualität der Beziehungen zu Marktpartnern sind zweifelsohne wesentliche Kriterien zur Fortführung des Unternehmens über den Bilanzstichtag hinaus, weisen jedoch keinen eindeutig zurechenbaren Wert auf. Rein wirtschaftliche Güter (Kundenstamm oder ein Geheimrezept) dürfen nur dann aktiviert werden, wenn sie entgeltlich von Dritten erworben wurden (derivativer Erwerb – findet seinen Niederschlag in § 248 Abs. 2 HGB), nicht jedoch wenn sie selbsterstellt worden sind (originärer Erwerb).

### 2.2.2 Dynamische Bilanztheorie

Eugen Schmalenbach entwickelte in den ersten beiden Jahrzehnten des 20. Jahrhunderts die dynamische Bilanztheorie. Die zentrale Funktion des Jahresabschlusses liegt hierbei in der Ermittlung des betriebswirtschaftlichen Erfolgs.

Zentraler Ausgangspunkt der dynamischen Bilanzauffassung ist die Erkenntnis, dass die wirkliche Vermögenshöhe im Sinne eines Gesamtwertes des Unternehmens prinzipiell mittels Bilanz nicht feststellbar ist. Daher hat die Bestimmung eines „aussagefähigen" Gewinns zentrale

Bedeutung, denn dieser gibt Aufschluss über die Entwicklung der Vermögenslage des Unternehmens.

Auf andere Weise kommt die dynamische Bilanztheorie damit ebenfalls dem Gläubigerschutz nach, denn gemäß Schmalenbach wird den Gläubigern am besten dadurch gedient, dass der Kaufmann dazu angehalten wird, seine Geschäftsentwicklung durch eine gute Erfolgsdarstellung zu kontrollieren.

Zahlreiche Bilanzierungsprinzipien, so u.a. das Niederstwert- und Realisationsprinzip (siehe Kapitel 2.3) fanden Eingang in die deutschen Bilanzierungsgrundsätze. Allerdings ist auch der dynamische Ansatz – ähnlich der nahezu ausschließlich am Gläubigerschutz orientierten statischen Ansätze – einseitig ausgerichtet. So vernachlässigt der Ansatz jegliche Aufgabe, die am Vermögen des Unternehmens ansetzen, z.B. die Schuldendeckungskontrolle.

Nicht nur das deutsche Handelsrecht, sondern auch internationale Rechnungslegungsstandards, wie IFRS oder US-GAAP sind von einem Kompromiss in Form einer Kombination von statischem und dynamischem Bilanzansatz durchzogen.

### 2.2.3 Organische Bilanztheorie

Die organische Bilanztheorie geht im Wesentlichen auf Fritz Schmidt zurück. Anfang der zwanziger Jahre des vergangenen Jahrhunderts entwickelte er den Jahresabschluss aus gesamtwirtschaftlicher Sicht mit dem einzelnen Unternehmen als Zelle im gesamtwirtschaftlichen Organismus. Innerhalb dieses Ansatzes wird nur dann von einem positiven Erfolg des Unternehmens ausgegangen, wenn es seine relative Stellung in der gesamten Volkswirtschaft behauptet hat. Zur Erhaltung der leistungswirtschaftlichen Substanz ist in einer Situation steigender Preise ein Teil des erzielten Gewinns eines Unternehmens als „Scheingewinn" zu betrachten und buchhalterisch vom echten Gewinn zu trennen.

*Beispiel 2.4:* Scheingewinn innerhalb der organischen Bilanztheorie

> Ist ein Gut zu € 10 beschafft und zu € 15 verkauft worden, so ist der hieraus erzielte Nominalgewinn € 5. Beläuft sich der Wiederbeschaffungswert des Gutes am Bilanzstichtag auf € 11, so beträgt der Realgewinn € 4. In Höhe von € 1 fiel Scheingewinn an, da dieser zum Ausgleich des gestiegenen Beschaffungspreises verwandt werden müsste.

Gemeinsam mit den statischen Ansätzen hat der organische den Bilanzierungszweck der Vermögensermittlung, allerdings wird das Anschaffungskostenprinzip durch das Prinzip der Tageswerte (Wiederbeschaffungswerte) ersetzt. In der Bestimmung eines „richtigen" Gewinns liegt eine grundsätzliche Gemeinsamkeit mit der dynamischen Auffassung. Aufgrund der Gleichrangigkeit von Vermögens- und Gewinnermittlung wird der organische Ansatz begrifflich auch als dualistische Theorie geführt. Ihren konkreten Niederschlag findet die Theorie beispielsweise in jenen Fällen, in denen im Zusammenhang mit Verbrauchsfolgeverfahren zur Bewertung von Vorräten das LiFo-Verfahren (siehe Kapitel 5.2.2) gewählt werden kann, denn hierdurch entstehen bei steigenden Preisen stille Preissteigerungspuffer.

## 2.3 Rechtliche Grundlagen zum Jahresabschluss

Zentrale gesetzliche Bestimmungen zum Jahresabschluss finden sich im Dritten Buch des HGB (§§ 238-342a):

a) Vorschriften für alle Kaufleute (§§ 238-263)
b) Ergänzende Vorschriften für Kapitalgesellschaften und für haftungsbeschränkte Personenhandelsgesellschaften (§§ 264-335)
c) Ergänzende Vorschriften für eG (§§ 336-339)
d) Ergänzende Vorschriften für Unternehmen bestimmter Geschäftszweige (§§ 340-341)

Rechtsformenspezifische Regelungen des Handelsrechts sind dem Aktiengesetz (AktG) oder auch dem GmbH-Gesetz (GmbHG) etc. zu entnehmen. Das Publizitätsgesetz (PublG) enthält größenspezifische Regelungen, die Rechnungslegungsverordnung der Kreditinstitute und Finanzdienstleistungsinstitute (RechKredV), oder auch die Rechnungslegungsverordnung von Versicherungsunternehmen (RechVersV) branchenspezifische Regelungen.

Auch bietet das Steuerrecht mit der Abgabenordnung (AO), dem Einkommensteuergesetz (EStG), der Einkommensteuer-Durchführungsverordnung (EStDV), den Einkommensteuerrichtlinien (EStR) und dem Körperschaftssteuergesetz (KStG) eine Reihe wesentlicher Normen zum Jahresabschluss auf und auch die Urteile des Bundesfinanzhofs (BFH) und die Erlasse der Finanzverwaltung sind eine wichtige Grundlage im Rahmen der Bilanzierung.

Schließlich stellen die Grundsätze ordnungsmäßiger Buchführung (GoB) allgemein anerkannte Regeln zur Führung von Handelsbüchern und zur Erstellung des Jahresabschlusses dar.

### 2.3.1 Vorschriften für alle Kaufleute (§§ 238-263 HGB)

Die Anforderungen an die Buchführung und das Inventar (als Ergebnis der Inventur – eine ausführliche Aufstellung aller Vermögensgegenstände und Schulden) sind in den §§ 238 – 241 HGB kodifiziert.

Jeder Kaufmann ist gem. § 242 Abs. 1 und Abs. 2 HGB zur jährlichen Aufstellung einer Bilanz und einer GuV verpflichtet, beide Elemente bilden seinen Jahresabschluss.

Die Absätze 1 und 3 des § 243 HGB bestimmen, dass der Jahresabschluss „nach den Grundsätzen ordnungsmäßiger Buchführung aufzustellen" ist und dieses innerhalb der einem ordnungsmäßigen Geschäftsgang entsprechenden Zeit zu erfolgen hat.

Die Ansatzvorschriften (§§ 246 – 251 HGB) bestimmen, was der Jahresabschluss zu beinhalten hat oder enthalten darf. Der Ausweis und die

Gliederung der Bilanz sind in den Absätzen 1 und 3 des § 247 HGB lediglich allgemein geregelt, spezielle Bestimmungen zum Ausweis und der Gliederung enthalten die Ansatzvorschriften nicht. Es „sind das Anlagevermögen und das Umlaufvermögen, das Eigenkapital und die Schulden sowie die Rechnungsabgrenzungsposten gesondert auszuweisen und hinreichend aufzugliedern". Wie die Gliederung im Detail auszusehen hat, ist dem Kaufmann überlassen.

Vorschriften zur Bewertung der Positionen des Jahresabschlusses sind in den §§ 252 bis 256 HGB dargelegt.

Die Grundsätze der Bilanzierung hinsichtlich des Ansatzes und der Bewertung werden im dritten Kapitel dieses Buchs erläutert.

### 2.3.2 Ergänzende Vorschriften für Kapitalgesellschaften und haftungsbeschränkte Personenhandelsgesellschaften (=Kapitalgesellschaften*)

An die Rechnungslegung von Kapitalgesellschaften werden aus den folgenden Gründen höhere Anforderungen gestellt:

a) Die Haftung der Kapitalgesellschaften für die Verbindlichkeiten der Gesellschaft ist grundsätzlich beschränkt, es existiert grundsätzlich keine Durchgriffshaftung (siehe hierzu den Band „Allgemeine Betriebswirtschaftslehre" oder den Band „Privatrecht" in dieser Reihe).
b) Es existiert eine prinzipielle Trennung zwischen dem Eigentum an den betrieblichen Vermögensgegenständen (dieses liegt mittelbar in Händen der Eigentümer, wie z.B. der Gesellschafter oder Aktionäre) und der Verfügungsgewalt über die Vermögensgegenstände (dieses hat das Management inne, so z.B. der Geschäftsführer oder der Vorstand).

Seit dem Inkrafttreten des Kapitalgesellschaften- und Co.-Richtlinien-Gesetz (KapCoRiLiG) gelten diese strengeren Anforderungen auch für bestimmte, in § 264a Abs. 1 HGB definierte Personengesellschaften, z.B. die GmbH & Co. KG.

**Gelten die weiteren Ausführungen nicht nur für Kapitalgesellschaften, sondern auch für haftungsbeschränkte Personengesellschaften, so wird dies mit einem Hinweis (Kapitalgesellschaften*) kenntlich gemacht.**

Die gewählte Formulierung „ergänzende Vorschriften" soll darauf hinweisen, dass Kapitalgesellschaften* im Rahmen ihres Jahresabschlusses sowohl die §§ 238-263 als auch die §§ 264-335 des HGB zu beachten haben, wohingegen Einzelunternehmen und nicht haftungsbeschränkte Personenhandelsgesellschaften lediglich die §§ 238-263 berücksichtigen müssen.

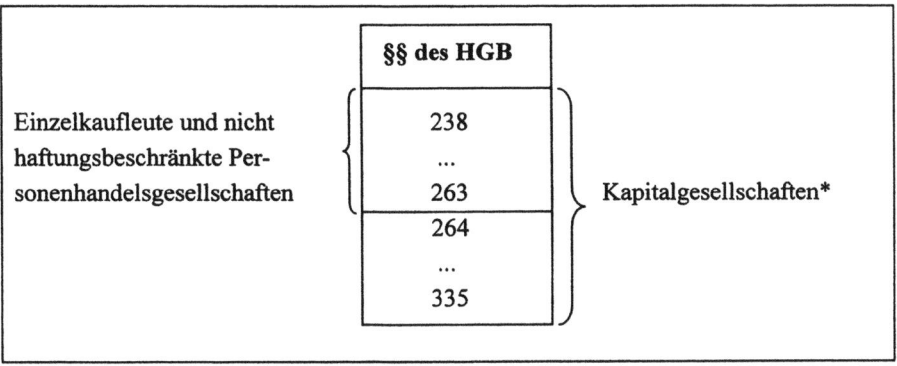

*Abbildung 2.5:* Geltungsbereich der §§ 238 bis 335 des HGB

Während konkrete ergänzende Bestimmungen an späterer Stelle behandelt werden, sind nachfolgend einige Besonderheiten für Kapitalgesellschaften* darzulegen.

So bestimmt § 264 Abs. 1 HGB, dass der Jahresabschluss neben der Bilanz und der GuV um einen Anhang zu erweitern ist. Dem Anhang kommt insbesondere die Aufgabe zu, die Posten der Bilanz und der GuV weiter zu untergliedern und die gewählten Bilanzierungs- und Bewertungswahlrechte zu erläutern. Die Bilanz, GuV und der Anhang stellen eine Einheit dar und bilden den Jahresabschluss der Kapitalgesellschaft. Zudem ist grundsätzlich ein Lagebericht zu erstellen, dieser steht als eigenständiges Informationsinstrument neben dem Jahresabschluss. Der Lagebericht enthält Angaben über den allgemeinen Geschäftsverlauf und die Lage des

Unternehmens sowie weitere Angaben, er stellt ein informationsergänzendes und -verdichtendes Instrument dar. Gemäß § 264, Abs. 1 Satz 3 HGB sind allerdings kleine Kapitalgesellschaften* von der Aufstellung des Lageberichts befreit. Anhang und Lagebericht werden in Kapitel 10 näher erläutert.

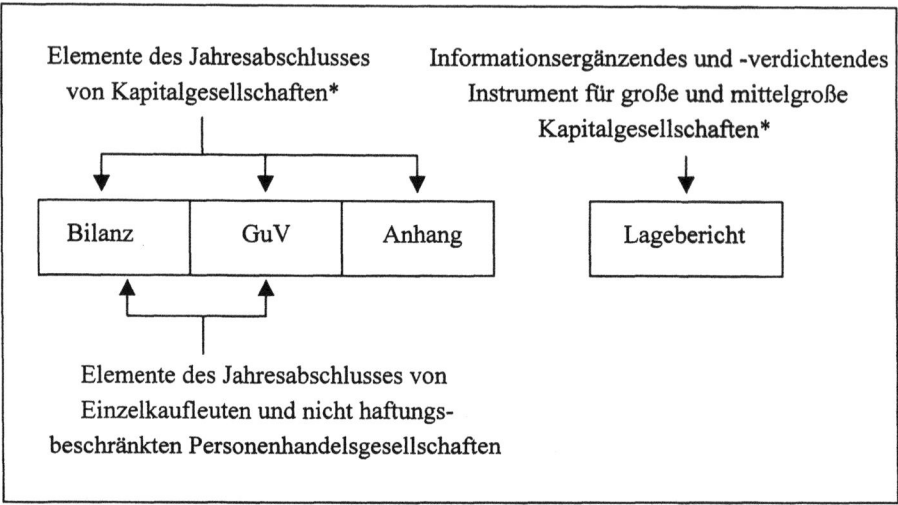

*Abbildung 2.6:* Bestandteile des Jahresabschlusses

In § 264 Abs. 2 HGB wird auf die Generalnorm der Jahresabschluss-Aufstellung für alle Kapitalgesellschaften* hingewiesen. Dieser hat „ ... unter Beachtung der Grundsätze ordnungsmäßiger Buchführung ein den tatsächlichen Verhältnissen entsprechendes Bild der Vermögens-, Finanz- und Ertragslage zu vermitteln" (true and fair view). Die Generalnorm ist immer dann anzuwenden, wenn gesetzliche Einzelregelungen, insbesondere im Zusammenhang mit Wahlrechten und Ermessensspielräumen, auszulegen sind.

§ 265 HGB enthält allgemeine Grundsätze für den Ausweis in der Bilanz und der GuV, § 266 HGB schreibt das für die Bilanz und § 275 HGB das für die GuV anzuwendende Gliederungsschema vor. Regelungen zum Anhang finden sich in erster Linie in den §§ 284-288 HGB, § 289 HGB bestimmt den Inhalt des Lageberichts.

Im Zusammenhang mit dem Jahresabschluss von Kapitalgesellschaften*
ist häufiger die Größe der Gesellschaft von besonderer Relevanz. § 267
HGB definiert Größenklassen, auf Grundlage derer der Umfang der
Berichterstattung, Prüfung und Offenlegung zu erfolgen hat. Die für die
Kategorisierung gewählten Kriterien sind die Bilanzsumme, die Höhe der
Umsatzerlöse und die Anzahl der Arbeitnehmer. Nach diesen Kriterien
werden kleine (§ 267 Abs. 1 HGB), mittelgroße (§ 267 Abs. 2 HGB) und
große (§ 267 Abs. 3 HGB) Gesellschaften unterschieden. Die jeweiligen
Rechtsfolgen treten ein, wenn die Gesellschaft an mindestens zwei
aufeinanderfolgenden Stichtagen mindestens zwei der nachfolgenden drei
Größenkriterienausprägungen erfüllt.

*Tabelle 2.1:* Größe der Gesellschaft gem. § 267 HGB[1]

|       | Bilanzsumme (BS) in Mio. € | Umsatzerlöse (UE) in Mio. € | Anzahl der Arbeitnehmer (AN) |
|-------|---------------------------|----------------------------|------------------------------|
| Klein | ≤ 3,438                   | ≤ 6,875                    | ≤ 50                         |
| Mittel| 3,438 < BS ≤ 13,75        | 6,875 < UE ≤ 27,5          | 50 < AN ≤ 250                |
| Groß  | > 13,75                   | > 27,5                     | > 250                        |

§ 267 Abs. 3 Satz 2 bestimmt, dass eine Gesellschaft stets als große
Gesellschaft gilt, wenn die von ihr ausgegebenen Wertpapiere an einem
organisierten Markt gehandelt werden oder die Zulassung zum Handel an
einem organisierten Markt beantragt wurde.

*Beispiel 2.5:* Größenklasse einer Kapitalgesellschaft

Eine GmbH wies zu den nachstehend aufgeführten Stichtagen
folgende Kriterienausprägungen auf (Werte in Mio. €):

| Stichtag | Bilanzsumme | Umsatzerlöse | Anzahl der Arbeitnehmer |
|----------|-------------|--------------|-------------------------|
| $t_0$    | 12          | 24           | 260                     |
| $t_1$    | 12,5        | 28           | 265                     |
| $t_2$    | 13,1        | 29           | 271                     |

Die Kriterienausprägungen vor $t_0$ entsprechen jenen zu $t_0$.

---

[1] Stand Juni 2004. Die gemäß Schwellenwertrichtlinie der EU-Kommission (demnächst umgesetzt in nationales Recht) geplante Änderung, sieht eine Anhebung der auf € lautenden Grenzen um ca. 16,7% vor.

Zunächst sollten die Größenklassen bei den einzelnen Kriterien festgestellt werden:

|       | Bilanzsumme in Mio. € | Umsatzerlöse in Mio. € | Anzahl der Arbeitnehmer |
|-------|------------------------|------------------------|-------------------------|
| $t_0$ | Mittelgroß             | Mittelgroß             | Groß                    |
| $t_1$ | Mittelgroß             | Groß                   | Groß                    |
| $t_2$ | Mittelgroß             | Groß                   | Groß                    |

Zum Stichtag $t_0$ handelt es sich um eine mittelgroße Gesellschaft, da diese Zuordnung auch vor $t_0$ erfolgte (s.o.), sind die Rechtsfolgen für die mittelgroße Kapitalgesellschaft relevant. Zwar liegt zum Stichtag $t_1$ eine große Gesellschaft vor, die Rechtsfolgen sind aber jene zur mittelgroßen, da dies erstmals der Fall ist. Zu $t_2$ ist zum zweiten aufeinanderfolgenden Stichtag eine große Kapitalgesellschaft gegeben, nun treten die Rechtsfolgen für die große Gesellschaft ein.

Die Klassifikation einer Gesellschaft als kleine, mittelgroße oder große ist von zentraler Bedeutung für die Aufstellung, Prüfung und die Offenlegung des Jahresabschlusses.

So dürfen kleine und mittelgroße Kapitalgesellschaften* bei der Aufstellung des Jahresabschlusses, also seiner technischen Anfertigung, bestimmte Erleichterungen in Anspruch nehmen, so u.a.:

a) Gemäß § 266 Abs. 1 Satz 3 HGB brauchen kleine Kapitalgesellschaften* lediglich die mit Buchstaben und römischen Zahlen bezeichneten Posten in ihrer Bilanz auszuweisen („verkürzte Bilanz"), eine Pflicht zur tieferen Gliederung besteht nicht.
b) Kleine und mittelgroße Kapitalgesellschaften* können bestimmte Posten ihrer GuV zum Rohergebnis zusammenfassen (§ 276 Satz 1 HGB).
c) Insbesondere kleine, teilweise auch mittelgroße Gesellschaften brauchen bestimmte Angaben und Erläuterungen in ihrem Anhang nicht zu machen (§§ 288 Satz 1 und 2, 276 Satz 2, 274a HGB).

d) Kleine Kapitalgesellschaften* müssen keinen Lagebericht erstellen (§ 264 Abs. 1 Satz 3 HGB).

Der Gesetzgeber hat in den §§ 316 – 324 HGB die Pflicht zur Prüfung des erstellten Jahresabschlusses durch unabhängige Dritte kodifiziert. Hiernach sind der Jahresabschluss und der Lagebericht großer und mittelgroßer Gesellschaften durch einen Abschlussprüfer zu prüfen, kleine Gesellschaften sind von der Prüfungspflicht befreit. Die Prüfung erfolgt gemäß § 319 Abs. 1 HGB durch einen Wirtschaftsprüfer, im Falle einer mittelgroßen GmbH oder haftungsbeschränkten Personenhandelsgesellschaft auch wahlweise durch einen vereidigten Buchprüfer. Der Abschlussprüfer testiert (im positiven Falle) die Ordnungsmäßigkeit der Rechnungslegung nach Gesetz und Satzung durch seinen Bestätigungsvermerk (§ 322 HGB). Die Feststellung des Jahresabschlusses (durch Vorstand und Aufsichtsrat oder durch die Hauptversammlung bei der AG und durch die Gesellschafter bei der GmbH) kann gem. § 316 Abs. 1 und 2 HGB erst nach der erfolgten Prüfung eintreten. Durch die Feststellung wird der Jahresabschluss rechtlich wirksam.

Die Vorschriften zur Offenlegung (§§ 325 – 329 HGB) dienen dazu, die Rechnungslegung des Unternehmens den genannten externen Abschlussadressaten (Kapitel 2.1) zugänglich zu machen. Der Umfang der Offenlegungspflicht und auch das Medium der Offenlegung ist abhängig von der jeweiligen Größenklasse:

a) Große Kapitalgesellschaften* haben den Jahresabschluss, den Prüfungsvermerk des Abschlussprüfers, den Lagebericht, den Bericht des Aufsichtsrats und u.U. den Vorschlag und den Beschluss über die Ergebnisverwendung durch Einreichung beim Handelsregister und Bekanntmachung der Unterlagen im Bundesanzeiger offenzulegen. Börsennotierte Aktiengesellschaften müssen zudem die Entsprechungserklärung gemäß § 161 AktG publizieren.

b) Kleine und mittelgroße Kapitalgesellschaften* reichen die jeweils relevanten Unterlagen beim Handelsregister ein und veröffentlichen lediglich einen Hinweis der Hinterlegung im Bundesanzeiger (sog. Hinterlegungsbekanntmachung). Hierbei wird bekannt gegeben, bei welchem Handelsregister und unter welcher Nummer die Unterlagen eingereicht wurden. Hinsichtlich des Umfangs der Offenlegung gilt u.a., dass die Bilanz nur verkürzt offengelegt werden muss. Kleine Kapitalgesellschaften* brauchen die GuV nicht, mittelgroße lediglich verkürzt offenzulegen.

Die Vorschriften §§ 331 – 335 HGB beschreiben die Sanktionen bei Verstößen gegen die Aufstellungs-, Prüfungs- und Offenlegungspflichten.

Abbildung 2.7 soll den Ablauf von der Erstellung bis zur Offenlegung für eine GmbH „ohne Komplikationen" (wie z.B. Einwände des Prüfers, Abweichung des festgestellten vom geprüften Jahresabschluss) verdeutlichen.

### 2.3.3 Bestimmungen des Publizitätsgesetzes

Unabhängig ihrer Rechtsform weisen Großunternehmen eine wichtige Rolle für ihre Marktpartner und die sonstige Volkswirtschaft auf. Aus diesem Grunde schuf der Gesetzgeber 1969 das Publizitätsgesetz (PublG). In den Wirkungsbereich des Gesetzes fallen alle Großunternehmen. Als Großunternehmen gelten gemäß § 1 Abs. 1 PublG solche, die zwei von drei Kriterienausprägungen (Bilanzsumme > 65 Mio. € / Umsatzerlöse > 130 Mio. € / Anzahl der Arbeitnehmer > 5.000) an mindestens drei (!) aufeinanderfolgenden Abschlussstichtagen erfüllen.

Solche Unternehmen haben, auch wenn es sich um Einzelunternehmen oder nicht haftungsbeschränkte Personenhandelsgesellschaften handelt, den Jahresabschluss hinsichtlich Gliederung und der erweiterten Ausweisvorschriften wie eine große Kapitalgesellschaft zu erstellen (§ 5 PublG), einen Abschlussprüfer zu bestellen (§ 6 Abs. 1 PublG) und den Abschluss offenzulegen (§ 9 PublG).

Unter bestimmten Bedingungen kann auf die Offenlegung der GuV verzichtet werden (§ 9 Abs. 2 PublG). Gemäß § 5 Abs. 2 Satz 1 PublG sind Einzelunternehmen und Personenhandelsgesellschaften jedoch von der Pflicht zur Aufstellung eines Anhangs und Lageberichts befreit.

Die gesetzlichen Vertreter der Gesellschaft erstellen innerhalb von drei Monaten (6 Monate bei kleinen Kapitalgesellschaften) nach dem Bilanzstichtag den Jahresabschluss und den Lagebericht.

Jahresabschluss und Lagebericht werden durch die gesetzlichen Vertreter an den Abschlussprüfer übermittelt, sofern keine Befreiung von der Prüfungspflicht besteht.

Der Abschlussprüfer prüft und erstellt den Prüfungsbericht und den Prüfungsvermerk und legt beides vor.

Sofern ein Aufsichtsorgan besteht, werden Jahresabschluss, Lagebericht und Prüfungsbericht diesem vorgelegt und durch diesen innerhalb eines Monats geprüft.

Vorlage von Jahresabschluss, Lagebericht, Gewinnverwendungsvorschlag und (sofern ein Aufsichtsorgan besteht) dem Bericht des Aufsichtsorgans an die Gesellschafter zur Feststellung und Beschluss über die Ergebnisverwendung innerhalb der ersten 8 Monate des Geschäftsjahres.

Die gesetzlichen Vertreter reichen den Jahresabschluss mit Prüfungsvermerk spätestens vor Ablauf des 12. Monats nach dem Bilanzstichtag mit dem Lagebericht, ggf. dem Bericht des Aufsichtsorgans und dem Beschluss oder dem Vorschlag über die Ergebnisverwendung beim Handelsregister ein. Große Gesellschaften haben zuvor die Informationen im Bundesanzeiger bekannt zu machen, kleine und mittelgroße publizieren dort die Hinterlegungsbekanntmachung.

*Abbildung 2.7:* Von der Erstellung bis zur Offenlegung

## 2.3.4 Zusammenhang von Handels- und Steuerbilanz

Die Aufgabe des Jahresabschlusses besteht neben seiner Informationsfunktion auch darin, Zahlungen an Externe zu bemessen (sog. Zahlungsbemessungsfunktion). Die Zahlungen an die Eigentümer des Unternehmens, so z.B. als Dividende an die Aktionäre der AG, erfolgt auf der Grundlage des handelsrechtlichen Gewinns, jene an den Fiskus auf der Grundlage des steuerrechtlichen Gewinns.

§ 140 Abgabenordnung (AO) regelt, dass alle Personen der steuerrechtlichen Buchführungspflicht unterliegen, die nach anderen Gesetzen als den Steuergesetzen Bücher zu führen haben. Zudem nennt § 141 AO einige einfache Grenzen. Demnach sind Buchführungspflichtig Gewerbetreibende und Land- und Forstwirte, die:

- einen Gesamtumsatz von mehr als 260.000 € im Kalenderjahr

oder

- selbstbewirtschaftete land- und forstwirtschaftliche Flächen mit einem Wirtschaftswert von mehr als 20.500 €

oder

- einen Gewinn aus Gewerbebetrieb von mehr als 25.000 € im Wirtschaftsjahr

oder

- einen Gewinn aus Land- und Forstwirtschaft von mehr als € 25.000 im Kalenderjahr haben.

Für jene, die aufgrund von §§ 140 oder 141 AO buchführungspflichtig sind, bestimmt § 5 Abs. 1 EStG, dass diese eine jährliche Steuerbilanz zu erstellen haben. Falls hierbei nicht steuerrechtliche Vorschriften etwas anderes vorschreiben, hat die Erstellung nach den Grundsätzen ordnungsmäßiger Buchführung (GoB) – d.h. den Regelungen des Handelsrechts – zu erfolgen.

Diese Regelung findet in der Literatur als sog. Maßgeblichkeitsgrundsatz (der Handelsbilanz für die Steuerbilanz) Eingang. Vermögensgegenstände und Schulden, die in der Handelsbilanz angesetzt werden, sind in die

Steuerbilanz zu übernehmen. Steuerliche Vorschriften, die die Übernahme verhindern, finden sich in erster Linie in den §§ 4 bis 7 EStG sowie in steuerlichen Spezialgesetzen.

Die deutsche Handelsbilanz wird weltweit häufig als „steuerlich getrieben," kritisiert. Dies liegt insbesondere daran, dass ungeklärte Fragen zur Bilanzierung häufiger aus steuerlicher als aus handelsrechtlicher Sicht zu gerichtlichen Auseinandersetzungen führen. Da die Steuergerichte diese Fragen häufig nur durch eine Auslegung der für das Steuerrecht maßgeblichen GoB entscheiden können, stammt ein Großteil der GoB-Interpretationen von den Steuergerichten. Hierbei wird i.d.R. nicht die Zielsetzung verfolgt, die GoB aus ihrem eigentlichen handelsrechtlichen Kontext weiterzuentwickeln, vielmehr wird die Auslegung von den jeweiligen steuerrechtlichen Intentionen dominiert.

Die Verknüpfung von Handels- und Steuerbilanz findet sich ein zweites Mal in Form der sog. umgekehrten Maßgeblichkeit.

Hierbei werden rein steuerliche Posten in die Handelsbilanz aufgenommen. So ist die Passivierung einer steuerfreien Rücklage in der Steuerbilanz gem. § 5 Abs. 1 Satz 2 EStG an die Passivierung eines Sonderpostens mit Rücklagenanteil in der Handelsbilanz gebunden, da steuerliche Wahlrechte bei der Gewinnermittlung nur in Übereinstimmung mit der Handelsbilanz ausgeübt werden dürfen (siehe hierzu Kapitel 4.2 des vorliegenden Bandes), § 247 Abs. 3 und § 254 HGB fungieren hierbei als handelsrechtliche „Öffnungsklauseln".

Abschließend soll an dieser Stelle nicht unerwähnt bleiben, dass der überwiegende Teil der deutschen Unternehmen – und hierbei insbesondere die kleineren Unternehmen – lediglich einen Abschluss erstellt, der dann sowohl handelsrechtlich als auch steuerrechtlich gilt (sog. Einheitsbilanz).

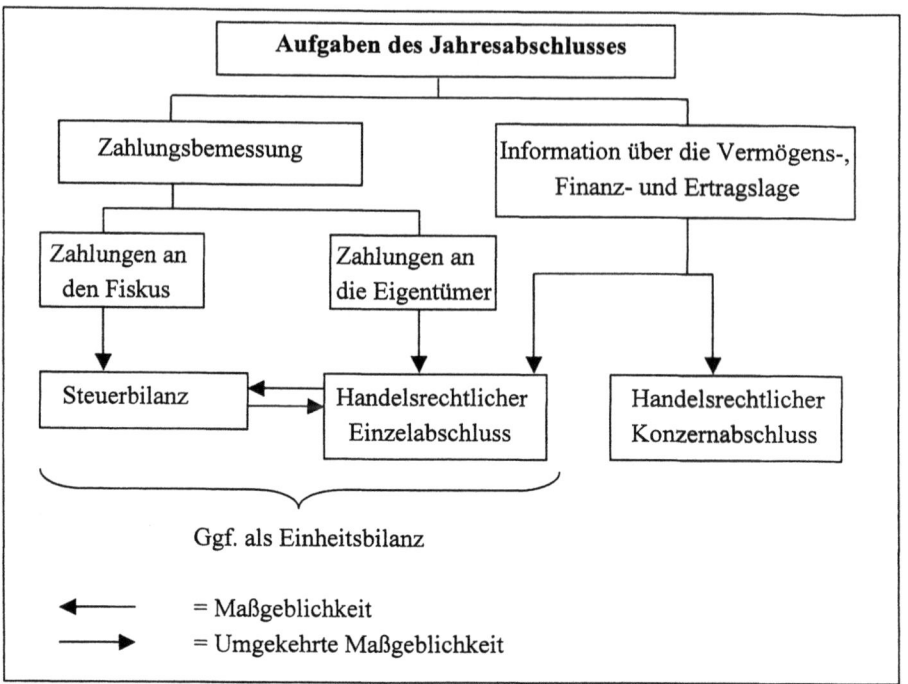

*Abbildung 2.8:* Jahresabschlussaufgaben und -arten

### 2.3.5 Grundsätze ordnungsmäßiger Buchführung

Die gesetzlichen Regelungen zur Bilanzierung – so ausgefeilt sie auch sein mögen – können nicht alle denkbaren Einzelfälle erfassen und regeln. Dies ist der Grund dafür, dass der Gesetzgeber unbestimmte Rechts- und Gesetzesbegriffe, die GoB (Grundsätze ordnungsmäßiger Buchführung), die einen Sachverhalt nur vage beschreiben, nutzt. Die GoB sollen gesetzliche Einzelvorschriften konkretisieren und diese, dort wo keine gesetzliche Einzelvorschrift existiert, ergänzen. Zwischenzeitlich wurden einige der ursprünglich nicht kodifizierten GoB nachträglich im HGB fixiert.

GoB stellen allgemein anerkannte Regeln über die Führung von Handelsbüchern und die Erstellung des Jahresabschlusses von Unternehmen dar (Dokumentation und Rechenschaftslegung). Eine abschließende, allgemein anerkannte Systematisierung der GoB existiert nicht, nachfolgend werden die wichtigsten GoB vorgestellt.

Grundsatz der Richtigkeit und Willkürfreiheit

Ein Jahresabschluss kann als richtig bezeichnet werden, wenn er nach den gültigen Regeln erstellt wurde. Sowohl die Ansätze, als auch die Werte sind in nachprüfbarer, objektiver Form aus ordnungsgemäßen Belegen und Büchern nach gültigen Regeln herzuleiten. Die im Abschluss genannten Posten sind zutreffend zu bezeichnen und haben eben das zu umfassen, was nach den Regeln unter dem Posten auszuweisen ist. Sofern nicht vermeidbar, sind Schätzwerte nach eigenem Ermessen zu fixieren. Diese sollten möglichst willkürfrei und vertretbar sein und nach festzulegenden Verfahren stetig angewandt werden.

Grundsatz der Klarheit

Der Jahresabschluss soll übersichtlich, klar und für sachverständige Dritte, die mit Buchführung und Abschluss vertraut sind, verständlich sein. Fraglich ist hierbei grundsätzlich, wie tief die gewählte Postengliederung sein soll und welches Ordnungsprinzip der Positionen gewählt werden soll. Insbesondere mit den Gliederungsschemata des § 266 HGB (Bilanz) und des § 275 HGB (GuV) liefert der Gesetzgeber wichtige Anhaltspunkte. Offen bleibt jedoch z.B. die Ordnung und „Tiefe" der geforderten Anhanginformationen. Wesentliche aus diesem Grundsatz abgeleitete Prinzipien sind das Prinzip der Einzelbewertung (Vermögensgegenstände und Schulden sind einzeln zu erfassen und zu bewerten) und das Saldierungsverbot (Aktiv- und Passivposten, Aufwendungen und Erträge dürfen nicht gegeneinander aufgerechnet werden).

Grundsatz der Vollständigkeit

Sämtliche buchführungspflichtige Vorfälle sind im Jahresabschluss zu berücksichtigen und müssen sich aus der Buchführung ableiten lassen. Zudem müssen alle vorliegenden, den Buchungen zugrunde liegenden, Sachverhalte berücksichtigt werden. Neben den buchführungspflichtigen Vorfällen sind auch Risiken, die bis zur Erstellung des Jahresabschlusses noch keinen Niederschlag in der Buchführung gefunden haben, zu berücksichtigen (Rückstellungen). Insofern umfasst der Grundsatz der Vollständigkeit die Forderung nach:

a) jährlicher Erfassung der tatsächlichen Bestände durch eine Inventur,

b) intensiver Preisbeobachtung auf den Märkten, damit negativen Preisentwicklungen Rechnung getragen werden kann,
c) sorgsamer Beobachtung und Analyse aller relevanten Risiken, damit diese im Jahresabschluss angemessen berücksichtigt werden können.

Zudem klärt der Grundsatz wie Informationen, die der Kaufmann erst nach dem Bilanzstichtag erhält, für den Jahresabschluss verwertet werden. Hierbei ist wie folgt zu differenzieren: Gehen die Informationen über Sachverhalte erst nach dem Stichtag zu, betreffen sie aber Sachverhalte, die sich vor dem Stichtag ereignet haben, so handelt es sich um eine Wertaufhellung – die Informationen sind bei der Erstellung des Abschlusses zu berücksichtigen, denn unter objektiven Voraussetzungen hätte der Kaufmann die Informationen zum Stichtag bereits haben können. Gehen die Informationen über Sachverhalte erst nach dem Stichtag zu und betreffen Sachverhalte, die sich nach dem Stichtag erst ereigneten, so handelt es sich um eine Wertbegründung, und die Informationen dürfen nicht in der Bilanz und der GuV berücksichtigt werden, ggf. sind sie im Lagebericht zu erwähnen (Vorgänge von Bedeutung nach dem Bilanzstichtag).

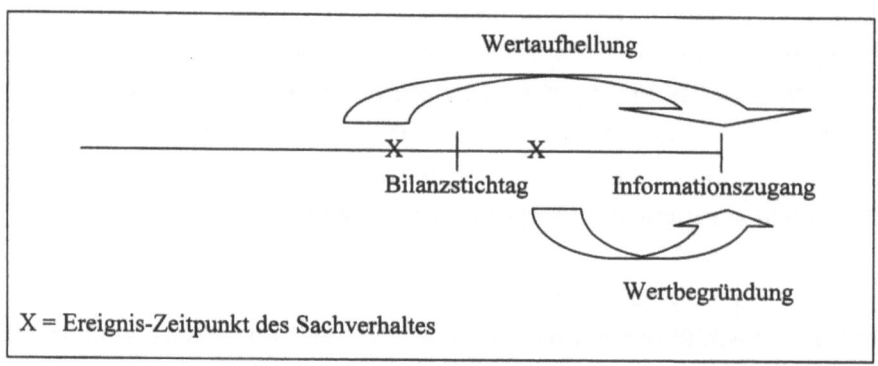

*Abbildung 2.9:* Wertaufhellende und wertbegründende Informationen

*Beispiel 2.6:* Wertaufhellende und wertbegründende Informationen

In einem Unternehmen wird der Jahresabschluss für das abgelaufene Geschäftsjahr (zum 31.12.04) erstellt. Nun gehen Informationen hinsichtlich eines Feuerschadens an einer Produktionsanlage zu, diese stellte zuvor einen Vermögensgegenstand mit wesentlicher Bedeutung dar, dennoch war das Risiko nicht versichert.

Im Falle a) ereignete sich der Schaden im Dezember 04, die Information ist also wertaufhellend.

Im Falle b) ereignete sich der Schaden im Januar des neuen Geschäftsjahres 05, folglich nach dem o.g. Bilanzstichtag, es handelt sich um eine wertbegründende Information.

Im Falle a) ist im Jahresabschluss 04 die Information zu berücksichtigen, die Anlage ist außerordentlich abzuschreiben, im Falle b) hat dies zu unterbleiben.

Schließlich kann unter den Vollständigkeitsgrundsatz auch die Forderung nach formeller Bilanzkontinuität (auch Bilanzidentität) subsumiert werden. Hierunter ist die Forderung zu verstehen, wonach die Schlussbilanz des vergangenen Geschäftsjahres mit der Eröffnungsbilanz des Folgegeschäftsjahres übereinstimmen muss.

Grundsatz der Einzelbewertung

Der Einzelbewertungsgrundsatz besagt, dass Vermögensgegenstände und Schulden einzeln und unabhängig voneinander bewertet werden müssen. Durch den Grundsatz sollen in erster Linie Kompensationen von Wertsteigerungen des einen und Wertminderungen des anderen Objektes ausgeschlossen werden. Problematisch ist hierbei die Definition des einheitlichen Vermögensgegenstandes.

*Beispiel 2.7:* Einheitliche Vermögensgegenstände
Eine Halle mit einem Personenaufzug ist ein einheitlicher Vermögensgegenstand, eine Halle mit einem Lastenaufzug nicht, sie bilden jeweils einen einheitlichen Vermögensgegenstand.

Zum Grundsatz der Einzelbewertung existieren zahlreiche Ausnahmen, so z.B. die Gruppenbewertung für die Vermögensgegenstände des Umlaufvermögens (siehe Kapitel 5.5.2).

Abgrenzungsgrundsätze

Die Abgrenzungsgrundsätze legen fest, welcher Periode Aufwendungen und Erträge zuzuordnen sind, sie sind damit wesentlich für die Bestimmung des Periodenerfolgs. Zu den Abgrenzungsgrundsätzen zählen:

a) das Realisationsprinzip
b) das Imparitätsprinzip sowie
c) die Abgrenzung der Sache und der Zeit nach.

a) Realisationsprinzip

Das Realisationsprinzip bestimmt den Zeitpunkt, zu dem im Rahmen einer Leistungserbringung der Gewinn entstanden ist (realisiert wurde). Da der Gewinn/Verlust der Unterschiedbetrag zwischen den Herstellungs-/Anschaffungskosten und dem Verkaufspreis ist, entspricht der Zeitpunkt der Gewinnrealisierung dem Zeitpunkt der Berücksichtigung des Umsatzerlöses. Der Zeitpunkt der Gewinnrealisierung ist nicht nur relevant für die Berücksichtigung des Umsatzerlöses in der GuV, sondern auch – z.B. im Falle eines Zielverkaufs – für die Berücksichtigung der Forderung in der Bilanz.

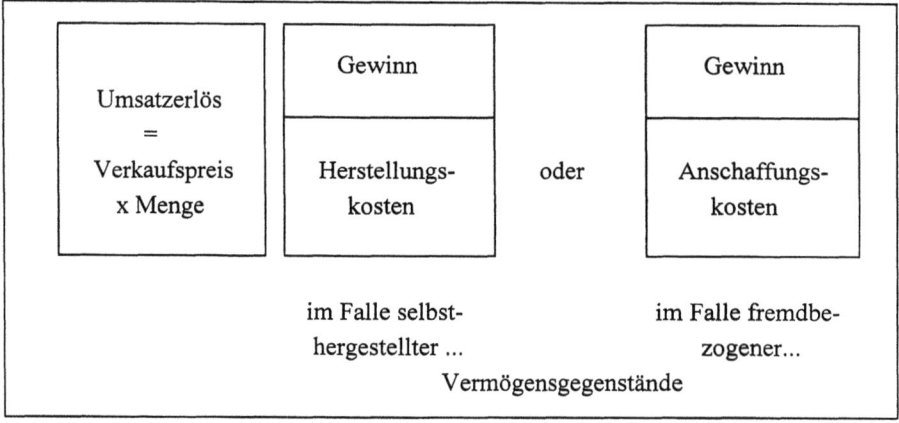

*Abbildung 2.10:* Umsatz und Gewinnrealisierung

Im Verlaufe eines „normalen" Geschäfts erteilt üblicherweise zunächst der Kunde den Auftrag, anschließend erbringt der Kaufmann seine Leistung und schließlich zahlt der Kunde. Denkbar sind folglich drei mögliche Zeitpunkte der Gewinnrealisierung, der Zeitpunkt des schwebenden Geschäfts

(Auftragerteilung), der Zeitpunkt der einseitigen Erfüllung des Rechtsgeschäfts (Kaufmann liefert) und der Zeitpunkt zu dem das Rechtsgeschäft beiderseitig erfüllt ist (Kunde zahlt).

Das Realisationsprinzip sieht die Gewinnrealisierung zu jenem Zeitpunkt vor, zu dem der Kaufmann die Lieferung vollzogen oder die Dienstleistung erbracht hat, die Lieferung gilt mit dem Zeitpunkt des Gefahrenübergangs als erbracht. Der Zeitpunkt des Gefahrenübergangs ist der Zeitpunkt der Aushändigung des Gutes an den Kunden oder auch, sofern vereinbart, der Zeitpunkt zu dem das Gut vom Kaufmann an den Spediteur übergeben wird. Auch eine mögliche Barzahlung ändert nichts am Zeitpunkt der Gewinnrealisierung, dem Moment der Leistungserbringung durch den Kaufmann – selbst wenn die Geldübergabe vorher erfolgt.

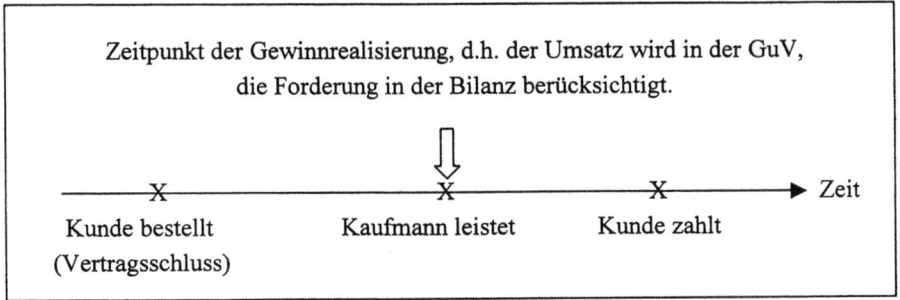

*Abbildung 2.11:* Zeitpunkt der Gewinnrealisierung

*Beispiel 2.8:* Zeitpunkt der Gewinnrealisierung
> Der Kunde eines SB-Möbelhändlers durchstreift zunächst die Geschäftsräume, trifft dann seine Auswahl, zahlt an der Kasse und nimmt anschließend vereinbarungsgemäß die Ware entgegen. Der Gewinn des Händlers ist mit Übergabe der Ware realisiert.

b) Imparitätsprinzip
Das Imparitätsprinzip fordert aus Vorsichts- und Gläubigerschutzgründen die Ungleichbehandlung von Gewinnen und Verlusten. Werden, wie erläutert, Wertsteigerungen zum Zeitpunkt der Realisierung berücksichtigt, gilt für Wertminderungen, dass sie bereits dann zu berücksichtigen sind, wenn sie mit genügend großer Wahrscheinlichkeit drohen (Verlust-

antizipation). Die beispielsweise einem Geschäft zugehörige Wertminderung ist frühestmöglich zu erfassen, die (vollständige) Leistungserbringung muss hierbei noch nicht erfolgt sein. Instrument solcher Verlustantizipation sind die in Kapitel 7 noch zu erläuternden Rückstellungen für drohende Verluste aus schwebenden Geschäften.

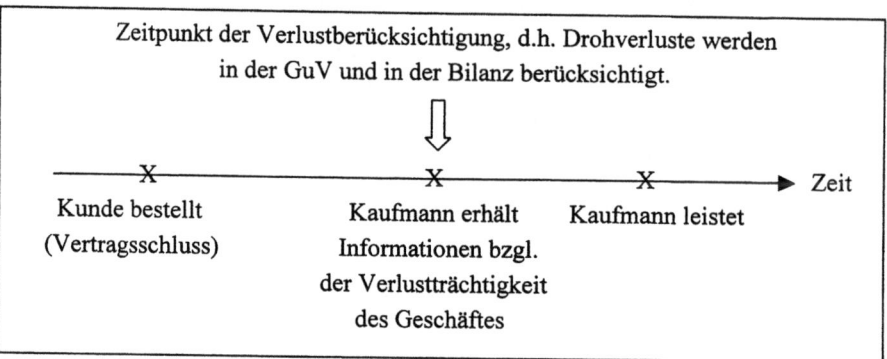

*Abbildung 2.12:* Zeitpunkt der Verlustberücksichtigung

Weitere Konkretisierungen des Imparitätsprinzips finden sich in Form des noch zu erläuternden Niederstwert- und des Höchstwertprinzips.

c) Abgrenzung der Sache und der Zeit nach

Der Grundsatz der sachlichen Abgrenzung ist eng verbunden mit dem Realisationsprinzip. Er bestimmt, in welcher Periode die durch die Leistungserstellung verursachten Wertminderungen als Aufwand zu erfassen und somit ergebnismindernd zu berücksichtigen sind. In dem Zeitpunkt, in welchem die Leistungen des Unternehmens verkauft werden können, sind diesen Erträgen die zur Leistungserstellung erforderlichen Aufwendungen gegenüber zu stellen.

*Beispiel 2.9:* Grundsatz der sachlichen Abgrenzung

Ein Unternehmen erwirbt Rohstoffe gegen Barzahlung die erst im Folgejahr zu Produkten weiterverarbeitet und anschließend verkauft werden. Die Ausgaben des Vorjahres werden damit erst im Folgejahr zu Aufwendungen.

Der Grundsatz der zeitlichen Abgrenzung klärt gleichzeitig mehrere Problemstellungen. Einerseits sind nach diesem Grundsatz streng zeitraumbezogene Vermögensänderungen, wie etwa Mieteinnahmen und -ausgaben oder Zinseinnahmen und -ausgaben zeitlich proportional zu periodisieren (pro rata temporis), d.h. der Periode zuzurechnen, in der sie ursächlich entstanden sind und nicht der Periode in der die Zahlung erfolgte.

*Beispiel 2.10:* Periodisierung einer Zahlung

Für einen vermieteten Lagerraum erhält das Unternehmen die Miete für das letzte Quartal des Geschäftsjahres und das erste Quartal des Folgegeschäftsjahres vorschüssig in einem Betrag. Die Mietzahlung repräsentiert mithin jeweils zur Hälfte Ertrag des Geschäftsjahres in dem sie erfolgte und dem Folgegeschäftsjahr.

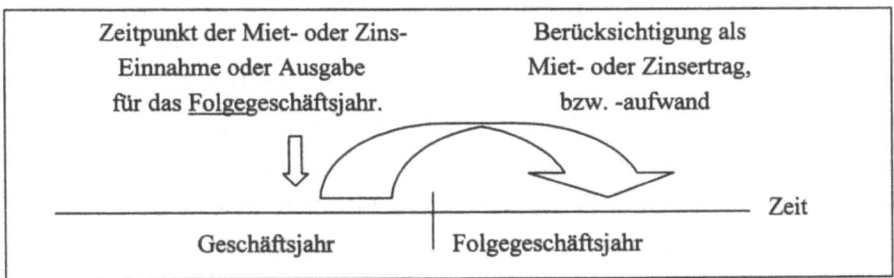

*Abbildung 2.13:* Periodisierung zeitraumbezogener Vermögensänderungen

Andererseits klärt der Grundsatz der zeitlichen Abgrenzung die Zurechnung von Wertsteigerungen oder -minderungen denen keine Unternehmensleistung gegenübersteht (z.B. geleistete oder erhaltene Schenkungen, Währungsgewinne oder -verluste). Die Zurechnung erfolgt hier zu jener Periode, in der sie angefallen sind.

Schließlich werden Vermögensänderungen, die erst bekannt werden, wenn die Periode, der sie eigentlich zuzurechnen sind, rechnerisch abgeschlossen ist, jener Periode zugerechnet, in der sie bekannt werden.

<u>Grundsatz der Stetigkeit</u>
Mit einem häufigem Wechsel der Ausweis- und Bewertungsmethoden kann eine willkürliche Beeinflussung des Bilanz- und GuV-Bildes erreicht werden. Hinter dem Grundsatz der Stetigkeit (auch Grundsatz der Kontinuität) steht die Intention, dass sich die Entwicklung der Ver-

mögens-, Finanz- und Ertragslage eines Unternehmens nur dann erkennen lässt, wenn die Berichterstattung nach den immer gleichen Regeln erfolgt. Es ist zu unterscheiden in materielle und formelle Stetigkeit. Der Grundssatz der materiellen Stetigkeit verlangt, dass die einzelnen Positionen des Jahresabschlusses immer nach der gleichen Weise zu ermitteln, abzugrenzen und zusammenzustellen sind. Der Grundsatz der formellen Stetigkeit schreibt vor, dass stets die gleichen Gliederungsbegriffe und -schemata zu verwenden sind. Änderungen hinsichtlich materieller und formeller Dimension sind zu erwähnen und in ihren Auswirkungen zu erläutern.

Grundsatz der Vorsicht
Der Grundsatz der Vorsicht genießt aufgrund der vorrangigen Stellung des Gläubigerschutzgedankens im deutschen Handelsrechts große Bedeutung. Die Grundaussage des Vorsichtsprinzips lautet: „Kaufmann, rechne Dich im Zweifelsfalle eher ärmer als reicher". Bei Unsicherheit hinsichtlich der Wertigkeit eines Vermögensgegenstandes hat er nicht einen mittleren oder den wahrscheinlichsten Wert, sondern tendenziell den etwas pessimistischeren Wert anzusetzen. Wesentliche inhaltliche Ausprägungen des Vorsichtsgrundsatzes wurden mit dem Realisations- und dem Imparitätsprinzip bereits vorgestellt. In der betrieblichen Praxis wird der Grundsatz häufig zur Legung stiller Reserven genutzt. So führt eine überhöhte Abschreibung auf einen Vermögensgegenstand zu einem geringeren (u.U. zu geringen) Buchwert im Rahmen seines bilanziellen Ansatzes. Nach herrschender Meinung ist die Legung stiller Reserven jedoch informationsverzerrend und somit weder im Interesse der Gläubiger, noch der Eigentümer des Unternehmens.

Grundsatz der Unternehmensfortführung
Insbesondere bei der Bewertung im handelsrechtlichen Jahresabschluss ist von der Fortführung der Unternehmenstätigkeit über den Abschlussstichtag hinaus auszugehen, es sei denn, dass dem tatsächliche oder rechtliche Tatsachen entgegenstehen. Dieser, auch als Going-Concern-Prinzip bezeichnete Grundsatz verlangt, dass z.B. die Vermögensgegenstände nicht mit ihren Liquidationswerten, sondern mit ihren Anschaffungspreisen, vermindert um etwaige Abschreibungen, angesetzt werden müssen.

*Beispiel 2.11:* Bewertung gemäß des Going-Concern-Prinzips

> Ein Fuhrunternehmer, der Lastkraftwagen besitzt und nutzt, hat diese planmäßig abzuschreiben. Es soll davon ausgegangen werden, dass er die LKW üblicherweise 6 Jahre nutzt und sie dann zu mindestens 20% des Anschaffungspreises veräußern kann. Es entspricht dem Grundsatz der Unternehmensfortführung, dass die Bilanz-Restwerte des LKW in den Jahren der Nutzung kontinuierlich bis zum genannten Restwerterlös reduziert werden. Es würde ihm z.B. nicht entsprechen, wenn zum jeweiligen Bilanzstichtag die aktuell erzielbaren Verkaufserlöse als Restwerte gewählt würden.

Im Verlaufe der geschichtlichen Entwicklung des Handelsrechtes sind die GoB in beträchtlichem Umfang kodifiziert worden (siehe Tabelle 2.2).

*Tabelle 2.2:* Beispielhafte kodifizierte GoB im dritten Buch des HGB

| **Grundsatz ordnungsmäßiger Buchführung** | **§ im dritten Buch des HGB** |
|---|---|
| Grundsatz der Klarheit und Übersichtlichkeit | 238 Abs. 1 Satz 2 <br> 243 Abs. 2 |
| Grundsatz der Richtigkeit und Willkürfreiheit | 239 Abs. 2 |
| Grundsatz der Vollständigkeit | 239 Abs. 2 <br> 246 Abs. 1 |
| Saldierungsverbot | 246 Abs. 2 |
| Grundsatz der Bilanzidentität | 252 Abs. 1 Nr. 1 |
| Grundsatz der Unternehmensfortführung | 252 Abs. 1 Nr. 2 |
| Grundsatz der Einzelbewertung | 252 Abs. 1 Nr. 3 |
| Grundsatz der Vorsicht | 252 Abs. 1 Nr. 4 |
| Realisationsprinzip | 252 Abs. 1 Nr. 4 |
| Imparitätsprinzip | 252 Abs. 1 Nr. 4 |
| Grundsatz der Periodenabgrenzung | 252 Abs. 1 Nr. 5 |
| Grundsatz der Bewertungsstetigkeit | 252 Abs. 1 Nr. 6 |

Zahlreiche GoB sind in § 252 Abs. 1 HGB erfasst. § 252 Abs. 2 HGB gestattet dem Kaufmann ein Abweichen von den in Abs. 1 fixierten GoB in begründeten Ausnahmefällen und im Rahmen der Intention der Grundsätze.

# Übungsaufgaben zum 2. Kapitel

*Aufgabe 2.1:*
Differenzieren Sie die beiden Bereiche des betrieblichen Rechnungswesens mittels der aufgeführten Kriterien.

|  | Externes Rechnungswesen | Internes Rechnungswesen |
| --- | --- | --- |
| (Haupt)Informationsempfänger | ............................., wie z.B.: ................ ............................. | ............................., wie z.B.: ................ ............................. |
| Freiwilligkeit der Rechnung | ............................. | i.d.R. ..................... |

*Aufgabe 2.2:*
Wozu dient der Jahresabschluss?

*Aufgabe 2.3:*
Warum führt die Erfolgsermittlung durch einen Reinvermögensvergleich zum gleichen Ergebnis wie die Saldierung von Erträgen und Aufwendungen?

*Aufgabe 2.4:*
Welche Bedeutung hat die GuV in der statischen und in der dynamischen Bilanztheorie?

*Aufgabe 2.5:*
Erläutern Sie, mit Blick in das HGB, die Rechtsformkategorie der haftungsbeschränkten Personenhandelsgesellschaft.

*Aufgabe 2.6:*
Nennen Sie die Komponenten des Jahresabschlusses eines Unternehmens.


*Aufgabe 2.7:*
Zeigen Sie die Abfolge der Tätigkeiten im Zusammenhang mit dem Jahresabschluss für eine große AG auf. Erläutern Sie hierbei kurz die einzelnen Schritte.


*Aufgabe 2.8:*
Für die Jahre 2001-2003 weist eine AG die nachstehenden Größenkriterienausprägungen auf (Werte in €). Die vor dem Jahr 2001 liegenden Ausprägungen entsprechen jenen des Jahres 2001.

|  | 2001 | 2002 | 2003 |
|---|---|---|---|
| Bilanzsumme | 4,0 Mio. | 3,8 Mio. | 3,7 Mio. |
| Umsatzerlöse | 5,1 Mio. | 5,0 Mio. | 7,9 Mio. |
| Anzahl Arbeitnehmer | 51 | 48 | 50 |

a) Bestimmen Sie die Größenkategorie und die Rechtsfolgen.


b) Beantworten Sie die Fragestellung a) unter der Voraussetzung, dass es sich um eine KG handelt.

*Aufgabe 2.9:*

In welchem Verhältnis stehen Handels- und Steuerbilanz zueinander?

*Aufgabe 2.10:*

Ist für eine Einzelunternehmung, eine OHG, eine GmbH und eine AG die Prüfung des Jahresabschlusses vorgeschrieben?

*Aufgabe 2.11:*

Ordnen Sie den folgenden Aussagen die jeweils passenden GoB's zu:
a) In der Bilanz sind alle bilanzierungsfähigen Wirtschaftsgüter des Unternehmens aufzunehmen, es sei denn, dass ein gesetzliches Wahlrecht in Anspruch genommen wird.

b) Für aufeinanderfolgende Jahresabschlüsse sind die Form der Darstellung, insbesondere der Gliederung und die inhaltliche Abgrenzung der Posten beizubehalten.

c) Sachlich verschiedene Bilanzposten dürfen nicht in einem Posten ausgewiesen werden (z.B. Wertpapiere des Umlaufvermögens und Schecks).

# 3. Allgemeine Ansatz- und Bewertungsregeln

## 3.1 Überblick

§ 242 Abs. 1 HGB bestimmt, dass der Kaufmann „... zu Beginn seines Handelsgewerbes und für den Schluss eines jeden Geschäftsjahres einen das Verhältnis seines Vermögens und seiner Schulden darstellenden Abschluss (Eröffnungsbilanz, Bilanz) aufzustellen" hat. Nähere Konkretisierungen in Form von Aufzählungen erfolgen in § 247 Abs. 1 und in § 266 Abs. 2 und 3 HGB – eine allgemeingültige Begriffsklärung der Termini „Vermögen" und „Schulden" erfolgt im Gesetzestext jedoch nicht. Es ist daher im weiteren Verlauf zunächst zu klären, was hierunter zu verstehen ist. Dies ist auch von Bedeutung für die GuV und somit für die Erfolgsermittlung, so werden hier lediglich jene Wertänderungen einer Periode als gewinnerhöhend oder -reduzierend erfasst, die das dem Unternehmen zuzurechnende Vermögen betreffen.

Grundlegende Fragestellungen im Rahmen der Bilanzierung sind:

a) Ansatzfragen: Welche Objekte sind bilanzierungsfähig, d.h. welche Güter können oder müssen in der Bilanz aufgenommen werden (= Bilanzierung dem Grunde nach)?
b) Bewertungsfragen: Mit welchen Werten sind diese Posten in der Bilanz zu erfassen (= Bilanzierung der Höhe nach)?

Die Auseinandersetzung mit diesen beiden Fragen ist Gegenstand der nun folgenden Gliederungspunkte.

## 3.2 Allgemeine Ansatzregeln

Ist ein Posten dazu geeignet, als Aktivposten (Passivposten) in der Bilanz berücksichtigt zu werden, so wird dies als Aktivierungsfähigkeit (Passivierungsfähigkeit) verstanden.

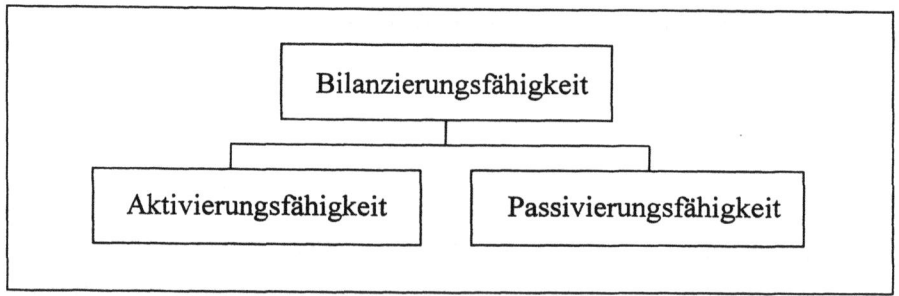

*Abbildung 3.1:* Aktivierungs- und Passivierungsfähigkeit

Der in § 246 Abs. 1 HGB kodifizierte Vollständigkeitsgrundsatz verlangt, dass der Jahresabschluss sämtliche Vermögensgegenstände und Schulden – „soweit gesetzlich nichts anderes bestimmt ist" – enthält. Der handelsrechtliche Begriff des Vermögensgegenstands deckt sich nicht mit dem Terminus des juristischen Eigentums im Sinne des § 903 BGB, vielmehr handelt es sich dann um aktivierungsfähige Vermögensgegenstände, wenn wirtschaftliche Werte, die selbstständig bewertbar und einzeln veräußerbar sind, vorliegen.

*Beispiel 3.1:* Vermögensgegenstand i.S. des Handelsrechts

> Ein Speditionsunternehmen erwarb im Geschäftsjahr einen neuen LKW zum Preis von € 105.000. Der wirtschaftliche Wert des LKWs ist dadurch gegeben, dass dieser dem Unternehmen einen zukünftigen Nutzen stiften wird. Das Kriterium der selbstständigen Bewertbarkeit erfordert die Existenz eines geeigneten Wertmaßstabs – dieser ist durch die bekannten Anschaffungskosten gegeben. Schließlich ist der LKW einzeln veräußerbar (selbstständig verkehrsfähig), weil er unabhängig von den sonstigen Vermögensgegenständen des Unternehmens verkauft werden könnte.

Schulden im handelsrechtlichen Sinne bestehen in den Fällen, in denen eine selbstständig bewertbare, sichere oder hinreichend sichere Vermögensbelastung aufgrund einer rechtlichen oder wirtschaftlichen Leistungsverpflichtung vorliegt. Aufgrund dieser inhaltlichen Bestimmung gelten als Schulden nicht nur die Verbindlichkeiten, sondern auch die Rückstellungen des Unternehmens (siehe hierzu Gliederungspunkt 7.1).

Die Summe der bislang dargelegten, grundsätzlichen Anforderungen an Vermögensgegenstände und Schulden wird als abstrakte Bilanzierungsfähigkeit bezeichnet. Die konkrete Bilanzierungsfähigkeit verlangt, dass der Bilanzierungsgegenstand persönlich, sachlich und zeitlich dem bilanzierenden Unternehmen zuzurechnen ist.

Hinsichtlich der persönlichen Zuordnung ist das wirtschaftliche, nicht das juristische Eigentum ausschlaggebend. Somit zählen zum Vermögen des Bilanzierenden auch Güter, die juristisches Eigentum anderer Personen sind. Wesentlich für die Zuordnung ist die Verfügungsgewalt über das Gut, d.h. dass es genutzt werden darf und für seinen Verlust gehaftet wird wie im Falle eines Gutes, das zum juristischen Eigentum des Bilanzierenden zählt.

*Beispiel 3.2:* Persönliche Zuordnung von Gütern

> Ein Kaufmann erhielt einen Kredit, als Kreditsicherheit wurde der kreditgebenden Bank eine Produktionsanlage des Kaufmanns (der dieser weiterhin nutzt) sicherungsübereignet. Unter Eigentumsvorbehalt erhielt der Kaufmann in der gleichen Periode Ware von einem Lieferanten, seine Zahlung steht noch aus. Sowohl die Produktionsanlage als auch die Ware zählen nicht zum juristischen Eigentum des Kaufmanns, gleichwohl weist er sie als Vermögensgegenstände in seiner Bilanz aus, denn in beiden Fällen besitzt er die Verfügungsgewalt.

Die Unterscheidung zwischen dem Vermögen des Unternehmens und jenem des Bilanzierenden als Privatperson in die Sphären des Betriebs- und Privatvermögens (sachliche Zuordnung) ist im Falle von Personengesellschaften und Einzelunternehmen relevant, denn Kapitalgesellschaften verfügen über kein privates Vermögen. Gemäß § 5 Abs. 1 EStG haben Kaufleute am Schluss eines Geschäftsjahres das Betriebsvermögen auszuweisen, das sich nach den handelsrechtlichen Grundsätzen ordnungsmäßiger Buchführung ergibt. Insbesondere die steuerliche

Rechtsprechung hat Grundsätze für die Prüfung, ob ein so genanntes Wirtschaftsgut vorliegt, aufgestellt.

Hierbei unterscheidet die Finanzverwaltung wie folgt:

a) Notwendiges Betriebsvermögen
   Gegenstände, die wesentlich oder unentbehrlich zur Erreichung der unternehmerischen Zielsetzung sind (z.B. das Hochregallager des Handelsunternehmens oder das ausschließlich betrieblich genutzte Werkzeug des Handwerkers)
b) Notwendiges Privatvermögen
   Gegenstände, die ausschließlich privat nutzbar sind oder faktisch ausschließlich privat genutzt werden (z.B. die Armbanduhr des Gatten der Unternehmerin oder die Miniatur-Eisenbahn des Immobilienmaklers)
c) Gewillkürtes Betriebsvermögen
   Gegenstände, die weder einen unmittelbaren Bezug zum notwendigen Betriebsvermögen, noch zum notwendigen Privatvermögen aufweisen und über deren Zuordnung der Steuerpflichtige daher in eigenem Ermessen entscheidet (z.B. ein sowohl geschäftlich als auch privat genutztes Fahrzeug)
d) Sonderbetriebsvermögen eines Gesellschafters
   Gegenstände, die der betrieblichen Leistungserstellung einer Personengesellschaft dienen, jedoch einem Gesellschafter direkt zuzurechnen sind (z.B. ein Grundstück, das auf den Namen eines Gesellschafters im Grundbuch eingetragen ist, jedoch von der Gesellschaft genutzt wird)

Während sich der steuerliche Begriff des negativen Wirtschaftsgutes inhaltlich nahezu vollständig mit dem handelsrechtlichen Begriff der Schulden deckt, geht der Terminus des positiven Wirtschaftsgutes über den des Vermögensgegenstandes hinaus. Ein Beispiel hierfür ist der derivative Geschäfts- oder Firmenwert (siehe Kapitel 4.1), dem es aufgrund der fehlenden Einzelveräußerungsmöglichkeit an abstrakter Bilanzierungsfähigkeit im handelsrechtlichen Sinne fehlt und der nur aufgrund ausdrücklicher rechtlicher Regelung aktiviert werden darf. Steuerlich hingegen stellt er ein aktivierungspflichtiges Wirtschaftsgut dar.

Im Hinblick auf die zeitliche Zuordnung ist zu klären, ab wann und wie lange Vermögensgegenstände und Schulden zu erfassen sind. So sind beispielsweise Zu- und Abgänge an Vermögensgegenständen zum Zeitpunkt des wirtschaftlichen Eigentumsübergangs zu erfassen und Forderungen und Verbindlichkeiten, die in einem Zusammenhang mit bestimmten Leistungen stehen, sind nach erbrachter Leistung zu berücksichtigen (siehe Abgrenzungsgrundsätze, Kapitel 2.3.5).

Ist die abstrakte und konkrete Bilanzierungsfähigkeit gegeben, so besteht aufgrund des Vollständigkeitsgrundsatzes eine Bilanzierungspflicht, es sei denn, es besteht ein konkretes Bilanzierungsverbot oder ein Bilanzierungswahlrecht. Schließlich existieren im Handelsrecht sog. Bilanzierungshilfen, diese ermöglichen den Bilanzansatz von Posten, denen es an Bilanzierungsfähigkeit fehlt.

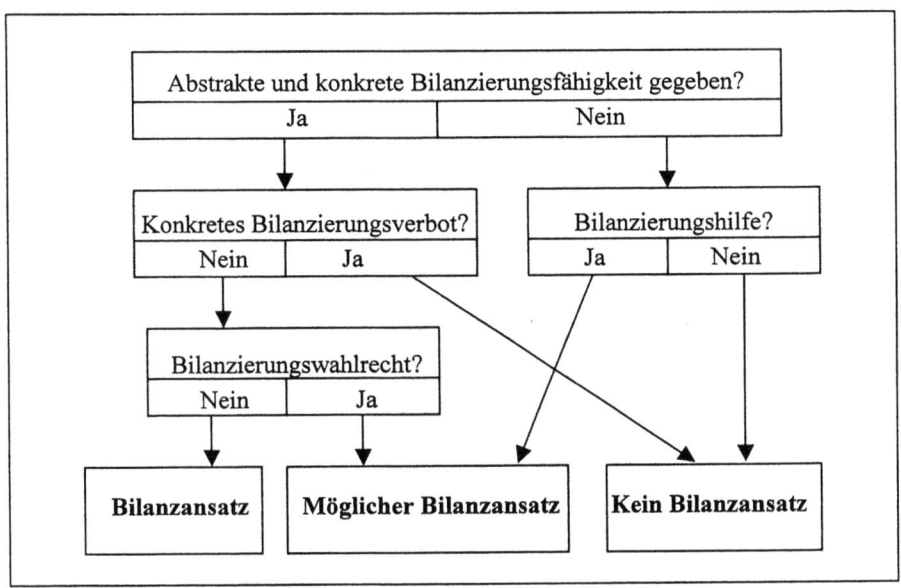

*Abbildung 3.2:* Bilanzansatz in der Handelsbilanz

In den Vorschriften für alle Kaufleute, und somit rechtsformunabhängig, finden sich folgende konkreten Bilanzierungsverbote:

a) Aktivierungsverbote: § 248 Abs. 1 HGB – Aufwendungen für die Gründung des Unternehmens und für die Beschaffung des Eigen-

kapitals; § 248 Abs. 2 HGB – Immaterielle Vermögensgegenstände, die nicht entgeltlich erworben wurden; § 248 Abs. 3 HGB – Aufwendungen für den Abschluss von Versicherungsverträgen.
b) Passivierungsverbot: § 249 Abs. 3 Satz 1 HGB – andere als im Gesetz genannte Rückstellungen.

Ein beispielhaftes Bilanzierungswahlrecht, bei dem ein Bilanzansatz im Ermessen des Kaufmanns liegt, besteht als Aktivierungswahlrecht in Form des möglichen Ansatzes eines Disagios (§ 250 Abs. 3 HGB).

Gleichfalls im Ermessen des Bilanzierenden liegt der Ansatz von Bilanzierungshilfen. Hierbei handelt es sich um Posten, die keine abstrakte Bilanzierungsfähigkeit aufweisen und die der periodengerechten Gewinnermittlung dienen, so u.a. die/der:

a) Aufwendungen für die Ingangsetzung und Erweiterung des Geschäftsbetriebs (§ 269 HGB),
b) aktive latente Steuern (§ 274 Abs. 2 HGB),
c) derivativer Geschäfts- oder Firmenwert (§ 255 Abs. 4 HGB), der in der einschlägigen Literatur allerdings häufiger auch nicht als Bilanzierungshilfe, sondern als „Posten eigener Art" bezeichnet wird.

Gemäß des BFH-Beschlusses vom 3.2.1969 besteht in der Steuerbilanz für handelsrechtliche Aktivierungswahlrechte eine Aktivierungspflicht und für handelsrechtliche Passivierungswahlrechte ein Passivierungsverbot.

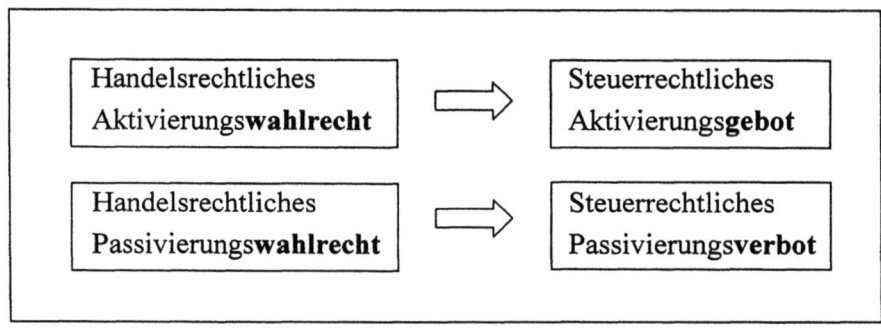

*Abbildung 3.3:* Handelsrechtliche Wahlrechte in der Steuerbilanz

Damit wird die Maßgeblichkeit handelsrechtlicher Wahlrechte für die Steuerbilanz verneint. Allerdings existieren Ausnahmen von der in der Abbildung dargestellten Regel. So ist der Ansatz von Bilanzierungshilfen in der Steuerbilanz untersagt, sofern keine bilanzierungsfähigen Wirtschaftsgüter vorliegen – dies ist bei den Aufwendungen für die Ingangsetzung und Erweiterung des Geschäftsbetriebs nicht gegeben (steuerliches Aktivierungsverbot), hingegen im Falle des derivativen Firmenwertes der Fall (steuerliches Aktivierungsgebot). Zudem erkennt das Steuerrecht das handelsrechtliche Passivierungswahlrecht für vor dem 1.1.1987 begründete Pensionsrückstellungen an (siehe hierzu Kapitel 7.1.2).

## 3.3 Allgemeine Bewertungsregeln

Im Anschluss an die Klärung der Frage, welche Posten als Vermögensgegenstände und Schulden in der Bilanz berücksichtigt werden, ist zu bestimmen, mit welchen Werten diese Posten in der Bilanz zu erfassen sind. Hinsichtlich der Bewertung sind zu unterscheiden:

- die Bewertung im Zeitpunkt des Zugangs von Vermögensgegenständen und Schulden (Zugangsbewertung),
- die Bewertung zu späteren Bilanzstichtagen (Folgebewertung) und
- die Überprüfung, ob außerplanmäßige Umstände eingetreten sind, die Wertkorrekturen erforderlich machen (Vornahme von Wertkorrekturen).

### 3.3.1 Grundlegende Wertbegriffe

Zentrale handelsrechtliche Wertansätze finden sich zunächst in § 253 Abs. 1 HGB. Hier ist bestimmt, dass:

a) Vermögensgegenstände höchstens mit den Anschaffungs- oder Herstellungskosten, ggf. vermindert um Abschreibungen,
b) Verbindlichkeiten zu ihrem Rückzahlungsbetrag,

c) Rentenverpflichtungen, für die keine Gegenleistung mehr zu erwarten ist, zu ihrem Barwert und

d) Rückstellungen nur in Höhe des Betrages anzusetzen sind, der nach „vernünftiger kaufmännischer Beurteilung" notwendig ist.

Während das Konstrukt der Anschaffungskosten relevant ist für alle vom Unternehmen fremdbeschafften Gegenstände, sind die Herstellungskosten zu bestimmen für die vom Unternehmen selbst hergestellten Güter. Es soll an dieser Stelle kurz darauf hingewiesen werden, dass kalkulatorische Kosten i.S. der Kosten- und Leistungsrechnung selbstverständlich nicht zum Ansatz gelangen dürfen. Wenn folglich im weiteren Verlauf z.B. die Anschaffungskosten erläutert werden, so sind mit „Kosten" jeweils „Aufwendungen" gemeint.

**3.3.1.1 Anschaffungskosten**

Werden Vermögensgegenstände von anderen Unternehmen erworben, so ist der Wertansatz für die Buchführung und die Bilanz zu bestimmen. Dieser Wertansatz entspricht den Kosten des Erwerbs für eben diesen Vermögensgegenstand, er stellt für die Zeit des Verbleibs der Vermögensgegenstände im Unternehmen die Wertobergrenze dar (§ 253 Abs. 1 HGB).

Zu den Anschaffungskosten zählen gemäß § 255 Abs. 1 HGB neben dem eigentlichen Kaufpreis auch Aufwendungen, die anfallen, damit der Vermögensgegenstand in betriebsbereiten Zustand versetzt werden kann (z.B. Transportversicherungen, Montagekosten, Provisionen, Vermittlungsgebühren, Zölle usw.). Voraussetzung für die Zurechnung dieser Anschaffungsnebenkosten zu den Anschaffungskosten ist, dass sie dem Vermögensgegenstand direkt einzeln zugeordnet werden können.

Diese Zurechnung und Zuordnung wird im Steuerrecht und somit für die Steuerbilanz gleich gehandhabt. Die in den Kosten enthaltene USt ist, wenn sie nicht als Vorsteuer geltend gemacht werden kann, Bestandteil der Anschaffungskosten. Falls die Aufwendungen des Unternehmens durch

Rabatte, Skonti oder Subventionen gemindert wurden, so müssen diese von den Anschaffungskosten abgezogen werden. Treten nachdem ein Vermögensgegenstand angeschafft wurde nachträgliche Kosten auf, so z.B. Erschließungskosten für ein Grundstück, Um- oder Ausbauarbeiten, so müssen diese Kosten, wenn sie nicht reine Erhaltungs- und Wartungskosten darstellen, aktiviert werden und erhöhen somit die Anschaffungskosten nachträglich (nachträgliche Anschaffungskosten).

Damit ergibt sich folgende Zusammensetzung der Anschaffungskosten:
  Netto-Anschaffungspreis
+ Anschaffungsnebenkosten
− Anschaffungspreisminderungen
+ nachträgliche Anschaffungskosten
= handels- und steuerrechtliche Anschaffungskosten

*Beispiel 3.3:* Bestimmung der Anschaffungskosten

Die Bau- und Boden-GmbH erwarb im September des Geschäftsjahres einen Radlader zum Listenpreis von € 232.000 inkl. abzugsfähiger Umsatzsteuer (16%). Hierfür erhielt die GmbH einen nicht rückzahlbaren Investitionszuschuss in Höhe von € 25.000. Aufgrund der positiven Geschäftsbeziehung gewährte der Radladerlieferant der GmbH einen Bonus von pauschal € 10.900 rückwirkend für alle Aufträge des Jahres. Die € 250 Transportkosten hat die GmbH jedoch vereinbarungsgemäß zu tragen. Nach der ersten Nutzungsphase erwirbt die GmbH 2 Monate später für den Radlader diverse Motorenteile zur Erhöhung der Leistung zum Preis von € 1.000 netto inkl. des Einbaus. Die zum 31.12. des Geschäftsjahres zu bestimmenden Anschaffungskosten ergeben sich wie folgt:

```
  Netto-Anschaffungspreis:            € 200.000
+ Anschaffungsnebenkosten:            €     250 (Transport)
− Anschaffungspreisminderungen:       €  25.000 (Zuschuss)
+ nachträgliche Anschaffungskosten:   €   1.000 (Teile)
= Anschaffungskosten:                 € 176.250
```

> Es besteht kein direkter und eindeutiger identifizierbarer Zusammenhang zwischen dem Jahresbonus und dem Kaufobjekt, daher mindert er die Anschaffungskosten nicht.

Die Kosten für die Finanzierung von Anlagevermögen dürfen nicht aktiviert und somit in die Anschaffungskosten eingerechnet werden. Das gleiche gilt für eine zinslose längere Kaufpreisstundung (über ein Jahr), da dies einer Kreditgewährung entspricht und im Kaufpreis die Kosten für diese Finanzierung enthalten sind. Es ist in diesem Fall der abgezinste Kaufpreis als Anschaffungspreis anzusetzen. Eine Ausnahme besteht für Finanzierungskosten aus Krediten, die als An- oder Vorauszahlungen für Neuanlagen mit längerer Bauzeit verwendet wurden.

### 3.3.1.2 Herstellungskosten

Wird ein Vermögensgegenstand von einem Unternehmen selbst hergestellt, so muss dieser Gegenstand ebenfalls bewertet werden. Dabei ist es gleichgültig, ob es sich um im Unternehmen genutzte selbsterstellte Anlagen oder um unfertige und fertige Erzeugnisse, die bis zum Bilanzstichtag nicht verkauft wurden, handelt. Der Wertansatz dieser Vermögensgegenstände richtet sich nach den sog. Herstellungskosten. In § 255 Abs. 2 HGB sind die Herstellungskosten als Aufwendungen, die durch den Verbrauch von Gütern und Inanspruchnahme von Diensten für die Herstellung eines Vermögensgegenstands, seine Erweiterung oder für eine über seine ursprünglichen Zustand hinausgehende wesentliche Verbesserung entstehen, beschrieben. Dies entspricht auch weitestgehend der steuerlichen Definition in Abschn. 33 Abs. 1 S. 1 EStR.

Der bilanzrechtliche Begriff „Herstellungskosten" ist von dem Begriff „Herstellkosten" aus der Kostenrechnung klar zu trennen, da in den Herstellkosten auch kalkulatorische Kosten wie kalkulatorische/r Mieten, Zinsen, Wagniskosten, Unternehmerlohn usw. enthalten sein können. Die Herstellungskosten sollen jedoch nur die Aufwendungen, die zur Herstellung des Vermögensgegenstandes notwendig sind, beinhalten und damit die handelsrechtliche Bewertung der hergestellten Vermögensgegenstände frei von zusätzlichen Einflussfaktoren halten.

Die Bestandteile der Herstellungskosten sind in handels- und steuerrechtlichen Vorschriften unterschiedlich streng definiert. Beide bestimmen Kosten, die auf jeden Fall zu den Herstellungskosten gerechnet werden müssen (AG = Aktivierungsgebot), Kosten, die einbezogen werden dürfen, (AW = Aktivierungswahlrechte) und Kosten, die nicht einbezogen werden dürfen (AV = Aktivierungsverbot). Im Handelsrecht bestehen jedoch mehr Wahlrechte als im Steuerrecht, somit können sich die Herstellungskosten nach Handelsrecht und nach Steuerrecht deutlich unterscheiden.

*Tabelle 3.1:* Kostenbestandteile der Herstellungskosten

| **Kostenbestandteile** | **HB** | **StB** |
|---|---|---|
| Materialeinzelkosten | AG | AG |
| Fertigungseinzelkosten | AG | AG |
| Soweit sie auf den Zeitraum der Herstellung entfallen die angemessenen Anteile | | |
| • der notwendigen Materialgemeinkosten, | AW | AG |
| • der notwendigen Fertigungsgemeinkosten und | AW | AG |
| • des Werteverzehrs des Anlagevermögens, soweit durch die Fertigung veranlasst | AW | AG |
| Soweit sie auf den Zeitraum der Herstellung entfallen die angemessenen Anteile | | |
| • Kosten der allgemeinen Verwaltung, | AW | AW |
| • Aufwendungen für soziale Einrichtungen, | AW | AW |
| • Aufwendungen für freiwillige soziale Leistungen, | AW | AW |
| • Aufwendungen für betriebliche Altersversorgung, | AW | AW |
| • Zinsen für Fremdkapital, das zur Finanzierung der Herstellung eines Vermögensgegenstandes verwendet wird | AW | AW |
| Vertriebskosten | AV | AV |
| HB ≅ Handelsbilanz    StB ≅ Steuerbilanz | | |

Die Sondereinzelkosten der Fertigung müssen, wenn sie direkt einem Produkt bzw. Vermögensgegenstand zugeordnet werden können, handels- und steuerrechtlich als Bestandteil der Herstellungskosten betrachtet werden. Falls keine direkte Zuordnung möglich ist, können sie in die Fertigungsgemeinkosten einbezogen werden.

Im Handels- und Steuerrecht findet sich die Bezeichnung der „angemessenen Anteile" der einbezogenen Kosten (§ 255 Abs. 2 S. 3 HGB). D.h. dass Aufwendungen, die das normale Maß übersteigen, nicht in die Herstellungskosten einbezogen werden dürfen. So ist es z.B. nicht zulässig, die Kosten für Katastrophenverschleiß oder stillgelegter Produktionsanlagen in die Herstellungskosten einzubeziehen, weil diese Kosten nicht in direkten Zusammenhang mit den aus den produzierten Produkten erzielten Erlösen stehen.

Die Wertuntergrenze der Herstellungskosten wird im Handelsrecht durch die direkt zurechenbaren Einzelkosten bestimmt. Im Steuerrecht wird hingegen die Wertuntergrenze durch alle Kosten der Material- und Fertigungsbereiche ermittelt. Verschiedene betriebswirtschaftliche Methoden, die eine unterschiedliche Aufteilung der Kosten in Einzel- und Gemeinkosten ergeben, haben Einfluss auf die Wertuntergrenze im Handelsrecht, jedoch nicht auf die des Steuerrechts. Die Wertobergrenze der Herstellungskosten ist im Handels- und Steuerrecht gleich.

Bei der Ausübung der Bewertungswahlrechte besteht ein nicht unerheblicher bilanzpolitischer Spielraum, der auch Einfluss auf den Vermögens- und Erfolgsausweis hat. Dieser Spielraum wird wiederum eingegrenzt durch das Stetigkeitsgebot (§ 252 Abs. 1 Nr. 6 HGB), wonach eine ausgewählte Bewertungsmethode beibehalten werden muss, solange keine zwingenden sachlichen Gründe für eine Änderung vorliegen.

*Beispiel 3.4:* Bestimmung der Herstellungskosten

Ein Industrieunternehmen hat zum Bilanzstichtag einen Bestand von 800 Fertigprodukten ermittelt. Zur Bestimmung der Herstellungskosten liegen folgende Informationen vor:

| Kostenart: | €/Stück |
|---|---|
| Fertigungsmaterial | 150* |
| Materialgemeinkosten | 20 |
| Fertigungslöhne | 80* |
| Fertigungsgemeinkosten | 140 |
| Sondereinzelk. der Fertigung (direkt zurechenbar) | 5* |
| Anteilige Kosten der Forschung und Entwicklung | 5 |
| Verwaltungsgemeinkosten (angemessene Anteile) | 50 |
| Vertriebsgemeinkosten | 80 |
| Sondereinzelkosten des Vertriebs | 10 |

Alle Kosten sind aufwandsgleich, und es sind die minimalen und die maximalen handelsrechtlichen und steuerrechtlichen Herstellungskosten zu bestimmen.

Die mit einem * gekennzeichneten Posten ergeben in der Summe die handelsrechtliche Wertuntergrenze je Stück (€ 235). Werden hierzu die Gemeinkosten der Fertigung und des Materialbereichs addiert, so resultiert mit € 395/Stück der minimale steuerrechtliche Ansatz. Zuzüglich angemessener Anteile der Verwaltungskosten ergeben sich die maximalen Herstellungskosten – handels- und steuerrechtlich – mit € 445/Stück. Für die hier aufgeführten Kosten der Forschung und Entwicklung und die Vertriebskosten besteht jeweils ein Einbeziehungsverbot.

Vermögensgegenstände sind gemäß § 253 Abs. 1 Satz 1 HGB höchstens zu den Anschaffungs- oder Herstellungskosten, vermindert um planmäßige oder außerplanmäßige Abschreibungen anzusetzen. Diesem Niederstwertprinzip auf der Seite der Aktiva steht das Höchstwertprinzip aufseiten der Passiva gegenüber.

### 3.3.1.3 Rückzahlungsbetrag (Erfüllungsbetrag)

Schulden stellen grundsätzlich Verpflichtungen zu künftigen Auszahlungen dar. Somit sind Verbindlichkeiten mit dem Rückzahlungsbetrag in die Bilanz aufzunehmen (§ 253 Abs. 1 Satz 2 HGB). Da eine faktische Rückzahlung lediglich im Falle von Darlehensverbindlichkeiten gegeben ist, wird anstelle des Begriffs des Rückzahlungsbetrages in der einschlägigen Literatur der Begriff des Erfüllungsbetrages präferiert.

Der Erfüllungsbetrag stellt den sicheren oder wahrscheinlichen Betrag dar, den der Schuldner aufbringen muss, um die Verpflichtung erfüllen zu können. Im Falle von Geldleistungsverpflichtungen entspricht der Erfüllungsbetrag dem Nennbetrag der Schuld. Bei Sachleistungsverpflichtungen ist dies der Geldbetrag, der voraussichtlich aufgewandt werden muss, um die Sachleistung erfüllen zu können.

Verändert sich der Erfüllungsbetrag der Verbindlichkeit im Laufe der Zeit, so sind Erhöhungen zu berücksichtigen, Verminderungen jedoch nicht (siehe Kapitel 7.2.1).

### 3.3.1.4 Barwert

Rentenverpflichtungen für die keine Gegenleistung mehr zu erwarten ist, sind gemäß § 253 Abs. 1 Satz 2 HGB mit dem Barwert anzusetzen. Diese Bestimmung regelt die Bewertung einer Pensionsverpflichtung eines Unternehmens ab dem Zeitpunkt des Rentenbeginns bzw. dem Zeitpunkt, zu dem ein Arbeitnehmer mit entsprechendem Anspruch aus dem Unternehmen ausscheidet und somit von ihm keine Gegenleistung mehr zu erwarten ist (siehe hierzu die Ausführungen in Kapitel 7.2.2).

Der Barwert ist der heutige Wert einer künftigen Zahlung(sreihe). Zu seiner Bestimmung werden alle in der Zukunft liegenden Zahlungsverpflichtungen mit einem Rechnungszins (Diskontierfaktor) abgezinst. Das nachfolgende Beispiel verdeutlich das Konstrukt des Barwertes.

*Beispiel 3.5:* Barwert einer Zahlungsreihe

Zur Tilgung einer Schuld vereinbaren zwei Kaufleute die Leistung von insgesamt drei Teilzahlungen in Höhe von € 110 in genau einem Jahr, € 121 in zwei Jahren und € 133,10 in drei

Jahren. Unmittelbar nach der Vereinbarung erhält der Schuldner unerwartet einen größeren Geldeingang und möchte die o.g. Schuld nun mit einer sofortigen Einmalzahlung tilgen. Der heutige Wert dieser Schuld (=Barwert) beträgt bei einem vereinbarten Zinssatz von 10%:
Barwert = € 110/1,1 + € 121/1,21 + € 133,10/1,331 = € 300.

Hinsichtlich des zur Barwertbestimmung einer Rentenverpflichtung notwendigen Rechnungszinssatzes besteht im Handelsrecht keine einheitliche Meinung, steuerrechtlich ist gemäß § 6a Abs. 3 Satz 3 EStG ein Zinssatz von 6% anzuwenden.

### 3.3.1.5 Vernünftige kaufmännische Beurteilung

Rückstellungen sind nur in Höhe des Betrags anzusetzen, der nach vernünftiger kaufmännischer Beurteilung notwendig ist (§ 253 Abs. 1 Satz 2 HGB). Diese sehr vage anmutende Bewertungsrichtlinie ist vor dem Hintergrund der Grundsätze ordnungsmäßiger Buchführung anzuwenden, insbesondere die Formulierung „nur in Höhe..." macht deutlich, dass eine über den Erfüllungsbetrag hinausgehende Bewertung der Rückstellung nicht zulässig ist. Insbesondere eine vollständige und für sachverständige Dritte nachvollziehbare Auswertung aller vorliegenden Informationen ist Voraussetzung, um dem Anspruch auf eine vernünftige kaufmännische Beurteilung Rechnung zu tragen. Insofern ist dieser Wertansatz zu verstehen, als jener Betrag, den die Unternehmung voraussichtlich zu leisten hat, für den die größte Wahrscheinlichkeit besteht.

## 3.3.2 Wertkorrekturen

### 3.3.2.1 Grundlagen

Das Niederstwertprinzip verlangt eine erfolgswirksame Reduzierung des in der Bilanz anzusetzenden Vermögensgegenstandes, sofern sein tatsächlicher Wert niedriger ist als sein Buchwert. Das Niederstwertprinzip ist

Ausdruck des Imparitätsprinzips, welches besagt, dass Verluste frühestmöglich zu antizipieren sind. Als „tatsächliche Werte" kommen dabei unterschiedliche Konstrukte in Betracht, die im Rahmen dieses Kapitels kurz erläutert werden. Ihre ausführliche Anwendung ist u.a. Gegenstand der nachfolgenden Kapitel.

Das Niederstwertprinzip existiert in zwei Ausprägungen, als strenges Niederstwertprinzip im Umlaufvermögen und als gemildertes Niederstwertprinzip im Anlagevermögen.

Eingetretene Wertminderungen von Gegenständen des Umlaufvermögens müssen durch entsprechende Korrekturen in Form einer außerplanmäßigen Abschreibung berücksichtigt werden. Dies verlangt § 253 Abs. 3 HGB, in dem er in Satz 1 bestimmt, dass Abschreibungen vorzunehmen sind, um die entsprechenden Vermögensgegenstände mit einem niedrigeren Wert anzusetzen, der sich aus einem „Börsen- oder Marktpreis" am Abschlussstichtag ergibt. Ist ein Börsen- oder Marktpreis nicht feststellbar und übersteigen die Anschaffungs- oder Herstellungskosten den „beizulegenden Wert", so ist gemäß Satz 2 auf diesen abzuschreiben. Zudem dürfen Abschreibungen auf Gegenstände des Umlaufvermögens vorgenommen werden, wenn dieses nach vernünftiger kaufmännischer Beurteilung zur Vorwegnahme zukünftiger Wertminderungen erforderlich ist (§ 253 Abs. 3 Satz 3 HGB).

Insbesondere der Börsen- oder Marktpreis und der beizulegende Wert sind folglich Wertkonstrukte, die jeweils bei Unterschreitung der Anschaffungs- oder Herstellungskosten, eine Abschreibungspflicht auslösen.

Dem strengen Niederstwertprinzip steht für die Vermögensgegenstände des Anlagevermögens das gemilderte Niederstwertprinzip gegenüber. So bestimmt § 253 Abs. 2 Satz 3 HGB, dass ohne Rücksicht darauf, ob die Nutzung des Vermögenswertes zeitlich begrenzt ist, auf diesen außerplanmäßige Abschreibungen vorgenommen werden können, wenn der beizulegende Wert niedriger ist als der Buchwert und eine vorübergehende Wertminderung vorliegt (= Abschreibungswahlrecht). Besteht hingegen eine dauerhafte Wertminderung, so ist abzuschreiben ( = Abschreibungspflicht).

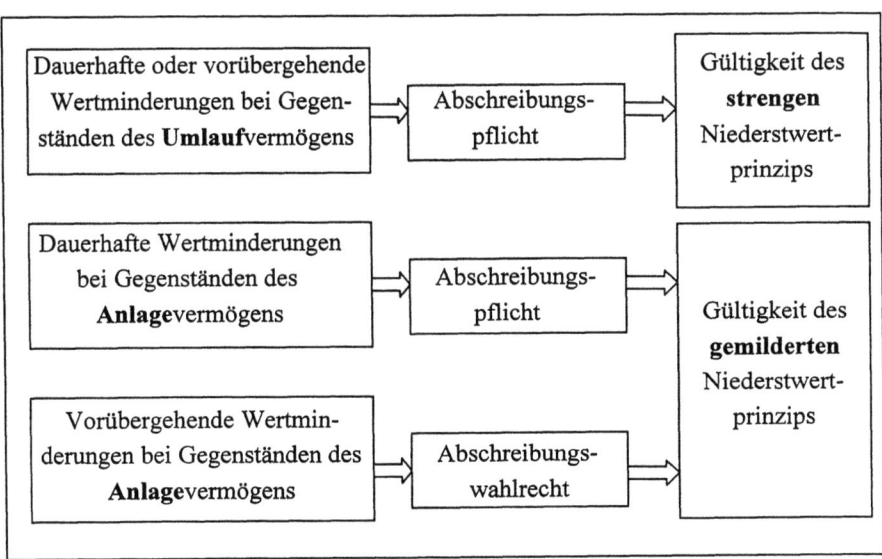

*Abbildung 3.4:* Niederstwertprinzip

Schließlich können außerplanmäßige Abschreibungen auf die Gegenstände des Anlage- und Umlaufvermögen u.U. auch im Rahmen vernünftiger kaufmännischer Beurteilung (§ 253 Abs. 4 HGB) und zur Angleichung von Handels- und Steuerbilanz (§ 254 HGB) vorgenommen werden.

Wie in den folgenden Kapiteln noch zu erläutern, gelten insbesondere die hier angesprochenen Wahlrechte nicht unabhängig der Rechtsform des Unternehmens.

Dem Niederstwertprinzip auf der Seite der Aktiva steht das Höchstwertprinzip zur Bewertung der Schulden gegenüber. Dieses ist ableitbar aus § 252 Abs. 1 Nr. 4 i.V. mit Abs. 1 Nr. 3 HGB. Nach dem Höchstwertprinzip sind Verbindlichkeiten grundsätzlich mit dem höheren Wert anzusetzen, sofern die sich aus der Verbindlichkeit resultierende Belastung höher ist als der bisher in der Bilanz angesetzte Erfüllungsbetrag. Eine Verringerung ist hingegen nur dann zulässig, wenn der erstmals erfasste

Erfüllungsbetrag nicht unterschritten wird – wenn folglich Gründe, die zu einer früheren Aufwertung führten, entfallen sind.

### 3.3.2.2 Korrekturwerte

Zur Überprüfung, ob außerplanmäßige Umstände eingetreten sind, die Wertkorrekturen in Form außerplanmäßiger Abschreibungen erforderlich machen, dienen in erster Linie die folgenden Wertkonstrukte:

- der beizulegende Wert
- der aus dem Börsen- oder Marktpreis abgeleitete Wert
- der bei vernünftiger kaufmännischer Beurteilung zur Vorwegnahme künftiger Wertminderungen erforderliche Wert
- der hinsichtlich der steuerlichen Anerkennung notwendige Wert
- der Teilwert

Diese Korrekturwerte sollen im weiteren Verlauf kurz beschrieben werden, ihre konkrete Anwendung wird in den folgenden Kapiteln aufgezeigt.

Der beizulegende Wert ist der Wert, der zur Reproduktion oder zur Wiederbeschaffung eines Vermögensgegenstandes aufzuwenden wäre. Es handelt sich hierbei um einen für die Gegenstände des Anlagevermögens (§ 253 Abs. 2 Satz 3 HGB) und des Umlaufvermögens (§ 253 Abs. 3 Satz 2 HGB) für die Gegenstände, für die kein Börsen- oder Marktpreis feststellbar ist, relevanten Korrekturwert. Es findet sich im HGB für dieses Wertkonstrukt keine Definition, als Wertmaßstäbe für den beizulegenden Wert kommen in Betracht:

a) der Wiederbeschaffungs- oder Reproduktionswert
b) der Wiederbeschaffungszeitwert (Wiederbeschaffungswert abzüglich planmäßiger Abschreibungen)
c) Einzelveräußerungspreis abzüglich aller mit dem Verkauf im Zusammenhang stehenden Aufwendungen

Für Roh-, Hilfs- und Betriebsstoffe ergibt sich der beizulegende Wert beispielsweise aus den Wiederbeschaffungs- oder Reproduktionskosten, sofern diese noch nicht in der Produktion aufgegangen sind. Im Falle von Halb- und Fertigfabrikaten ist der Wert aus dem möglichen Verkaufspreis abzüglich aller noch entstehenden Aufwendungen, z.B. für die weitere Bearbeitung oder den Vertrieb, zu bestimmen. Im Falle abnutzbarer Vermögensgegenstände ist der beizulegende Wert der Wert der Anschaffungs- oder Herstellungskosten eines vergleichbaren Gegenstandes abzüglich planmäßiger Abschreibungen. Soll der Gegenstand jedoch kurzfristig verkauft werden, so ist hierbei der voraussichtliche Verkaufspreis unter Berücksichtigung der damit einhergehenden Aufwendungen, u.U. auch der Schrottpreis, zu verwenden.

*Beispiel 3.6:* Beizulegender Wert

>Eine nicht mehr benötigte Produktionsanlage soll verkauft werden. Bei einem Anschaffungspreis von € 20.000 und einem Restbuchwert in Höhe von € 3.000 fanden sich jedoch bislang trotz erheblicher Bemühungen keine Käufer. Es wird nun davon ausgegangen, dass die Anlage nicht mehr aktueller Produktionsweise entspricht und sie daher unverkäuflich ist. Der beizulegende Wert enspricht dem Schrottpreis.

Der aus dem Börsen- oder Marktpreis abgeleitete Wert ist der vorrangige Korrekturwert für die Gegenstände des Umlaufvermögens (§ 253 Abs. 3 Satz 1 HGB). Wird der Wert an einer amtlich anerkannten deutschen Börse gehandelt, so ist der Börsenpreis für den Vergleich heranzuziehen, wird er lediglich an einer ausländischen Börse gehandelt, so kommt dieser Preis in Betracht. Wird der Gegenstand nicht an einer Börse gehandelt, so ist der Marktpreis – als Preis, der an einem Handelsplatz für Waren einer bestimmten Gattung von durchschnittlicher Art und Güte zu einem bestimmten Zeitpunkt im Durchschnitt gewährt wurde – Wertmaßstab. Der Markt kann aus Sicht des jeweiligen Unternehmens ein Beschaffungs- oder ein Absatzmarkt sein – Näheres hierzu folgt im Kapitel 5.2.

Der bei vernünftiger kaufmännischer Beurteilung zur Vorwegnahme künftiger Wertminderungen erforderliche Wert bezieht sich gleichfalls nur auf die Gegenstände des Umlaufvermögens (sog. „Zukunftswert" § 253 Abs. 3 Satz 3 HGB). Es handelt sich hierbei um eine Möglichkeit zur Verlustantizipation (Imparitätsprinzip). Als Voraussetzungen des Wertansatzes sind zum einen die „vernünftige kaufmännische Beurteilung" (siehe Kapitel 3.3.1.5) und zum anderen der Bezug auf die „nächste Zukunft" zu nennen. Letzteres wird im Allgemeinen als Zeitraum von maximal 2 Jahren konkretisiert. Anlässe zum Ansatz des niedrigeren Zukunftswertes sind beispielsweise Modeänderungen oder Bonitätsschwankungen.

*Beispiel 3.7:* Zukunftswert

> Ein Unternehmen weist zum Bilanzstichtag einen Bestand an Rohstoffen zum Buchwert von € 9.000 auf. Der gegenwärtige Marktpreis des Rohstoffs liegt bei € 9.800. Allerdings ist mit einem erheblichen Preisverfall im kommenden Jahr zu rechnen, der Marktpreis wird in diesem Zeitraum auf € 5.000 sinken. Somit darf in der Handelsbilanz vom Stichtagsprinzip abgewichen und der niedrigere Wert mit € 5.000 angesetzt werden.

Der hinsichtlich der steuerlichen Anerkennung notwendige Wert ist im Zusammenhang mit dem Maßgeblichkeits- und dem umgekehrten Maßgeblichkeitsprinzip (siehe Kapitel 2.3.4) zu sehen. § 254 HGB ermöglicht den Unternehmen eine Ausnutzung von nur steuerlich zulässigen Abschreibungen, die das Maß der handelsrechtlich zulässigen Abschreibungen übersteigen. Es handelt sich hierbei um ein Abschreibungswahlrecht für die Gegenstände des Anlage- und Umlaufvermögens. Steuerrechtliche Vorschriften, die zu steuerrechtlich bedingten Abschreibungen in der Handelsbilanz führen können, ermöglichen beispielsweise steuerliche Sonderabschreibungen (§ 7f EStG: Wirtschaftsgüter des Anlagevermögens privater Kliniken) oder auch erhöhte Absetzungen (§ 7i EStG: erhöhte Absetzung eines Baudenkmals).

Der Teilwert ist im Unterschied zu den bislang genannten Wertkonstrukten eine rein steuerrechtliche Konstruktion. Es handelt sich um den Betrag, den ein Erwerber des ganzen Betriebs im Rahmen des Gesamtkaufpreises für das einzelne Wirtschaftsgut ansetzen würde. Dabei ist davon auszugehen, dass der Erwerber den Betrieb fortführt (§ 6 Abs. 1 Nr. 1 Satz 3 EStG). Die dem Begriffsinhalt zugrunde liegenden Fiktionen, insbesondere die Ermittlungsmöglichkeit des Gesamtwertes, aber auch die Möglichkeit der sinnvollen Aufteilung des Gesamtwertes auf einzelne Wirtschaftsgüter, führten rasch zu der Erkenntnis, dass der Teilwert nur in Ausnahmefällen eine sinnvolle Wertermittlung zulässt. Aus diesem Grunde entwickelte die Rechtsprechung sog. Teilwertvermutungen, die solange gelten, wie der Steuerpflichtige sie nicht widerlegen kann. Durch die Teilwertvermutungen wurde die ursprüngliche Konzeption des Teilwertes aufgegeben. Die durch den RFH bzw. BFH aufgestellten Teilwertvermutungen lauten:

a) Im Zeitpunkt des Erwerbs eines Wirtschaftsgutes gelten die Anschaffungs- bzw. Herstellungskosten als Teilwert.
b) Zu späteren Zeitpunkten entspricht der Teilwert im Falle von abnutzbaren Wirtschaftsgütern des Anlagevermögens den um die Abschreibungen verminderten Anschaffungs- oder Herstellungskosten, bei nicht abnutzbaren Wirtschaftsgütern wird vermutet, dass der Teilwert den Anschaffungs- bzw. Herstellungskosten entspricht.
c) Bei den Wirtschaftgütern des Umlaufvermögens gelten die Wiederbeschaffungskosten, bzw. der Börsen- oder Marktpreis als Teilwert.

Wenn auch der handelsrechtliche beilzulegenden Wert und der Teilwert auf anderen theoretischen Grundlagen fußen, führen beide doch in der betrieblichen Praxis i.d.R. zu gleichen Ergebnissen.

# Übungsaufgaben zum 3. Kapitel

*Aufgabe 3.1:*
Nennen Sie zwei Fälle, in denen ein Unternehmen trotz fehlenden juristischen Eigentums, Vermögensgegenstände aktivieren muss.

*Aufgabe 3.2:*
Erläutern Sie kurz die Begriffe des notwendigen und des gewillkürten Betriebsvermögens.

*Aufgabe 3.3:*
Welche dieser Aussagen in Bezug auf die Handelsbilanz ist richtig?
a) Bei Bilanzierungshilfen handelt es sich um Posten, die keine abstrakte Bilanzierungsfähigkeit aufweisen, ihr Ansatz liegt im Ermessen des Kaufmanns.
b) Bilanzierungshilfen sind abstrakt, jedoch nicht konkret bilanzierungsfähig, dennoch stellen sie ein Bilanzierungswahlrecht dar.
c) Bilanzierungshilfen sind abstrakt, jedoch nicht konkret bilanzierungsfähig, daher repräsentieren sie ein konkretes Bilanzierungsverbot.

*Aufgabe 3.4:*
Zeigen Sie die grundsätzliche Auswirkung handelsrechtlicher Wahlrechte auf den steuerlichen Abschluss auf:

| Handesrechtliches Aktivierungs**wahlrecht** | ⇒ | Steuerrechtliches ................ |
|---|---|---|
| Handelsrechtliches Passivierungs**wahlrecht** | ⇒ | Steuerrechtliches ................ |

*Aufgabe 3.5:*
Ordnen Sie die nachfolgenden Bilanzposten den richtigen grundlegenden handelsrechtlichen Wertkategorien zu:

| Bilanzposition | Wertkategorie |
|---|---|
| Vermögensgegenstände | Rückzahlungsbetrag |
| Rentenverpflichtungen, für die keine Gegenleistung mehr zu erwarten ist | Wert nach vernünftiger kaufmännischer Beurteilung |
| Rückstellungen | Anschaffungs- oder Herstellungskosten |
| Verbindlichkeiten | Barwert |

*Aufgabe 3.6:*
Eine AG erwirbt eine Maschine zum Listenpreis von € 200.000 netto, der Lieferant gewährt einen Nachlass von 8% auf den Listenpreis. Zur Auswahl dieser Maschine von diesem Lieferanten benötigte die Beschaffungsabteilung durch den Einsatz einer ausgiebigen Investitionsroutine einen Monat. Die hierdurch verursachten anteiligen Kosten der Beschaffungsabteilung betragen € 5.900. Für den Transport der Maschine muss die AG € 2.552 inkl. USt zahlen, die sofort fällige Prämie zur abgeschlossenen Transportversicherung beträgt € 400. Allerdings wird die Prämie nach häufiger Mahnung durch den Versicherer erst im Folgejahr gezahlt. Die Maschine wird auf einem hierfür erstellten Fundament installiert. Hierfür fallen Materialaufwendungen in Höhe von netto € 3.400 und Bruttolöhne in Höhe von € 2.000 an. Zudem wurde in dem Raum, in dem die Anlage installiert wurde ein Klimagerät installiert. Dieses schafft die für die Maschine erforderliche Luftfeuchtigkeit. Das Klimagerät wurde zu € 1.200 von einem anderen Lieferanten beschafft. Die im voraus für ein Jahr zu zahlende Feuerversicherungsprämie für die Maschine beträgt € 1.800. Schließlich belaufen sich die Personalaufwendungen zum Betrieb der Maschine im ersten Monat auf brutto € 49.000. Bestimmen Sie die Höhe der Anschaffungskosten nach den handelsrechtlichen Vorschriften.

*Aufgabe 3.7:*
Ein Unternehmen produziert zwei Produkte, die Sparversion „Schlicht" und die Luxusversion „Prahl", letztere unterscheidet sich von ersterer durch die vorhandene Silberauflage. Von Schlicht wurden im letzten Geschäftsjahr 100.000 und von Prahl 200.000 gefertigt. Hiervon wurden 20.000, bzw. 10.000 auf Lager produziert. Die Materialeinzelkosten der

beiden Produkte betrugen für Schlicht € 1,60 und für Prahl € 3,30, die Materialgemeinkosten für die Beaufsichtigung des Silberlagers beliefen sich auf € 40.000. Die Fertigungseinzelkosten für Schlicht betragen € 1,00, jene für Prahl € 4,00. Mittels der Maschine I wird ausschließlich Schlicht, mittels Maschine II ausschließlich Prahl produziert. Die Abschreibung für Maschine I (II) betrug € 50.000 (€ 60.000) – beide Maschinen waren nahezu voll ausgelastet. Die weiteren Fertigungsgemeinkosten bzw. die allgemeinen Verwaltungskosten werden mit € 1,00 – bzw. € 0,48 je produziertem Stück verrechnet. Der Vertriebsmitarbeiter des Unternehmens erhält eine Verkaufsprovision in Höhe von 8% des Umsatzes (Schlicht wird zum Preis von € 19 und Prahl zum Preis von € 62 je Stück verkauft). Der ausschließlich für die Auslieferung an die Händler benötigte Pritschenwagen wurde im vergangenen Jahr mit € 14.000 abgeschrieben.

a) Bestimmen Sie den minimalen und den maximalen handelsrechtlichen Wert zur Bewertung der gesamten Lagerleistung.

b) Bestimmen Sie die steuerrechtlich minimalen und maximalen Herstellungskosten/Stück.

*Aufgabe 3.8:*
Die Anschaffungskosten eines Grundstücks betrugen € 500.000, mit diesem Wert ist das Grundstück auch bilanziell erfasst. Zwischenzeitlich entwickelte sich der Verkehrswert jedoch auf € 600.000, und es wird im nächsten Jahr mit einem weiteren Anstieg auf € 700.000 gerechnet. Ist der Ansatz eines im Vergleich zum derzeitigen Buchwert höheren Wertes handelsrechtlich und steuerrechtlich zulässig?

*Aufgabe 3.9:*
Stehen die sog. Teilwertvermutungen im Einklang mit der Legaldefinition des Teilwertes?

# 4. Bilanzierung des Anlagevermögens

Das auf der Bilanzseite der Aktiva auszuweisende Vermögen ist gemäß § 247 Abs. 1 und § 266 Abs. 2 HGB in die Posten des Anlage- und des Umlaufvermögens zu differenzieren. Dies ist nicht nur relevant für den korrekten Bilanzausweis, sondern, wie im Rahmen der Kapitel 4.2 und 5.2 noch ausführlicher darzulegen, auch wesentlich für die Bewertung des Vermögensgegenstandes, so sind lediglich die abnutzbaren Gegenstände des Anlagevermögens planmäßig abzuschreiben.

Als Anlagevermögen sind jene Gegenstände auszuweisen, die dazu bestimmt sind, dauernd dem Geschäftsbetrieb zu dienen (§ 247 Abs. 2 HGB). Ausschlaggebend für die Zuordnung zum Anlage- oder Umlaufvermögen ist die Zweckbestimmung des Gegenstandes. Diese kann zumeist abgeleitet werden aus der Art des Gegenstandes und wird letztlich bestimmt durch den Willen des Kaufmanns. Dienen bestimmte Vermögensgegenstände beispielsweise der Weiterverarbeitung oder dem Verkauf, so sind sie nicht dem Anlage-, sondern dem Umlaufvermögen zuzuordnen. Der Gesetzeswortlaut „dauernd" wird als „gewisse Zeit" – i. d. R. mehr als ein Jahr – aufgefasst, unbeschadet einer danach erfolgenden Veräußerung des Gegenstandes.

*Beispiel 4.1:* Anlage- oder Umlaufvermögen

> Ein Kaufmann handelt mit IT-Hardware und erwirbt auf einer Messe 10 extravagante Bildschirme. 2 hiervon nutzt er für seine laufenden Verwaltungstätigkeiten, 7 möchte er verkaufen und legt sie daher auf Lager und einen präsentiert er in seinem Schaufenster. Für 9 Bildschirme ist die Zuordnung eindeutig, 2 stellen Posten des Anlagevermögens (Betriebs- und Geschäftsausstattung), 7 des Umlaufvermögens (Waren) dar. Hinsichtlich des Präsentationsstücks ist der Wille des Kaufmanns entscheidend, plant er auch seinen Verkauf im Anschluss an den Abverkauf der Lagerware, so ist dieser im Umlaufvermögen zu positionieren. Plant er ihn jedoch, z.B. aufgrund seiner extravaganten Bauart, längerfristig als Austellungsstück zu nutzen, ist er im Anlagevermögen anzusetzen.

## 4.1 Posten des Anlagevermögens

Das Anlagevermögen gliedert sich gemäß § 266 Abs. 2 HGB in drei verschiedene Hauptposten, die anschließend weiter differenziert werden:

- immaterielle Vermögensgegenstände,
- Sachanlagen und
- Finanzanlagen.

Für kleine Kapitalgesellschaften* stellt diese Differenzierung im Rahmen der verkürzten Bilanz die Mindestgliederung dar (§ 266 Abs. 1 Satz 3 HGB).

Immaterielle Vermögensgegenstände besitzen einen gewissen Wert für das Unternehmen z. B. Lizenzen, Patente, Markenrechte oder Nutzungsrechte, sie sind jedoch keine körperlichen Gegenstände. Da die Werthaltigkeit dieser Gegenstände oft nur schwer bestimmbar ist, darf in einer Bilanz ein immaterieller Vermögensgegenstand nur ausgewiesen werden, wenn er von einem Dritten entgeltlich erworben wurde und sich damit die Werthaltigkeit zumindest dieses eine Mal zeigte.

So ist der Geschäfts- oder Firmenwert nach der Übernahme eines Unternehmens in der Bilanz gesondert auszuweisen. Dieser derivative (entgeltlich erworbene) Geschäfts- oder Firmenwert – häufig als „goodwill" bezeichnet – wird nach § 255 Abs. 4 HGB in der Weise ermittelt, dass der Teil des Kaufpreises, der den Zeitwert der Vermögensgegenstände minus Schulden des Unternehmens übersteigt, bestimmt wird. Er kann als immaterieller Vermögensgegenstand aktiviert werden. Der „Mehrbetrag" könnte hierbei aus verschiedenen Gründen gezahlt worden sein, z.B. aufgrund des damit erworbenen Know-how, Kundestamm, Managementqualität usw. Streng genommen, fehlt es dem derivativen Geschäfts- oder Firmenwert an Aktivierungsfähigkeit, weshalb er als Bilanzierungshilfe interpretiert werden kann. Als Summe von jeweils nicht selbstständig bewertbaren Vermögensvorteilen handelt es sich um ein immaterielles Aggregat.

Ist hingegen der Geschäftswert nicht erworben, sondern im bilanzierenden Unternehmen selbst entstanden, so darf dieser selbst geschaffene (originäre) Wert nicht aktiviert werden (§ 248 Abs. 2 HGB).

Innerhalb der Sachanlagen sind gemäß § 266 Abs. 2 HGB auszuweisen:
a) Grundstücke, grundstücksgleiche Rechte und Bauten einschließlich der Bauten auf fremden Grundstücken
b) Technische Anlagen und Maschinen
c) Andere Anlagen, Betriebs- und Geschäftsausstattung
d) Geleistete Anzahlungen und Anlagen im Bau

Grundstücke und Gebäude werden i. d. R. zusammen in einem Posten ausgewiesen. In der Buchführung müssen sie jedoch getrennt erfasst werden, da die Grundstücke als nicht abnutzbare Vermögensgegenstände auch nicht planmäßig abgeschrieben werden (sofern sie keine Abbaugrundstücke darstellen). Beim Erwerb von bebauten Grundstücken muss somit eine Aufteilung der Anschaffungskosten auf den Wert des Grundstücks und der Bebauung vorgenommen werden, dies geschieht zumeist nach dem Verhältnis der Zeitwerte. Die Anschaffungskosten der Bebauung (d.h. Gebäude, Grünanlagen, Umzäunung, Parkplätze usw.) werden gemäß ihrer Nutzungsdauer planmäßig abgeschrieben. Bei den mit den Grundstücken in einem Posten auszuweisenden grundstücksgleichen Rechten handelt es sich beispielsweise um Erbbau- oder Wegerechte.

Technische Anlagen und Maschinen dienen unmittelbar der Produktion, so z.B. Hochöfen oder Drehmaschinen. Im Unterschied hierzu dienen die „anderen Anlagen" nicht unmittelbar der Produktion, wie z.B. eine allgemeine Transportanlage. Es ist ohne Belang, ob die Anlagen fest mit dem Gebäude verbunden und somit nach § 94 BGB als dessen Bestandteil anzusehen sind. Für die Abschreibung ist der Nutzungs- und Funktionszusammenhang des Vermögensgegenstandes zum Gebäude wichtig, da ein Vermögensgegenstand, der in direktem Nutzungs- und Funktionszusammenhang mit dem Gebäude steht, maximal mit dessen Nutzungsdauer abgeschrieben wird.

Zur Betriebs- und Geschäftsausstattung zählen u.a. Werkstatteinrichtungen, Telefonanlagen, Schreibtische und Büroregalsysteme.

Ist ein Bauvorhaben eines Unternehmens zum Bilanzstichtag noch nicht vollendet, so sind die damit verbundenen Ausgaben als Anlagen im Bau auszuweisen. Eine Transparenzschaffung auf freiwilliger Basis für den externen Betrachter ist möglich, indem die geleisteten Anzahlungen (auf Sachanlagen) von den Anlagen im Bau getrennt ausgewiesen werden.

Geringwertige Wirtschaftsgüter (GWG) des beweglichen Sachanlagevermögens (d.h. Anschaffungs- bzw. Herstellkosten bis zu € 410,00 ohne USt) können im Jahr ihres Zugangs vollständig abgeschrieben werden, wenn sie selbstständig nutzbar und nicht mit anderen Wirtschaftsgütern untrennbar verbunden sind.

Die Klassifizierung eines Vermögensgegenstandes als immaterieller oder materieller Vermögensgegenstand hat eine große Bedeutung, auch wenn die Abgrenzung stellenweise problematisch ist, hierzu folgendes Beispiel.

*Beispiel 4.2:* Abgrenzung immaterieller Vermögensgegenstände
Erfolgt in einem Unternehmen der Zugang eines neuen PC-Arbeitsplatzes, so ist u.a. zu berücksichtigen, dass damit materielle und immaterielle Vermögensgegenstände erworben wurden die einer unterschiedlichen Abschreibungsdauer unterliegen.

Die Finanzanlagen unterteilen sich in:
a) Anteile an verbundenen Unternehmen,
b) Ausleihungen an verbundene Unternehmen,
c) Beteiligungen,
d) Ausleihungen an Unternehmen, mit denen ein Beteiligungsverhältnis besteht,
e) Wertpapiere des Anlagevermögens und
f) sonstige Ausleihungen.

Als Beteiligungen sind die Anteile an anderen Unternehmen auszuweisen, die dazu bestimmt sind, dem eigenen Geschäftsbetrieb durch Herstellung einer dauernden Verbindung zu jenen Unternehmen zu dienen (§ 271 Abs. 1 HGB). Die – widerlegbare – Vermutung einer Beteiligung an einer Kapitalgesellschaft liegt bei einem Beteiligungsverhältnis von mehr als 20% vor (im Falle eines Anteils von weniger als 20% an einer Kapitalgesellschaft ist unter Wertpapiere des Anlagevermögens zu erfassen, sofern er auf Dauer gehalten wird). Anteile an einer Personengesellschaft repräsentieren stets eine Beteiligung. Wird die Vermutung einer Daueranlage widerlegt, so ist sie im Umlaufvermögen unter „sonstige Wertpapiere" bzw. „sonstige Vermögensgegenstände" auszuweisen. Bei verbundenen Unternehmen liegt eine stärkere Verbindung vor als bei Beteiligungen. Dabei verweist § 271 Abs. 2 HGB auf die Mutter-Tochter Beziehung des § 290 HGB. Die Merkmale hierfür sind die einheitliche Leitung der Konzernunternehmen (§ 290 Abs. 1 HGB) oder die konzerntypischen Merkmale – Mehrheit der Stimmrechte oder das Recht, als Gesellschafter die Mehrheit der Organmitglieder zu bestimmen bzw. einen beherrschenden Einfluss (§ 290 Abs. 2 HGB) zu besitzen.

Ausleihungen stellen jeweils langfristige Finanzforderungen dar. Da davon auszugehen ist, dass die dabei gewährten Konditionen auch abhängig sind vom Grad der Verbundenheit, sind die Ausleihungen zu untergliedern in solche an verbundene Unternehmen, an Unternehmen, mit denen ein Beteiligungsverhältnis besteht und in sonstigen Ausleihungen.

## 4.2 Bewertung des Anlagevermögens

Zur Zugangsbewertung der Posten des Anlagevermögens sei weitgehend auf die Ausführungen betreffend der Anschaffungs-/Herstellungskosten in Kapitel 3.3 verwiesen.

An dieser Stelle soll jedoch ein sich in der betrieblichen Praxis häufig zeigendes Problem im Zusammenhang mit der Bewertung von größeren Instandhaltungsarbeiten oder Reparaturen unbeweglicher Vermögensgegenstände des Sachanlagevermögens eingegangen werden. Fraglich ist hierbei in vielen Fällen, ob es sich um Herstellungsaufwand (nachträgliche Herstellungskosten) oder um Erhaltungsaufwand handelt. Ersterer würde zu einer Aktivierung der Maßnahme und damit zur Aufwandsverteilung mittels späterer Abschreibung über mehrere Jahre führen. Handelt es sich jedoch um „bloßen" Erhaltungsaufwand, so würde dieser nicht beim zugehörigen Vermögensgegenstand aktiviert, sondern in voller Höhe als Aufwand des Geschäftsjahres und damit voll ergebnismindernd in der GuV berücksichtigt.

Gemäß § 255 Abs. 2 HGB existieren drei Herstellungstatbestände – folglich Situationen, in denen die Bewertung zu Herstellungskosten zu erfolgen hat, diese sind die Herstellung eines Vermögensgegenstandes, die Erweiterung eines Vermögensgegenstandes oder die wesentliche Verbesserung eines Vermögensgegenstandes.

Im Rahmen der Herstellung wird ein Vermögensgegenstand (faktisch) neu geschaffen, ein Beispiel hierfür wäre die Errichtung eines Gebäudes. Im Falle einer Erweiterung tritt bei einem bereits vorhandenen Vermögensgegenstand eine Substanzmehrung ein, z.B. im Falle eines Gebäudeanbaus oder auch einer Gebäudeaufstockung. Eine wesentliche Verbesserung liegt schließlich nur dann vor, wenn eine Wesensänderung des Objekts oder eine erhebliche Erhöhung des Nutzungswertes realisiert wurde. Identifizierbar ist die wesentliche Verbesserung beispielsweise durch eine deutliche Verlängerung der Nutzungsdauer oder auch durch einen deutlich erhöhten Mietwert. Wird hingegen durch eine Maßnahme die Wesensart eines Vermögensgegenstandes nicht verändert, dient sie nur dazu diesen in ordnungsmäßigem Zustand zu halten und kehren ähnliche Maßnahmen regelmäßig in ungefähr gleicher Höhe wieder, so handelt es sich hierbei um Erhaltungsaufwand.

### 4.2.1 Aufgaben und Arten der Abschreibung

Die im Anlagevermögen ausgewiesenen Vermögensgegenstände können in ihrer Nutzung zeitlich begrenzt sein. Ist dies der Fall, so ist der Wert des jeweiligen Vermögensgegenstandes am Ende der Nutzungsdauer sehr gering oder Null. Dieser über die Nutzungsdauer hinweg erfolgende Werteverzehr wird durch die Abschreibung erfasst. Der Werteverzehr kann durch Abnutzung, technischen Fortschritt, fallende Preise, Verschleiß oder eine veränderte Nutzungsanforderung erfolgen. Betroffen von einer geplanten Wertminderung sind die Gegenstände des abnutzbaren Anlagevermögens. Dies sind jene Gegenstände, deren Verbleib im Unternehmen zeitlich begrenzt ist. Die Gegenstände des nicht abnutzbaren Anlagevermögens verlieren hingegen durch Nutzung keinen Wert, werden infolgedessen auch nicht planmäßig abgeschrieben.

*Beispiel 4.3:* Abnutzbares und nicht abnutzbares Anlagevermögen

Zum abnutzbaren Anlagevermögen zählen beispielsweise Gebäude, technische Anlagen, Maschinen, Einrichtungsgegenstände oder auch Kraftfahrzeuge. Nicht abnutzbar sind Grund und Boden, Beteiligungen, Wertpapiere oder auch Kunstgegenstände, die durch Nutzung keinen Wert verlieren.

Eine Wertminderung des Anlagevermögens muss im Jahresabschluss berücksichtigt werden, um die Vermögens- und Ertragslage des Unternehmens richtig darzustellen. Die Wertminderung des Anlagevermögens wird mittels Abschreibung durchgeführt und als Aufwand in der Gewinn- und Verlustrechnung erfasst.

Die Abschreibung kann als Wertangleichung für das Anlagevermögen betrachtet werden. Man kann sie aber auch als eine Möglichkeit zur Periodisierung des Aufwands einer Investition auf die zugrunde gelegte Investitionsdauer sehen. Beide Interpretationen treffen auf das Instrument der Abschreibung zu. So ist die planmäßige Abschreibung aus § 253 Abs. 2 S. 2 HGB die Verteilung der Anschaffungs- oder Herstellungskosten auf die Jahre, in denen der Gegenstand voraussichtlich genutzt wird. Hingegen ist die außerplanmäßige Abschreibung eher als eine Angleichung an einen niedrigeren beizulegenden Wert am Bilanzstichtag anzusehen.

Die technische Realisierung des Ausweises der Abschreibung kann durch direkte Minderung des Wertes des Anlagevermögens oder in indirekter Form geschehen. Bei der indirekten Abschreibung wird zum Aktivposten auf der Passivseite ein Ausgleichsposten geschaffen – die Wertberichtigung. Dieser sammelt die aufgelaufenen Abschreibungswerte bis der Vermögensgegenstand aus dem Unternehmen ausscheidet. Ist dies der Fall, wird sowohl der Vermögensgegenstand als auch die zugehörige Wertberichtigung ausgebucht. Die indirekte Abschreibung gewährt dem Leser der Bilanz mehr Informationen, führt aber auch zu einer Bilanzverlängerung.

Neben der handels- und steuerrechtlichen Berücksichtigung einer Wertminderung als Abschreibung wird auch in der Kostenrechnung eine kalkulatorische Abschreibung ermittelt. Diese besitzt jedoch eine andere Zielsetzung als die der hier zu behandelnden Abschreibung, da in der Kostenrechnung z.B. eine aus wirtschaftlichen Gesichtspunkten gewählte andere Lebensdauer oder auch vom Wiederbeschaffungswert anstelle des Anschaffungswerts ausgegangen wird.

### 4.2.1.1 Planmäßige Abschreibung

Die handelsrechtliche planmäßige Abschreibung entspricht der steuerrechtlichen Absetzung für Abnutzung (AfA), sowie – für den beispielhaften Fall des Bergbaus – der Absetzung für Substanzverringerung (AfS). Sie besitzt eine Aufteilungsfunktion der zugrunde liegenden Anschaffungskosten bzw. Herstellungskosten auf den voraussichtlichen Nutzungszeitraum. Die planmäßige Abschreibung ist auf das Anlagevermögen beschränkt, dessen Nutzung zeitlich begrenzt ist (§ 253 Abs. 2 S. 1 HGB). Sie richtet sich nicht an der tatsächlichen Marktwertentwicklung aus, sondern berücksichtigt ausschließlich die folgenden Punkte, die in einem Abschreibungsplan festgehalten werden.

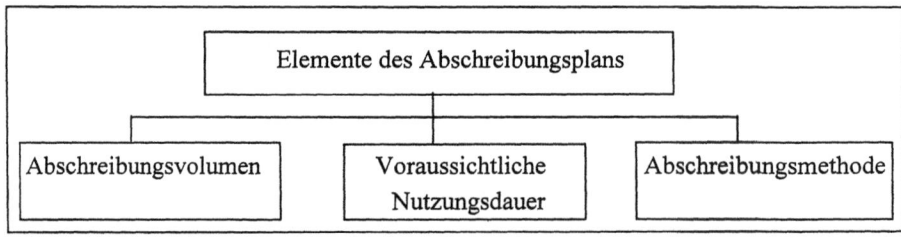

*Abbildung 4.1:* Elemente des Abschreibungsplans

Der Abschreibungsplan muss nach dem Stetigkeitsgebot (§ 252 Abs. 1 Nr. 6 HGB) beibehalten werden und kann nicht ohne sachliche Begründung geändert werden. Eine solche sachliche Begründung kann eine Änderung der Nutzungsdauer, nachträgliche Anschaffungs- oder Herstellungskosten, außerplanmäßige Abschreibungen oder eine erlaubte Änderung der Abschreibungsmethode sein (siehe hierzu auch Kapitel 4.3).

Nach der Bestimmung des Abschreibungsvolumens (Anschaffungs- bzw. Herstellungskosten minus Restwert) ist die Nutzungsdauer des Vermögensgegenstandes zu schätzen. Hierbei ist nicht die technische Nutzungsdauer, als Dauer in der ein Gegenstand technisch leistungsfähig ist, von Bedeutung, sondern die wirtschaftliche Nutzungsdauer, in welcher der Gegenstand wirtschaftlich sinnvoll genutzt werden kann. Während die technische Nutzungsdauer von Ursachen wie einem Gebrauchsverschleiß oder einer Substanzverringerung beeinflusst wird, sind Ursachen für eine Reduzierung der wirtschaftlichen Nutzungsdauer der technische Fortschritt, Nachfrageverschiebungen oder Preisänderungen. Unzweifelhaft ist die Bestimmung der wirtschaftlichen Nutzungsdauer aufwändiger als die Bestimmung der technischen, da hierfür die künftige wirtschaftliche Entwicklung zu berücksichtigen ist.

Die Finanzverwaltung hat für die Abschreibung der Wirtschaftsgüter des Anlagevermögens Tabellen mit betriebsgewöhnlichen Nutzungsdauern zusammengestellt (AfA-Tabellen, siehe Tabelle 4.1). Die Nutzungsdauern der Tabelle stellen für die handelsrechtliche Bewertung eine mögliche Orientierung dar. Im Normalfall sind die betriebsgewöhnlichen Nutzungsdauern gemäß AfA-Tabelle kürzer als die wirtschaftlichen Nutzungsdauern.

Für das Jahr des Zugangs eines Vermögensgegenstandes ist die anteilige Abschreibung vom Zeitpunkt des Zugangs bis zum Bilanzstichtag vorzunehmen, wobei auf volle Monate aufgerundet werden kann.

*Tabelle 4.1:* AfA-Tabelle für allgemein verwendbare Anlagegüter (Auszug)

| **Anlagegut** | **Betriebsgewöhnliche Nutzungsdauer (Jahre)** |
|---|---|
| **1. Unbewegliches Anlagevermögen** | |
| a. Hallen in Leichtbauweise | 14 |
| ... | |
| 1.11 Laderampen | 25 |
| **2. Grundstückseinrichtungen** | |
| 2.1 Fahrbahnen, Parkplätze, Hofbefestigungen | 19 |
| ... | |
| 2.9 Golfplätze | 20 |
| **3. Betriebsanlagen allgemeiner Art** | |
| 3.1 Krafterzeugungsanlagen (Dampfkessel) | 15 |
| ... | |
| 3.10.7 Sprinkleranlagen | 20 |
| **4. Fahrzeuge** | |
| 4.1 Schienenfahrzeuge | 25 |
| ... | |
| 4.5 Sonstige Beförderungsmittel | 8 |
| **5. Be- und Verarbeitungsmaschinen** | |
| 5.1 Abrichtmaschinen | 13 |
| ... | |
| 5.27 Sonstige Be- und Verarbeitungsmaschinen | 13 |
| **6. Betriebs- und Geschäftsausstattung** | |
| 6.1 Wirtschaftsgüter der Werkstätten-, Labor- und Lagereinrichtungen | 14 |
| ... | |
| 6.19.7 Rohrpostanlagen | 10 |
| **7. Sonstige Anlagegüter** | |
| 7.1 Betonkleinmischer | 6 |
| ... | |
| 7.12 Zentrifugen | 10 |

Die Abschreibungsmethode muss ebenso wie der Jahresabschluss den Grundsätzen ordnungsmäßiger Buchführung entsprechen. Dabei ist es wichtig, dass der Abschreibungsverlauf der Abschreibungsmethode nicht offensichtlich dem Nutzungsverlauf widerspricht. Die verwendete

Abschreibungsmethode oder eine Änderung der Abschreibungsmethode, mit Begründung für die Änderung, muss in jeden Fall im Anhang angegeben werden (§ 284 Abs. 2 Nr. 4 HGB). Ein verbleibender Schrottwert bei Abgang des Vermögensgegenstandes aus dem Unternehmen kann bei der Ermittlung der Abschreibungsbeträge berücksichtigt werden.

Die handelsrechtlich grundsätzlich zulässigen Abschreibungsmethoden sind:

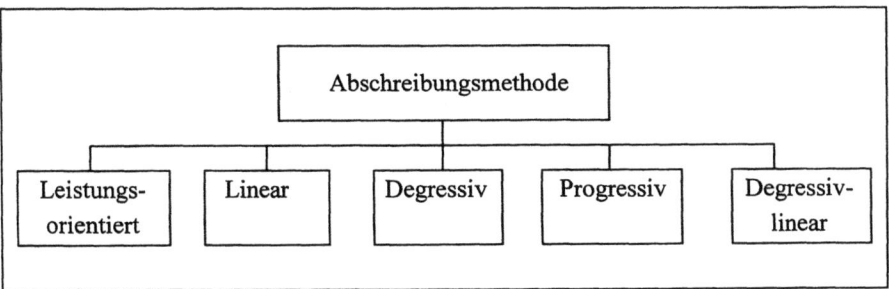

*Abbildung 4.2:* Handelsrechtlich zulässige Abschreibungsmethoden

Leistungsorientierte Abschreibung
Der leistungsbedingten Abschreibung liegt die Annahme zugrunde, dass die Wertminderung der Anlage vorrangig aufgrund ihrer Inanspruchnahme erfolgt. Sie ist in der Kosten- und Leistungsrechnung wohl häufiger anzutreffen, ist jedoch grundsätzlich auch handels- und steuerrechtlich zulässig. Sie kann verwendet werden, wenn der Vermögensgegenstand eine Schätzung über die gesamte mögliche Leistungsmenge und eine periodenmäßige Messung der abgegebenen Leistung ermöglicht. In diesem Fall können die Anschaffungs- bzw. Herstellungskosten auf die gesamte Leistungsmenge aufgeteilt werden.

Der Vorteil der Methode liegt darin, dass Perioden mit geringer Beschäftigung nicht mit überhöhten Abschreibungen belastet werden. Der Nachteil liegt in der fehlenden Berücksichtigung von natürlichen Verschleiß und wirtschaftlicher Entwertung.

Die Leistungsabschreibung wird steuerrechtlich als Absetzung für Abnutzung nach Maßgabe der Leistung (§ 7 Abs. 1 Satz 5 EStG) oder als

Absetzung für Substanzverringerung (§ 7 Abs. 6 EStG) bezeichnet. Ihre Anwendung setzt gemäß § 7 Abs. 1 S. 4 EStG i.V.m. Abschn. 44 Abs. 5 EStR voraus, dass:

- die abgegebene Leistung des Vermögensgegenstandes einer erheblichen Schwankung unterliegt, was zu einer Schwankung im Verschleiß führt und
- die im Berichtsjahr abgegebene Leistung ermittelt und nachgewiesen werden kann.

*Beispiel 4.4:* Leistungsorientierte Abschreibung

Der Anschaffungswert eines Reisebusses beträgt 100.000 € und die geschätzte Fahrleistung in 5 Jahren 200.000 km. Es wird von den u.a. Fahrleistungen je Jahr ausgegangen. Bei einem Abschreibungssatz in Höhe von (€ 100.000/200.000 km=) 0,50 €/km betragen die Abschreibungen/Jahr:

| Periode | Buchwert Jahresbeginn (€) | km/Jahr | Abschreibung (€) | Buchwert Jahresende (€) |
|---------|---------------------------|---------|------------------|-------------------------|
| 1 | 100.000 | 60.000 | 30.000 | 70.000 |
| 2 | 70.000 | 30.000 | 15.000 | 55.000 |
| 3 | 55.000 | 10.000 | 5.000 | 50.000 |
| 4 | 50.000 | 70.000 | 35.000 | 15.000 |
| 5 | 15.000 | 30.000 | 15.000 | 0 |

Soll zusätzlich eine zeitabhängige Wertminderung berücksichtigt werden, so kommt eine Kombination aus leistungsorientierter und zeitabhängiger Abschreibung infrage.

Lineare Abschreibung

Die häufigste Abschreibungsmethode ist die lineare Abschreibung. Sie basiert auf der Annahme, dass sich der Vermögensgegenstand gleichmäßig über die Zeit abnutzt. Nach § 7 Abs. 1 EStG ist die lineare Abschreibung auch steuerlich zulässig. Mit Ausnahme der Abschreibungssätze für Gebäude (§ 7 Abs. 4 EStG) sind die in der Handelsbilanz gewählten Abschreibungssätze auch für die Steuerbilanz maßgebend.

Bei der linearen Abschreibung wird vorausgesetzt, dass sich der Vermögensgegenstand gleichmäßig abnutzt. Diese Annahme entspricht in zahlreichen Fällen nicht dem handelrechtlichen Vorsichtsprinzip, da eine Wertminderung durch technischen Fortschritt häufig nach der Inbetriebnahme einer Anlage am wahrscheinlichsten ist, ein erster Gebrauch den Marktwert oft erheblich reduziert und die Reparaturanfälligkeit gegen Ende der Nutzungszeit größer wird.

*Beispiel 4.5:* Lineare Abschreibung

Der Anschaffungswert eines Reisebusses beträgt € 100.000 und die Nutzungsdauer 5 Jahre. Die jährlich gleichmäßige Abschreibung beträgt (€ 100.000/5 Jahre =) € 20.000/Jahr.

Degressive Abschreibung

Im Rahmen der degressiven Abschreibung sinken die jährlichen Abschreibungsbeträge – sodass der Abschreibungsaufwand im ersten Jahr am höchsten ist. Man unterscheidet zwei mögliche Verfahren, die arithmetisch-degressive Abschreibung und die geometrisch-degressive Abschreibung. Bei der arithmetisch-degressiven Abschreibung wird der Abschreibungsbetrag immer um denselben Wertbetrag vermindert, während bei der geometrisch-degressiven Abschreibung der jeweils verbleibende Buchwert um einen gleichen Prozentsatz abgeschrieben wird, der wertmäßige Abfall der jährlichen Abschreibungsbeträge damit unregelmäßig ist. Die arithmetisch-degressive Abschreibung ist seit 1985 steuerlich nicht mehr zulässig und ist seitdem für die Praxis des externen Rechnungswesens ohne Belang.

Diese Abschreibungsmethode kommt dem Vorsichtsprinzip im starken Maße entgegen, da die Wertminderung wegen technischen Fortschritts sich in den ersten Jahren am stärksten auswirkt. Auch wird eine Glättung der Gesamtkosten aus Abschreibung und Erhaltungsaufwand über die Nutzungsdauer erreicht, da am Anfang der Nutzung einer Anlage den höheren Abschreibungsbeträgen niedrigere Erhaltungsaufwendungen gegenüberstehen und sich dieses Verhältnis, bei annähernder Konstanz der Gesamtkosten, zum Ende der Nutzungsdauer umkehrt. Ein weiterer Vorteil ist der, dass sich aufgrund der im Vergleich zur linearen Abschreibung anfänglich höheren Abschreibungsbeträge Fehleinschätzungen der Nutzungsdauer weniger stark auswirken.

Wenn die faktische Wertminderung bzw. Abnutzung eines Vermögensgegenstandes über die Nutzungszeit gleichmäßig oder gar erst gegen Ende der Nutzungsdauer stark ansteigt, bewirkt diese Form der Abschreibung eine Verlagerung des Gewinns in die Zukunft. In den Fällen, bei denen die degressive Abschreibung steuerlich zulässig ist, wird dadurch ein Steuerstundungseffekt erzielt. So ist die degressive Abschreibung auf das bewegliche abnutzbare Sachanlagevermögen beschränkt (§ 7 Abs. 2 EStG), hierzu zählen u.a. der Fuhrpark, Einrichtungsgegenstände oder Maschinen. Immaterielle Vermögensgegenstände und das unbewegliche Sachanlagevermögen können hingegen ausschließlich linear abgeschrieben werden.

Zur Berechnung des Abschreibungsprozentsatzes (p) mit der Nutzungsdauer (t), den Anschaffungskosten (A) und einem geschätzten Restwert nach der Nutzungsdauer ($R_t$) wird folgender Ansatz verwendet:

$$p = \left(1 - \sqrt[t]{\frac{R_t}{A}}\right) \cdot 100\%.$$

Damit eine ökonomisch sinnvolle Lösung resultiert, verlangt der Ansatz einen Restwert größer Null.

*Beispiel 4.6:* Degressive Abschreibung

Der Anschaffungswert eines Reisebusses beträgt € 100.000 und die Nutzungsdauer 5 Jahre. Nach Ablauf der Nutzungsdauer soll der Restwert noch € 10.000 betragen. Der über den aufgeführten Ansatz zu bestimmenden Abschreibungssatz beträgt 36,904% (gerundet!). Die jährlichen Restwerte sind der aufgeführten Tabelle zu entnehmen.

| Periode | Buchwert Jahresbeginn (€) | Abschreibung (€) | Buchwert Jahresende (€) |
|---|---|---|---|
| 1 | 100.000 | 36.904 | 63.096 |
| 2 | 63.096 | 23.285 | 39.811 |
| 3 | 39.811 | 14.692 | 25.119 |
| 4 | 25.119 | 9.270 | 15.849 |
| 5 | 15.849 | 5.849 | 10.000 |

Für die Zwecke der Steuerbilanz sind gewisse Grenzen für den Abschreibungsprozentsatz einzuhalten. So darf nach § 7 Abs. 2 EStG der Prozentsatz das Doppelte desjenigen Satzes, der sich aus der linearen Abschreibung ergibt, nicht übersteigen und gleichzeitig maximal 20% betragen.

Zudem darf während der degressiven Abschreibung keine Absetzung wegen außergewöhnlicher technischer oder wirtschaftlicher Abnutzung erfolgen (§ 7 Abs. 2 S. 4 EStG).

Degressiv-lineare Abschreibung
Bei dieser kombinierten Abschreibung wird nach einer anfänglichen degressiven Abschreibung zur linearen Abschreibung gewechselt.

Der Übergang von der degressiven zur linearen Abschreibung erfolgt in der Regel in dem Jahr, in dem die lineare Abschreibung vom Restbuchwert einen höheren Abschreibungsbetrag ergeben würde, als wenn die degressive Abschreibung fortgeführt werden würde.

Der Wechsel von der degressiven zur linearen Abschreibung ist auch steuerrechtlich erlaubt (§ 7 Abs. 3 EStG), jedoch nicht umgekehrt.

*Beispiel 4.7:* Degressiv-lineare Abschreibung
Bei Anschaffungskosten in Höhe von € 50.000, einem erwarteten Restwert von Null und einer geplanten Nutzungsdauer von 10 Jahren, soll eine Anlage degressiv-linear abgeschrieben werden. Der Abschreibungsprozentsatz beträgt 20%.

| Jahr | Degressive Abschreibung (20%) | | | Lineare Abschreibung (zunächst auf den degressiven Buchwert) | |
|---|---|---|---|---|---|
| | Buchwert Jahresbeginn (€) | Abschreibung (€) | Buchwert Jahresende (€) | Abschr.-Betrag auf (€) | Abschreibung (€) |
| 1 | 50.000 | **10.000** | 40.000 | 50.000 | 5.000 |
| 2 | 40.000 | **8.000** | 32.000 | 40.000 | 4.444 |
| 3 | 32.000 | **6.400** | 25.600 | 32.000 | 4.000 |
| 4 | 25.600 | **5.120** | 20.480 | 25.600 | 3.657 |
| 5 | 20.480 | **4.096** | 16.384 | 20.480 | 3.413 |
| 6 | 16.384 | 3.277 | 13.107 | 16.384 | **3.277** |
| 7 | | | | 13.107 | **3.277** |
| 8 | | | | 9.830 | **3.277** |
| 9 | | | | 6.553 | **3.277** |
| 10 | | | | 3.276 | **3.276** |

Ab dem 6. Jahr ist der Abschreibungsbetrag aus einer linearen Abschreibung auf den Buchwert unter Berücksichtigung der verbleibenden Nutzungsdauer erstmals höher (bzw. gleichhoch) als jener aus der degressiven Abschreibung – in dieser Periode erfolgt der Wechsel. Die endgültigen Abschreibungsbeträge dieser Kombinationsmethode sind im Fettdruck hervorgehoben.

Progressive Abschreibung

Die progressive Abschreibung belastet den Vermögensgegenstand anfänglich nur mit geringen Abschreibungsbeträgen, die zum Ende der Nutzung ansteigen. Die steigenden Abschreibungsbeträge können sowohl nach der geometrischen als auch arithmetischen Regel berechnet sein. Die Art der Abschreibung wird in der Praxis nur äußerst selten anzutreffen sein und wird bei Anlagegegenständen angewendet, die eine längere Anlaufzeit benötigen, wie z.B. Großkraftwerke oder Plantagen.

Soweit die progressive Abschreibung nicht dem Vorsichtsprinzip und den GoB widerspricht, kann sie handelsrechtlich angewendet werden. Steuerrechtlich ist sie in jedem Fall unzulässig (§ 7 EStG).

Abschließend zu den Ausführungen zu den Arten der planmäßigen Abschreibungen sollen diesbezüglich nochmals die bereits in Kapitel 4.1 vorgestellten immateriellen Vermögensgegenstände aufgegriffen werden. Immaterielle Vermögensgegenstände werden gemäß ihrer zeitlichen Nutzung und des wirtschaftlichen Verschleißes planmäßig abgeschrieben. Hinsichtlich eines in der Steuerbilanz aktivierungspflichtigen Geschäfts- oder Firmenwerts ist linear auf 15 Jahre abzuschreiben.

Handelsrechtlich besteht ein Aktivierungswahlrecht, d.h. der gezahlte „Mehrbetrag" kann im Jahr des Zugangs entweder in voller Höhe erfolgsmindernd in der GuV als Aufwand erfasst werden oder aber er wird aktiviert und in jedem folgenden Geschäftsjahr mit 25% abgeschrieben (§ 255 Absatz 4 Satz 2 HGB) oder er wird nach Aktivierung gemäß § 255 Absatz 4 Satz 3 HGB planmäßig auf die voraussichtliche Nutzungsdauer verteilt. Als geplante Nutzungsdauer wird üblicherweise ein Zeitraum von 15 Jahren angesehen. Einem Kaufmann bieten sich damit nicht unerhebliche Gestaltungsmöglichkeiten für den handelsrechtlichen Erfolgsausweis, er kann zwischen voller Aufwandserfassung im ersten Jahr bis zur Verteilung auf 15 Jahre wählen.

*Beispiel 4.8:* Derivativer Geschäfts- oder Firmenwert

> Für einen übernommenen Geschäftsbereich eines anderen Unternehmens zahlte ein Unternehmen den Kaufpreis von € 1,2 Mio. Die Zeitwerte der Vermögensgegenstände des Geschäftsbereichs beliefen sich auf € 1,2 Mio. und die Zeitwerte der Schulden auf € 0,2 Mio. Die übertragenen Vermögensgegenstände und Schulden werden vom kaufenden Unternehmen bilanziert. Der entgeltlich erworbene Geschäftswert in Höhe von (€ 1,2 Mio. - € 1,2 Mio. + € 0,2 Mio. =) € 0,2 Mio. kann handelsrechtlich im Jahr des Kaufs in voller Höhe als Aufwand erfasst werden, oder er wird aktiviert und in den folgenden Jahren abgeschrieben.

Die Ausführungen zum derivativen Geschäfts- oder Firmenwert gelten für den Fall eines sog. „asset deals" – des Kaufs eines Unternehmens (oder Teile hiervon) als Gesamtsache durch den Erwerb aller Vermögenswerte und Schulden. Hiervon zu unterscheiden ist der Fall des „share deals", hierbei übernimmt der Käufer einen Teil oder alle Mitgliedschaftsrechte eines Unternehmens und weist diese in seiner Bilanz als Beteiligung aus.

### 4.2.1.2 Außerplanmäßige Abschreibung

Im Gegensatz zur planmäßigen Abschreibung kann die außerplanmäßige Abschreibung auf das gesamte Anlagevermögen angewendet werden, unabhängig der Differenzierung in seine abnutzbaren und nicht abnutzbaren Teile. Handelsrechtlich dient die außerplanmäßige Abschreibung der Wertangleichung an den beizulegenden Wert, steuerrechtlich dient sie u.a. der Angleichung an den Teilwert (siehe Kapitel 3.3.2.2).

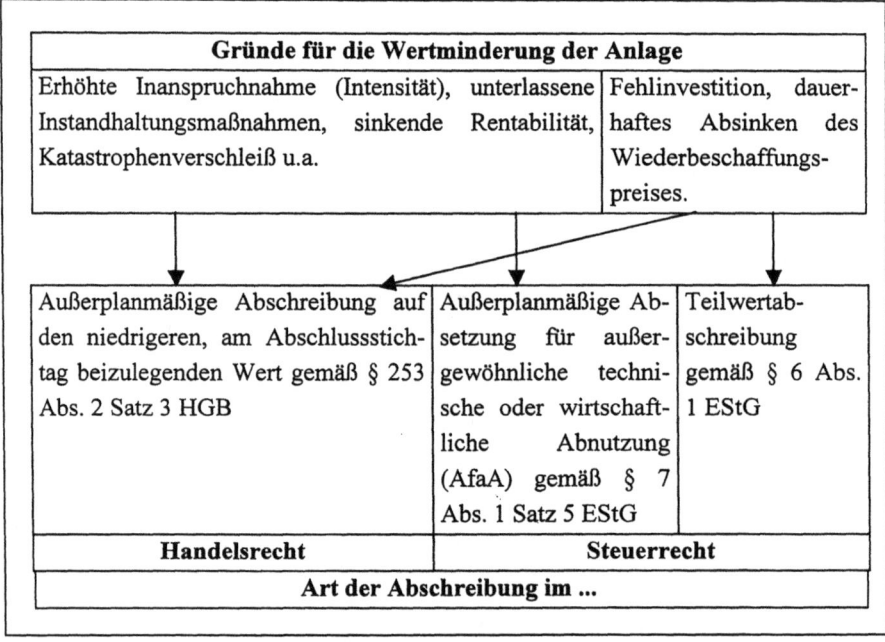

*Abbildung 4.3:* Ursachen einer außerplanmäßigen Abschreibung

Wie bereits in Kapitel 3.3.2.1 ausgeführt, gilt für das Anlagevermögen das gemilderte Niederstwertprinzip, wonach eine Abschreibung erfolgen muss, wenn eine voraussichtlich dauerhafte Wertminderung eingetreten ist (§ 253

Abs. 2 S. 3 HGB) und eine Abschreibung erfolgen darf, wenn eine vorübergehende Wertminderung vorliegt.

Ohne Einschränkung gilt diese Regel für Einzelkaufleute und Personengesellschaften. Bei einer voraussichtlich nicht dauerhaften Wertminderung dürfen Kapitalgesellschaften* jedoch außerplanmäßige Abschreibungen nur dann vornehmen, wenn es sich um Gegenstände des Finanzanlagevermögens handelt.

Man kann die außerplanmäßige Abschreibung bei abnutzbaren Anlagevermögen als Korrektur der planmäßigen Abschreibung interpretieren, bei der die Periodisierung der Anschaffungs- bzw. Herstellungskosten aufgrund bestimmter Umstände nicht mehr zutrifft. Bei nicht abnutzbarem Anlagevermögen verwirklicht die außerplanmäßige Abschreibung das Imparitätsprinzip, wonach der künftige Verlust schon bei Kenntnis der Wertminderung in der Gewinn- und Verlustrechnung zu berücksichtigen ist.

Die Klassifizierung einer andauernden (Abschreibungspflicht) oder nicht andauernden (Abschreibungswahlrecht) Wertminderung erfolgt vor dem Hintergrund der Restnutzungsdauer. Ist der voraussichtliche beizulegende Wert für einen Großteil der Restnutzungsdauer niedriger als der Wert des Vermögensgegenstandes, der sich durch die planmäßigen Abschreibungen ergibt, wird von einer dauernden Wertminderung ausgegangen. Im Zweifel ist eine eher pessimistische Betrachtungsweise anzuwenden und damit eine Abschreibungspflicht gegeben. Ist der zukünftige beizulegende Wert nicht oder nur unzuverlässig ermittelbar, wie z.B. der Markt- oder Börsenpreis, so kann das Absinken des beizulegenden Wertes unter eine bestimmte Schwelle für eine bestimmte Dauer ein Indikator für eine dauerhafte Wertminderung sein.

Es ist die handelsrechtliche Pflicht zu beachten, wonach im Anschluss an eine außerplanmäßige Abschreibung – in Abhängigkeit der Ursache für diese – erneut planmäßig abzuschreiben ist. So ist der Restbuchwert auf eine verkürzte Restnutzungsdauer zu verteilen, wenn der Nutzungsvorrat der Anlage wert- und mengenmäßig abgenommen hat. Er ist auf eine unverkürzte Dauer zu verteilen, wenn die Nutzungsmöglichkeiten lediglich wertmäßig reduziert wurden.

*Beispiel 4.9:* Auswirkung einer außerplanmäßigen Abschreibung

Eine Anlage soll bei Anschaffungskosten in Höhe von € 60.000 auf 12 Jahre linear abgeschrieben werden. Am Ende des 6. Jahres tritt eine außerordentliche Wertminderung in Höhe von € 10.000 ein, die den Nutzungsvorrat der Anlage wert- und mengenmäßig deutlich reduziert. Bei einer Nutzungsdauer von nunmehr insgesamt 8 Jahren sind die jährlichen Abschreibungsbeträge zu bestimmen.

Die jährlichen Abschreibungsbeträge des ersten bis fünften Jahres betragen € 5.000. Für das sechste Jahr setzt sich die Jahresabschreibung aus der planmäßigen und der außerplanmäßigen zusammen (€ 5.000 + € 10.000 = € 15.000), sodass nach dieser Periode der Restwert noch € 20.000 beträgt. Dieser ist nun mit Abschreibungen in Höhe von jeweils € 10.000 auf die beiden letzten Nutzungsjahre zu verteilen.

Im Jahresabschluss einer Kapitalgesellschaft* sind außerplanmäßige Abschreibungen als gesonderter Posten in der Gewinn- und Verlustrechnung auszuweisen oder im Anhang anzugeben (§ 277 Abs. 3 HGB). Dies erfolgt vor dem Hintergrund, dass dem externen Bilanzleser die Vergleichbarkeit der Jahresabschlüsse ermöglicht werden soll.

Den handelsrechtlichen außerplanmäßigen Abschreibungen entsprechen im Steuerrecht die Absetzung für außergewöhnliche technische oder wirtschaftliche Abnutzung (AfaA) für abnutzbare Wirtschaftsgüter (§ 7 Abs. 1 S. 5 EStG) und die Teilwertabschreibung für alle Wirtschaftsgüter (§ 6 Abs. 1 Nr. 1 und 2 EStG). Eine Absetzung für außergewöhnliche technische oder wirtschaftliche Abnutzung (AfaA) ist erforderlich, wenn außergewöhnliche Umstände – wie oben beschrieben – eine Verminderung des Wertes des Wirtschaftsgutes erbringen. Dies geschieht durch eine einmalige Absetzung und/oder Kürzung der Zeit, die das Wirtschaftsgut noch im Unternehmen verbleibt. Jede Ursache für eine außergewöhnliche

Absetzung (AfaA) beeinflusst auch den Teilwert, wie auch die Veränderung der Wiederbeschaffungspreise oder der Fall, dass sich die Aufwendungen als Fehlinvestitionen herausstellen.

Bei abnutzbaren Wirtschaftsgütern die planmäßig geometrisch-degressiv abgeschrieben werden, kann keine außergewöhnliche Absetzung (AfaA) durchgeführt werden (§ 7 Abs. 2 S. 4 EStG). Für solche Wirtschaftsgüter bleibt dann nur noch die Teilwertabschreibung als möglich außergewöhnliche Abschreibung übrig.

Liegt der Teilwert eines Wirtschaftsgutes unterhalb der Anschaffungs- bzw. Herstellungskosten, gemindert um die planmäßige Abschreibungen für das Wirtschaftsgut, so ist aus steuerlicher Sicht eine Teilwertabschreibung durchzuführen. Die Teilwertabschreibung ist nicht auf eine Unterposition des Anlagevermögens beschränkt und wird meist bei fallenden Wiederbeschaffungspreisen durchgeführt. Das Steuerrecht zieht die außergewöhnliche Abnutzung (AfaA) der Teilwertabschreibung vor (§ 6 Abs. 1 Nr. 1 EStG), sodass eine Teilwertabschreibung nur dann durchzuführen ist, wenn der Teilwert niedriger ist als der Wert, der sich nach einer außergewöhnliche Absetzung ergeben würde.

Steuerrechtlich besteht für die außergewöhnliche Absetzung und die Teilwertabschreibung ein Wahlrecht. Existiert in der Handelsbilanz, aufgrund einer voraussichtlich dauerhaften Wertminderung, eine Abschreibungspflicht, so wird über das Maßgeblichkeitsprinzip das steuerliche Abschreibungswahlrecht zur Abschreibungspflicht. Auch kann der handelsrechtliche Abschreibungsbetrag nicht höher bzw. niedriger als der steuerliche Abschreibungsbetrag sein.

Abschließend soll für den Bereich der außerplanmäßigen Abschreibung auf Anlagevermögensgegenstände auf zwei besondere Fälle eingegangen werden, diese sind die:

- Abschreibung im Rahmen vernünftiger kaufmännischer Beurteilung (§ 253 Abs. 4 HGB) und die
- steuerlich bedingte Abschreibung (§ 254 HGB)

Nach § 253 Abs. 4 HGB sind Abschreibungen im Rahmen vernünftiger kaufmännischer Beurteilung zulässig. Dieses soll dem Bilanzierenden die Möglichkeit geben im Anlagevermögen stille Reserven aufzubauen. Mit einer Abschreibung nach § 253 Abs. 4 HGB wird also keine Wertminderung einzelner Vermögensgegenstände des Anlagevermögens berücksichtigt, sondern für den allgemeinen Risikobedarf vorgesorgt.

Die Alternative der handelsrechtlichen Abschreibung im Rahmen vernünftiger kaufmännischer Beurteilung steht allerdings nur Einzelkaufleuten und nicht haftungsbeschränkten Personengesellschaften zur Verfügung. Im Steuerrecht ist diese Abschreibung für alle Rechtsformen verboten, denn der Ertrag des Unternehmens unterliegt der Besteuerung und darf nicht in subjektiver Art und Weise verändert werden.

Wird im Steuerrecht dem Bilanzierenden ein Abschreibungswahlrecht eingeräumt, so ist nach § 254 HGB diese Abschreibung auch in der Handelsbilanz vorzunehmen, dies ist Konsequenz des umgekehrten Maßgeblichkeitsprinzips. Die Regelung vereinfacht die Aufstellung einer Einheitsbilanz nach Handels- und Steuerrecht und spiegelt einen Aspekt der Finanz- und Steuerpolitik wider. Beispiele hierfür sind:

- Sofortige Abschreibung für geringwertige Wirtschaftsgüter (§ 6 Abs. 2 EStG),
- Abschreibungen zur Übertragung von Veräußerungsgewinnen auf eine Reinvestition im Anlagevermögen (§ 6b Abs. 1 EStG),
- steuerfreie Rücklage wegen Ansparabschreibung nach (§ 7g Abs. 3 EStG).

### 4.2.2 Zuschreibung bzw. Wertaufholung

Eine vorgenommene außerplanmäßige Abschreibung kann nach § 253 Abs. 5 HGB von Einzelkaufleuten und nicht haftungsbeschränkten Personengesellschaften beibehalten werden (Beibehaltungswahlrecht), auch wenn die Gründe, die zur außerplanmäßige Abschreibung geführt haben, nicht mehr bestehen. Dies gilt auch für steuerlich motivierte Abschreibung (§ 254 S. 2 HGB).

Für Kapitalgesellschaften* besteht ein solches Wahlrecht für eine Zuschreibung nicht (§ 280 Abs. 1 HGB). Es hat eine Zuschreibung zu erfolgen, bis zur Höhe, die sich ergeben hätte, wenn die Anschaffungs- bzw. Herstellungskosten zwischenzeitlich planmäßig abgeschrieben worden wären. Aufgrund der Änderungen der Steuergesetzgebung durch das Steuerentlastungsgesetz 1999/2000/2002 ist das frühere Beibehaltungs- oder Zuschreibungswahlrecht bedeutungslos geworden, da nach § 6 Abs. 1 Nr. 1 Satz 4 sowie § 6 Abs. 1 Nr. 2 Satz 3 EStG ein striktes Wertaufholungsgebot besteht.

Eine solche Zuschreibung ist ausschließlich als Korrektur für eine außerplanmäßige Abschreibung zulässig. Es dürfen keine überhöhten planmäßigen Abschreibungen rückgängig gemacht werden, da im Rahmen einer Änderung des Abschreibungsplans nur zukünftige und nicht verrechnete Abschreibungen korrigiert werden dürfen.

*Beispiel 4.10:* Zuschreibung

Eine AG erwarb eine technische Anlage zu Anschaffungskosten von € 1,39 Mio. mit einer Nutzungsdauer von sieben Jahren. Die fortgeschriebenen Anschaffungskosten nach dem dritten Jahr hätten bei degressiv-linearer Abschreibung mit einem Abschreibungssatz von 30% noch € 476.770 betragen. Nun war aber für dieses Jahr eine außerplanmäßige Abschreibung in Höhe von € 250.000 zu berücksichtigen, der Restwert sank damit auf € 226.770. Im vierten Jahr belief sich die Abschreibung auf € 68.031, der Restwert auf € 158.739. Im fünften Jahr entfällt dann der Grund für die zuvor angesetzte Sonderabschreibung. Der Buchwert hätte nach dem fünften Jahr gemäß ursprünglichem Abschreibungsplan € 222.492 betragen – die Differenz in Höhe von (€ 222.492 - € 158.739 =) € 63.753 ist nun, im fünften Jahr, zuzuschreiben.

## 4.3 Nachträgliche Änderung des Abschreibungsplans

Nachträgliche Änderungen zum ehemals aufgestellten Abschreibungsplan können sich auf alle in der Abbildung 4.1 genannten Elemente beziehen. Die Auswirkungen solcher Änderungen sollen an dieser Stelle kurz dargelegt werden.

Eine nachträgliche Änderung des Abschreibungsausgangswert, der Anschaffungs- oder Herstellungskosten, führt dazu, dass der veränderte Ausgangswert gemäß der gewählten Abschreibungsmethode auf die geplante Restnutzungsdauer verteilt wird. Eine entsprechende Korrektur ist auch dann geboten, wenn beispielsweise eine außerplanmäßige Abschreibung oder eine Zuschreibung vorgenommen wird.

Hinsichtlich der Nutzungsdauer gilt die Regel, dass im Falle einer zu kurz geschätzten Nutzungsdauer die Planänderung zulässig, im Falle einer zu langen Nutzungsdauer die Änderung zwingend geboten ist. Mangels expliziter handelsrechtlicher Regelung ist die Korrekturform insbesondere vor dem Hintergrund der GoB zu bewerten. Wichtig ist zudem, dass eine Abschreibung „über Null hinaus" unzulässig ist, d.h. dass die kumulierten Abschreibungen die Anschaffungs- oder Herstellungskosten nicht überschreiten dürfen. Zu achten ist schließlich auch darauf, dass planmäßige Abschreibungen nicht durch Zuschreibungen aufgeholt werden dürfen.

*Beispiel 4.11:* Änderung einer zu kurzen Nutzungsdauer

Ein Gegenstand des Anlagevermögens wurde selbst erstellt. Die ehemals geschätzte Nutzungsdauer von 10 Jahren erweist sich im dritten Nutzungsjahr als zu kurz, da der Gegenstand voraussichtlich noch 11 weitere Jahre genutzt werden kann.
Unterbreitet werden nun folgende Alternativen:
a) Vornahme einer Zuschreibung in Höhe der in den ersten Jahren zu hoch angesetzten Abschreibungsbeträgen.
b) Aussetzen der planmäßigen Abschreibungen bis zu dem Zeitpunkt, zu dem der Buchwert dem „richtigen Wert" entspricht.

c) Ignorieren der verlängerten Nutzungsdauer und das weitere Ansetzen der ehemals bestimmten Abschreibungsbeträge.
d) Der bis zum Zeitpunkt der neuen Erkenntnis fortgeschriebene Buchwert wird auf die neue Restnutzungsdauer verteilt.

Vorschlag a scheidet aus, Zuschreibungen auf planmäßige Abschreibungen sind unzulässig. Vorschlag b scheidet ebenfalls aus, er harmoniert u.a. nicht mit dem Grundsatz der zeitlichen Abgrenzung. Vorschlag c hätte ein Legen stiller Reserven bis zum Ablauf des 10. Jahres zur Folge, der Verzicht auf Abschreibung in den Jahren 11-15 würde zu überhöhtem Erfolgsausweis führen – grundsätzlich ist der Vorschlag jedoch nicht unzulässig. Vorschlag d repräsentiert das in der Literatur und Praxis präferierte Verfahren.

Schließlich ist die ehemals gewählte Abschreibungsmethode zu substituieren, wenn sich aufgrund zwischenzeitlich eingetretener Veränderungen bei Beibehaltung der Methode drastische Überbewertungen des Vermögensgegenstandes einstellen würden.

## 4.4 Anlagespiegel

Gemäß § 268 Abs. 2 HGB müssen alle Kapitalgesellschaften* die Entwicklung der einzelnen Posten des Anlagevermögens und des Postens „Aufwendungen für die Ingangsetzung und Erweiterung des Geschäftsbetriebs" (siehe Kapitel 8) in der Bilanz oder dem Anhang darstellen. Dies geschieht meist durch den Anlagespiegel im Anhang. Dabei sind, ausgehend von den gesamten ehemaligen Anschaffungs- und Herstellungskosten, die Zugänge, Abgänge, Umbuchungen und Zuschreibungen des Geschäftsjahres sowie die kumulierten Abschreibungen auszuweisen. Durch die geforderten Angaben kann der aktuelle Bilanzwert errechnet werden.

Die Abschreibungen des aktuellen Geschäftsjahres können in der Bilanz direkt beim betreffenden Posten oder im Anlagespiegel angegeben werden.

Bei der Darlegung der gesamten ehemaligen Anschaffungs- bzw. Herstellungskosten ist darauf zu achten, dass alle Vermögensgegenstände die zu Anfang des Geschäftsjahres vorhanden waren, mit ihren vollen Anschaffungs- bzw. Herstellungskosten aufgeführt werden, unabhängig davon, ob sie schon vollständig abgeschrieben sind oder nicht.

In die Position Zugänge (des Geschäftsjahres) sind alle Anschaffungs- bzw. Herstellungskosten der neu in das Unternehmen gelangten Vermögensgegenstände aufzunehmen. Dies gilt auch dann, wenn die zugeführten Vermögensgegenstände im gleichen Geschäftsjahr vollständig abgeschrieben werden (geringwertige Wirtschaftsgüter). Nur bei Anschaffungs- bzw. Herstellungskosten von bis zu 60 € und im Falle von kurzlebigen Anlagegütern (Nutzungsdauer maximal unwesentlich länger als ein Jahr) kann von der Aktivierung abgesehen werden, sie müssen nicht als Zugang erfasst werden. Die Position Abgänge (des Geschäftsjahres) wird nicht etwa mit den Restbuchwerten der aus dem Unternehmen ausgeschiedenen Vermögensgegenstände besetzt, sondern mit ihren ehemaligen Anschaffungs- bzw. Herstellungskosten.

Umbuchungen sind alle Veränderungen innerhalb des Anlagevermögens. Dies tritt insbesondere in Fällen auf, in denen aus dem Bilanzposten „Geleistete Anzahlungen und Anlagen im Bau" in einen anderen Anlageposten umgebucht wird. Sollte bei einer Umbuchung das Umlaufvermögen betroffen sein, wird die entsprechende Position als Zu- bzw. Abgang in den Anlagespiegel aufgenommen.

Unter der Position Zuschreibungen sind die Buchungen aufzuführen, die eine außerplanmäßige Abschreibung im Geschäftsjahr rückgängig machten. Sie entsprechen der damaligen außerplanmäßigen Abschreibung verringert um die, nach dem alten Abschreibungsplan, in der Zwischenzeit angefallenen Abschreibungen. Sie werden im nächsten Jahresabschluss, entgegen dem Saldierungsverbot, ausnahmsweise mit den Abschreibungen verrechnet. Dies verhindert, das die kumulierten Abschreibungen größer als die Anschaffungs- bzw. Herstellungskosten werden können.

Unter der Position kumulierte Abschreibungen finden sich alle in der vergangenen Zeit und die im laufenden Jahr vorgenommenen planmäßigen und außerplanmäßigen Abschreibungen sowie Zuschreibungen auf die am Jahresende noch vorhandenen Vermögensgegenstände des Anlagevermögens sowie die „Aufwendungen für Ingangsetzung und Erweiterung des Geschäftsbetriebs". Steuerliche Sonderabschreibungen, die in den Sonderposten mit Rücklageanteil (siehe Kapitel 8) eingestellt wurden, sind hierin nicht enthalten. Die kumulierten Abschreibungen sind somit wie folgt zu ermitteln:

kumulierten Abschreibungen des letzten Geschäftsjahres (Vortrag)
− kumulierte Abschreibungen, die auf Abgänge entfallen
+/− kumulierte Abschreibungen, die auf Umbuchungen entfallen
− Zuschreibungen des letzten Geschäftsjahres
+ <u>Abschreibungen des Geschäftsjahres</u>
= kumulierte Abschreibungen des Geschäftsjahres

*Beispiel 4.12:* Anlagespiegel

Die GmbH erwarb im Januar 2002, 2003 und 2004 jeweils eine technische Anlage gleichen Typs zu Anschaffungskosten von je € 200.000 mit einer Nutzungsdauer von jeweils vier Jahren. Die Anlagen werden linear abgeschrieben. Ende Juni 2005 wird die zuerst angeschaffte Anlage für € 80.000 verkauft. Drei Monate später musste die 2003 angeschaffte Maschine verschrottet werden. Für 2005 ist der Anlagespiegel zur Position „Technische Anlagen" (TA) zu erstellen.

Die gesamten historischen AK/HK des Jahres 2005 beziehen sich auf die Situation zu Beginn des Geschäftsjahres, folglich betragen sie € 600.000. Zugänge ereigneten sich 2005 nicht. Die beiden Abgänge sind mit ihren historischen Anschaffungskosten, also in Höhe von € 400.000 zu erfassen. Umbuchungen und Zuschreibungen fielen keine an. Die kumulierten Abschreibungen ergeben sich wie folgt:

| | Kum. Abschreibungen des letzten GJ: | € 300.000 |
|---|---|---|
| − | Kum. Abschreibungen auf Abgänge: | − € 375.000 |
| ± | Abschreibungen des Geschäftsjahres: | + € 175.000 |
| = | kumulierte Abschreibungen des GJ: | € 100.000 |

In den Abschreibungen des Geschäftsjahres sind außerplanmäßige Abschreibungen in Höhe von € 62.500 aufgrund der Verschrottung der Maschine aus 2003 enthalten.

Der Restbuchwert am Ende des Geschäftsjahres 2005 (€ 100.000) resultiert aus den historischen Anschaffungskosten zu Geschäftsjahresbeginn (€ 600.000), abzüglich der Abgänge (€ 400.000) und der kumulierten Abschreibungen (€ 100.000).

Die nachfolgende Tabelle 4.2 zeigt, orientiert an den Zahlen des letzten Beispiels, den Aufbau eines Anlagespiegels auf. Obgleich durchaus üblich sind die Abschreibungen des Geschäftsjahres in Höhe von € 175.000 hierbei nicht ausgewiesen.

*Tabelle 4.2:* Anlagespiegel

| Bilanzposten | 1<br>Historische AK/HK | 2<br>Zugänge | 3<br>Abgänge | 4<br>Umbuchungen | 5<br>Zuschreibungen | 6<br>Kum. Abschreibungen | 7<br>Restbuchwert |
|---|---|---|---|---|---|---|---|
| ... | ... | ... | ... | ... | ... | ... | ... |
| TA | 600 T€ | 0 | 400 T€ | 0 | 0 | 100 T€ | 100 T€ |
| ... | ... | ... | ... | ... | ... | ... | ... |
| Summe | ... | ... | ... | ... | ... | ... | ... |

# Übungsaufgaben zum 4. Kapitel

*Aufgabe 4.1:*
Für welche der folgenden Fälle gelten Ansatzgebot, -wahlrecht und -verbot in der Handelsbilanz? Bestimmen Sie auch die Höhe des Wertansatzes.

a) Die XY AG entwickelte Software für eigene Zwecke. Auf diese Entwicklung entfielen Aufwendungen für die Mitarbeiter in Höhe von € 9.000 und Raumkosten in Höhe von € 600. Im Rahmen der Entwicklung wurden auch die Dienste zweier Mitarbeiter eines Software-Hauses in Anspruch genommen, hierfür wurde ein Netto-Honorar von € 5.400 in Rechnung gestellt.

b) Zudem erwarb die XY AG im gleichen Geschäftsjahr einen kleineren Mitbewerber (im Rahmen eines asset deals) zum Kaufpreis von € 800.000. Der Zeitwert der Vermögensgegenstände des Mitbewerbers betrug € 1,3 Mio., jener der Schulden € 0,7 Mio.

c) Schließlich erwarb die XY AG einen Hochleistungsstaubsauger für die Reinigung der Büroräume zum Preis von € 464 inkl. USt.

*Aufgabe 4.2:*

Die Anschaffungskosten eines abnutzbaren Vermögensgegenstandes beliefen sich auf € 1 Mio. Erstellen Sie den Abschreibungsplan bei degressiv-linearer Abschreibung, einer Nutzungsdauer von 10 Jahren und einem Degressionssatz von 20%.

| | Degressive Abschreibung (20%) | | | Lineare Abschreibung (zunächst auf den degressiven Buchwert) | | |
|---|---|---|---|---|---|---|
| Jahr | Buchwert Jahresbeginn (€) | Abschreibung (€) | Buchwert Jahresende (€) | Abschr.-Betrag auf | Abschreibung (€) | **Ergebnis:** Jahresabschreibungen |
| 1 | 1.000.000 | | | | | |
| 2 | | | | | | |
| 3 | | | | | | |
| 4 | | | | | | |
| 5 | | | | | | |
| 6 | | | | | | |
| 7 | | | | | | |
| 8 | | | | | | |
| 9 | | | | | | |
| 10 | | | | | | |

*Aufgabe 4.3:*

Ein Betrieb des Bau-Nebengewerbes ist hinsichtlich des abgelaufenen Geschäftsjahres 2004 an einem möglichst hohen Gewinnausweis interessiert. Die folgenden Sachverhalte sind vor diesem Hintergrund zu prüfen:

a) Zwei unbebaute Grundstücke wurden 2002 zu jeweils € 1 Mio. erworben. Grundstück 1 wies zum Bilanzstichtag 2004 einen Verkehrswert von € 1,2 Mio. auf. Zu Grundstück 2 wurde nach dem o.g. Bilanzstichtag, Anfang Februar 2005, bekannt, dass durch die zwischenzeitliche Lagerung von Altöl die Bodenqualität erheblich beeinträchtigt wurde. Ein umgehend in Auftrag gegebenes Gutachten erbrachte für dieses Grundstück einen beizulegenden Wert/Teilwert in Höhe von € 700.000.

b) Ein 1994 erworbener Radlader wurde in der Vergangenheit mit Anschaffungskosten von € 100.000 und einer Nutzungsdauer von 10 Jahren bis auf einen Erinnerungswert von € 1 abgeschrieben. Der Radlader befindet sich in gutem Zustand und kann sicherlich noch zwei Jahre genutzt werden. Man erwägt nun eine Zuschreibung, da die anfänglich geschätzte Nutzungsdauer von 10 Jahren hiermit nachträglich auf 12 Jahre korrigiert würde.

*Aufgabe 4.4:*
Bestimmen Sie für die nachstehenden Sachverhalte der EVA AG den infrage kommenden Posten für den Bilanzansatz:

a) Die EVA AG besitzt ein Aktienpaket der ROI AG, welches sie dauerhaft halten will und das ihr die Mehrheit der Stimmrechte in der Hauptversammlung der ROI AG sichert.

b) Ebenfalls mit Daueranlageabsicht hält sie einige Anteile an der RONA-OHG als persönlich haftender Gesellschafter.

c) Als dauerhafte Renditeobjekte hält sie zudem Anleihen der ROI AG.

d) Die Laufzeit eines der RONA-OHG gewährten Darlehens beträgt noch zwei Jahre.

e) Aus rein spekulativer Absicht erwarb sie 7% der Aktien der ROCE AG, bei erwarteter Kursentwicklung werden diese voraussichtlich kurzfristig verkauft.

*Aufgabe 4.5:*
Handelt es sich in den nachstehenden Fällen um Herstellungs- oder Erhaltungsaufwand? Klären Sie dabei auch kurz, welche Auswirkung das jeweilige Ereignis auf das Ergebnis hat.

a) Eine Wohnbaugesellschaft besitzt im Osten der Republik mehrere sechsgeschossige Plattenbauten, welche sich in den höheren Stockwerken durch erheblichen Leerstand auszeichnen. Grund hierfür ist u.a., dass die Objekte über keinerlei Aufzüge verfügen. Nun sollen die Mietobjekte durch den Einbau moderner Personenaufzüge attraktiver gemacht werden.

b) Eine GmbH besitzt eine über längere Zeit ungenutzte Lagerhalle und mietete zuletzt für ihre Verwaltungs- und Vertriebsbereiche Büroräumlichkeiten an. Da der Mietvertrag in Kürze ausläuft, soll nun die Lagerhalle in ein Verwaltungsgebäude aufwändig umgebaut werden.

c) Die Kantine eines Unternehmens weist den Charme der 50er Jahre des vergangenen Jahrhunderts auf. Die besten Graffiti-Künstler der Republik wurden daher beauftragt, gegen angemessenes Entgelt die Räumlichkeiten zu „verschönern".

*Aufgabe 4.6:*
In einem Unternehmen soll eine kleinere Produktionsanlage mit einem Anschaffungswert von € 40.000 und einem erwarteten Restwert nach fünf Jahren in Höhe von € 4.000 geometrisch-degressiv abgeschrieben werden.

a) Bestimmen Sie den Abschreibungssatz.

b) Beurteilen Sie die Zulässigkeit der Anwendung des Ergebnisses aus a).

*Aufgabe 4.7:*
Gleich im Anschluss an seinen Gründungstag, dem 1.1.2000, erwirbt ein Unternehmen eine Müllpresse im Wert von € 10.000. Am 1.1.2001 werden gleichzeitig drei weitere Pressen zu € 30.000 gekauft. Ende 2002 wird die zuerst angeschaffte Presse verkauft. Gehen Sie beim Aufbau des Anlagespiegels für die Jahre 2000 bis 2003 von linearer Abschreibung und einer Nutzungsdauer von 10 Jahren aus.

| Jahre | 1 Historische AK/HK | 2 Zugänge | 3 Abgänge | 4 Umbuchungen | 5 Zuschreibungen | 6 Kum. Abschreibungen | 7 Buchwert am Jahresende |
|---|---|---|---|---|---|---|---|
| 2000 | | | | | | | |
| 2001 | | | | | | | |
| 2002 | | | | | | | |
| 2003 | | | | | | | |

*Aufgabe 4.8:*
Die Käufer-GmbH erwirbt im März 2005 den Geschäftsbetrieb der Einkauf-GmbH zum Preis von € 45 Mio. Die letzte Jahresbilanz der Einkauf-GmbH zeigte folgende Posten auf:

a) Vermögenswerte:   € 40 Mio.
b) Schulden:         € 15 Mio.
c) Eigenkapital:     € 25 Mio.

Die Differenz zwischen Zeitwert und Buchwert der Vermögensgegenstände zum Zeitpunkt der Übernahme belief sich auf + € 4 Mio., die Schulden beinhalteten Rückstellungen, die mit € 1 Mio. in der letzten Bilanz zu hoch angesetzt waren.

Errechnen Sie den derivativen Geschäfts- oder Firmenwert, und machen Sie Aussage zum handelsrechtlichen Minimal- und Maximalansatz des Firmenwertes in der Bilanz der Käufer-GmbH.

*Aufgabe 4.9:*
Eine Produktionsanlage wird in der Handelsbilanz aufgrund einer steuerlich bedingten Abschreibung außerplanmäßig abgeschrieben. Es zeigt sich jedoch nach einiger Zeit, dass die Finanzbehörde nach Einreichung der Steuererklärung die Gründe für den Ansatz der Abschreibung nicht anerkennt. Die Steuerbilanz muss daher entsprechend angepasst werden. Nach dem Ansatz der außerplanmäßigen Abschreibung in der Handelsbilanz liegt der Buchwert der Anlage deutlich unterhalb des tatsächlichen Wertes.

Ist eine Zuschreibung vorzunehmen, wenn es sich beim bilanzierenden Unternehmen um eine GmbH bzw. eine KG handelt?

*Aufgabe 4.10:*
Der Betreiber einer Achterbahn plante den Einsatz seiner Attraktion, die er auf 15 Jahre abschrieb, bis Ende 2008. Nun erhielt er kurz vor Jahresende 2004 das Verbot die Bahn ab dem 1.1.2007 aufgrund neuer Sicherheitsbestimmungen einzusetzen. Die zum damaligen Anschaffungspreis von € 1,5 Mio. erworbene Bahn wird daher von ihm voraussichtlich im Herbst 2006 abgebaut. Mit einem Schrotthändler vereinbarte der Betreiber bereits den/die für ihn aufwandsneutrale/n Abbau und Entsorgung.

a) Erstellen Sie den Abschreibungsplan bei degressiv-linearer Abschreibung und dem steuerlich maximal zulässigen Abschreibungsprozentsatz.
b) Erstellen Sie den ursprünglichen Abschreibungsplan bei linearer Abschreibung und erläutern Sie die Konsequenz des Verbotes für die noch anzusetzenden Abschreibungen bis zum Geschäftsjahr 2006.

# 5. Bilanzierung des Umlaufvermögens

Im Unterschied zum Anlagevermögen existiert im HGB keine Legaldefinition zum Umlaufvermögen. Grundsätzlich sind unter dieser Position jene Vermögensgegenstände auszuweisen, die dem Geschäftsbetrieb nicht dauerhaft dienen.

## 5.1 Posten des Umlaufvermögens

Das Umlaufvermögen gliedert sich nach § 266 Abs. 2 HGB in vier Bestandteile:

- Vorräte,
- Forderungen und sonstige Vermögensgegenstände,
- Wertpapiere und
- Kassenbestand, Bundesbankguthaben, Guthaben bei Kreditinstituten und Schecks – in der Kurzform als „Liquide Mittel" bezeichnet.

In dieser Tiefengliederung muss eine kleine Kapitalgesellschaft* (§ 267 Abs. 1 HGB) mindestens das Umlaufvermögen aufzeigen. Mittelgroße und große Gesellschaften haben die Hauptposten weiter zu differenzieren.

So werden die Vorräte in verschiedene Vorratsarten und die hierauf entfallenden Anzahlungen untergliedert:

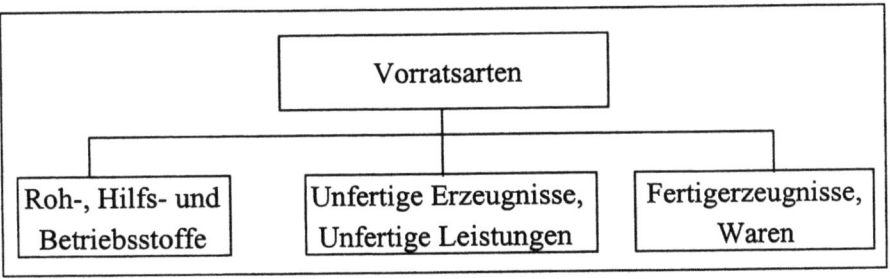

*Abbildung 5.1:* Vorratsarten gemäß § 266 Abs. 2 HGB

Bei Unternehmen, die eine große Fertigungstiefe besitzen, kann eine Abgrenzung der verschiedenen Gruppen von Vorräten schwierig sein. Gemeint ist hierbei die Festlegung des Übergangs vom Rohstoff zum unfertigen Erzeugnis bis hin zum Fertigerzeugnis.

Roh- und Hilfsstoffe gehen in das zu fertigende Produkt ein, Betriebsstoffe nicht. Die Rohstoffe sind der (wertmäßige) Hauptbestandteil der zu fertigenden Produkte. Hilfsstoffe machen (wertmäßig) nur einen geringen Teil der in der Fertigung verwendeten Materialien aus, so z.B. Nägel im Rahmen der Möbelproduktion. Betriebsstoffe sind ebenfalls Verbrauchsgüter, gehen jedoch nicht in die zu fertigenden Produkte ein, sie werden zum Betrieb der Produktionsmittel benötigt, wie etwa Schmiermittel oder Kraftstoffe.

Die unfertigen Erzeugnisse sind alle noch nicht verkaufsfähigen Produkte, zu deren Herstellung jedoch im Unternehmen schon Aufwendungen erbracht wurden. Während es sich bei unfertigen Erzeugnissen um materielle Güter handelt, stellen unfertige Leistungen noch nicht vollständig erbrachte Dienstleistungen („Dienstleistungen in Arbeit"), folglich für den späteren Verkauf geplante, immaterielle Güter dar.

Die unfertigen und fertigen Erzeugnisse sowie die unfertigen Leistungen sind in der Bilanz zu Herstellungskosten zu bewerten und auszuweisen. Waren, folglich Güter, die in gleicher Art und Güte zunächst eingekauft und anschließend verkauft werden, sind hingegen mit ihren Anschaffungskosten in die Bilanz aufzunehmen, sobald sie in das (wirtschaftliche) Eigentum des Unternehmens gelangen – dies ist zumeist mit der Übergabe der Ware der Fall.

Von Dritten gelieferte Produkte sind ab dem Zugangszeitpunkt der Güter zu bilanzieren, bis dahin liegt ein schwebendes Geschäft vor. Bei unter Eigentumsvorbehalt gelieferten Güter gilt wie im Falle der Sicherungsübereignung von Waren/-lagern das Prinzip des wirtschaftlichen Eigentums (siehe Kapitel 3.2) – d.h., dass die Güter als Vorräte beim Käufer zu bilanzieren sind. Eine Ausnahme von dieser Regel wäre in der Situation der Geltendmachung des Eigentumsvorbehaltes gegeben.

Im Unterschied dazu sind jedoch in Kommission erhaltene Ware nicht in der Bilanz des empfangenden Kaufmanns zu erfassen, sondern in jener des Kommittenten.

Insbesondere im Falle langfristiger Fertigung sollten in Arbeit befindliche (Groß-)Aufträge, die bis zur Abnahme durch den Kunden unfertige Erzeugnisse des Produzenten darstellen, gesondert unter den Vorräten ausgewiesen werden (siehe hierzu auch Kapitel 5.2.6). Ein separater Ausweis empfiehlt sich auch für vermietete Erzeugnisse – auch dies erhöht die Transparenz des externen Betrachters.

Sind Anzahlungen auf Warenlieferungen oder Dienstleistungen geleistet worden, die bis zum Bilanzstichtag jedoch noch nicht geliefert bzw. erbracht wurden, so sind diese unter dem Posten der geleisteten Anzahlungen aufzuführen.

Sind umgekehrt vom bilanzierenden Unternehmen Anzahlungen von Kunden auf Vorräte erhalten worden, so können diese offen in einer Vorspalte bei den Vorräten abgesetzt oder aber als Verbindlichkeit passiviert werden (Wahlrecht gemäß § 268 Abs. 5 Satz 2 HGB).

Forderungen und sonstige Vermögensgegenstände werden ebenfalls weiter unterteilt, so sind Forderungen aus Lieferung und Leistung, Forderungen gegen verbundene Unternehmen, Forderungen gegen Unternehmen, mit denen ein Beteiligungsverhältnis besteht, und sonstige Vermögensgegenstände unterschieden.

Zu Forderungen aus Lieferung und Leistung zählen alle Ansprüche des bilanzierenden Unternehmens aufgrund einer erbrachten Warenlieferung bzw. Dienstleistung, für die die Gegenleistung (Zahlung des Kaufpreises) noch aussteht. Um das Ausmaß der finanziellen Verflechtungen eines Unternehmens mit verbundenen Unternehmen oder Beteiligungsunternehmen offen zu legen, wird, entsprechend der Zuordnung der Ausleihungen im Anlagevermögen, ein gesonderter Ausweis der Forderungen verlangt. Der Ausweis im Posten Forderungen gegen verbundene Unternehmen bzw. gegen Unternehmen, mit denen ein Beteiligungsverhältnis besteht, geht einem Ausweis als Forderung aus Lieferung und Leistung vor.

Unter dem Sammelposten der sonstigen Vermögensgegenstände werden all jene Vermögensgegenstände ausgewiesen, die nicht im Rahmen einer der anderen Posten des Umlaufvermögens ausgewiesen werden können.

*Beispiel 5.1:* Sonstige Vermögensgegenstände

> Als sonstige Vermögensgegenstände werden i. d. R. erfasst: Darlehen, Kautionen, Guthaben bei Bausparkassen, Gehaltsvorschüsse, Schadenersatz- und Steuererstattungsansprüche, GmbH- oder Genossenschaftsanteile ohne Absicht auf Erwerb einer Beteiligung etc.

Um dem externen Betrachter einen verbesserten Einblick in die Liquiditätslage des Unternehmens zu ermöglichen, haben Kapitalgesellschaften* gemäß § 268 Abs. 4 Satz 1 HGB bei jedem gesondert ausgewiesenen Posten, den Betrag der Forderungen mit einer Restlaufzeit (Zeitspanne zwischen Bilanzstichtag und erwartetem Zahlungseingang) von mehr als einem Jahr anzugeben.

Ab wann bei einem Umsatzgeschäft eine Forderung und bis wann Vorräte zu erfassen sind, ist abhängig vom Zeitpunkt des Gefahrenübergangs (Zugangszeitraum der Vorräte). Bis dahin sind die Vorräte zu bilanzieren, anschließend die Forderung. In der betrieblichen Praxis wird i. d. R. davon ausgegangen, dass Gefahrenübergang und Rechnungsdatum zeitlich zusammenfallen. Ein bloßer Vertragsabschluss vor der Lieferung begründet lediglich ein zweiseitig verpflichtendes Rechtsgeschäft, solange die Leistungserfüllung aussteht, liegt ein schwebendes Geschäft vor – dieses ist gemäß des Realisationsprinzips grundsätzlich nicht bilanzierungspflichtig.

Als Wertpapiere des Umlaufvermögens sind ausschließlich solche auszuweisen, bei denen keine dauerhafte Besitzabsicht besteht. Sie werden überwiegend aus spekulativer Absicht oder als Liquiditätsvorsorge gehalten.

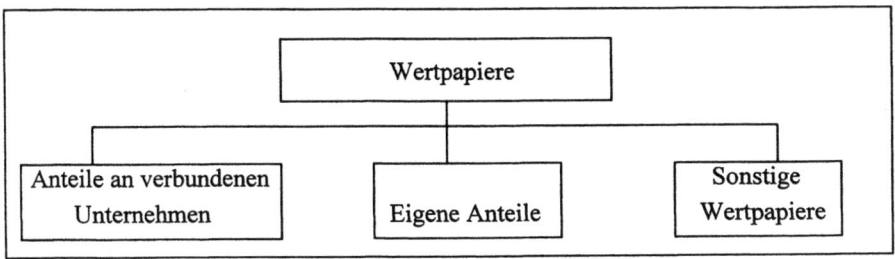

*Abbildung 5.2:* Wertpapiere gemäß § 266 Abs. 2 B III HGB

Als Anteile an verbundenen Unternehmen sind die Wertpapiere auszuweisen, die (zusätzlich) an verbundenen Unternehmen gehalten werden, für die jedoch keine dauerhafte Besitzabsicht besteht.

Werden Anteile des eigenen Unternehmens oder eines Unternehmens, welches das bilanzierende Unternehmen beherrscht, gehalten, so müssen diese in der Unterposition „eigene Anteile" ausgewiesen werden. Der Grund für den getrennten Ausweis ist, dass solche Anteile zwei Eigenschaften besitzen. Zum einen sind sie als Vermögensgegenstand zu betrachten, da sie veräußert, als Belegschaftsaktie (§ 71 Abs. 1 Nr. 2 AktG) ausgegeben oder anderweitig als echter Vermögenswert verwendet werden können. Andererseits besitzen sie im Falle einer Liquidation oder Zahlungsunfähigkeit des Unternehmens nur ein bedingtes Schuldendeckungspotenzial. Für Kapitalgesellschaften* sieht § 272 Abs. 4 HGB die Pflicht zur Bildung einer Rücklage für eigene Anteile innerhalb des Eigenkapitals in Höhe der aktivierten eigenen Anteile vor. Der Erwerb eigener Anteile ist nicht immer uneingeschränkt zulässig (§§ 71 ff. AktG).

Alle übrigen Wertpapiere, Eigen- und Fremdkapitalpapiere, sind im Posten der sonstigen Wertpapiere auszuweisen.

Während Besitzwechsel nicht gesondert, sondern innerhalb der ihnen zugrunde liegenden Forderungen auszuweisen sind, sind Finanzwechsel den sonstigen Wertpapieren zuzuordnen.

Zu den bereits oben aufgeführten liquiden Mittel zählen auch die ausländischen Sorten und Wertstreifen der Bundespost für Frankiermaschinen, zu den Guthaben bei Kreditinstituten auch die täglich fälligen Gelder sowie Festgelder bei Kreditinstituten.

## 5.2 Bewertung des Umlaufvermögens

### 5.2.1 Grundlagen für die Bewertung

Ebenso wie für das Anlagevermögen bilden die Anschaffungs- bzw. Herstellungskosten die Basis und die Höchstgrenze (§ 253 Abs. 1 HGB) für die Bewertung des Umlaufvermögens.

Für das Umlaufvermögen ist jedoch im Gegensatz zum Anlagevermögen das strenge Niederstwertprinzip anzuwenden. Dieses schreibt vor, dass jede Wertminderung eines Vermögensgegenstandes am Bilanzstichtag zu einem geringeren Ausweis in der Bilanz führen muss und dies eben auch dann, wenn die Wertminderung nicht von Dauer ist. Es ist der Buchwert mit einem Wert aus dem Marktgeschehen zu vergleichen und der niedrigere Wert auszuweisen (§ 253 Abs. 3 HGB). Marktwert kann der Börsen- oder Marktpreis für den Vermögensgegenstand sein. Falls kein Marktwert zur Verfügung steht, ist der beizulegende Wert für den Vergleich heranzuziehen (siehe hierzu nochmals die allgemeinen Ausführungen in Kapitel 3.3.2).

Eine vorhandene Unterschreitung des Buchwertes löst einerseits einen niedrigeren Bilanzansatz und andererseits einen zusätzlichen Aufwand in Form einer außerplanmäßigen Abschreibung in der GuV aus.

*Beispiel 5.2:* Strenges Niederstwertprinzip

> Gegenstände des Umlaufvermögens gingen dem Unternehmen zum Anschaffungspreis in Höhe von € 1 Mio. zu. Ein Markt- oder Börsenpreis ist nicht bestimmbar, als beizulegender Wert können jedoch die Reproduktionskosten ermittelt werden. Diese betragen zum Bilanzstichtag € 0,9 Mio. Unabhängig der Dauer dieser Wertminderung sind die Gegenstände in der

Bilanz mit dem niedrigeren Wert auszuweisen, und es ist eine außerplanmäßige Abschreibung von € 100.000 vorzunehmen.

Neben der beschriebenen Pflicht zur Vornahme außerplanmäßiger Abschreibungen gewährt das Handelsrecht dem Bilanzierenden diverse Wahlrechte, die nachfolgend kurz erläutert werden.

So können Abschreibungen auf Gegenstände des Umlaufvermögens gemäß § 253 Abs. 3 Satz 3 HGB vorgenommen werden, wenn damit verhindert werden kann, dass in nächster Zukunft der Wertansatz auf Grund von Wertschwankungen geändert werden muss. Hierbei ist nach vernünftiger kaufmännischer Beurteilung mit Wertschwankungen innerhalb der nächsten beiden Jahre zu rechnen. Steuerrechtlich ist der Ansatz von in der Zukunft erwarteten, niedrigeren Werten unzulässig.

*Beispiel 5.3:* Ansatz künftig erwarteter Werte
Gegenstände des Umlaufvermögens befinden sich mit einem Anschaffungspreis in Höhe von € 25.000 auf Lager. Der beizulegende Wert beträgt am Bilanzstichtag € 22.000, und es wird in naher Zukunft erwartet, dass letzterer weiter sinkt, ein Zukunftswert von € 20.000 wird hierbei als realsitisch eingestuft. Für die Handelsbilanz besteht nun für die Bewertung der Gegenstände eine Abschreibungspflicht in Höhe der bereits eingetretenen Wertminderung in Höhe von € 3.000 und ein Abschreibungswahlrecht für die erwartete Wertminderung in Höhe von zusätzlichen € 2.000.

Zudem bestimmt § 254 HGB, dass auch für die Gegenstände des Umlaufvermögens den Ansatz eines niedrigeren Wertes, der auf einer nur steuerrechtlich zulässigen Abschreibung beruht. Hierbei bedingt i. d. R. die Ausübung eines steuerrechtlichen Abschreibungswahlrechts ein gleichgerichtetes Vorgehen in der Handelsbilanz.

Die häufig als „Willkürabschreibung" bezeichnete Abschreibung im Rahmen vernünftiger kaufmännischer Beurteilung gemäß § 253 Abs. 4 HGB stellt schließlich für Einzelunternehmen und nicht haftungsbeschränkte Personenhandelsgesellschaften ein weiteres Bewertungswahlrecht dar – dieses gilt jedoch nicht für Kapitalgesellschaften* (§ 279 Abs. 1 Satz 1 HGB).

Ist der Grund für eine zuvor angesetzte außerplanmäßige Abschreibung zu einem späteren Zeitpunkt entfallen, so unterliegen Kapitalgesellschaften* gemäß § 280 Abs. 1 HGB einem grundsätzlichen Wertaufholungsgebot, d.h. es sind Zuschreibungen – maximal bis zur Höhe der Anschaffungs- bzw. Herstellungskosten – vorzunehmen. Hierbei ist § 280 Abs. 2 HGB ohne Belang, da das Steuerrecht seit dem Steuerentlastungsgesetz 1999/2000/2002 ein striktes Wertaufholungsgebot verlangt (§ 6 Abs. 1 Nr. 2 EStG). Einzelunternehmen und Personengesellschaften gewährt § 253 Abs. 5 HGB ein Beibehaltungswahlrecht.

Die letzten Ausführungen sind in der nachfolgenden Tabelle nochmals komprimiert aufgeführt.

*Tabelle 5.1:* Grundlagen zur Bewertung von Umlaufvermögen (HGB)

| | Einzelunternehmen und Personenhandelsgesellschaften | Kapitalgesellschaften* |
|---|---|---|
| Planmäßige Abschreibungen | Verbot | Verbot |
| Außerplanmäßige Abschreibungen (aA) auf den Börsenpreis, Marktpreis oder einen niedrigeren beizulegenden Wert | Pflicht | Pflicht |
| aA zur Vorwegnahme künftiger Wertschwankungen | Wahlrecht | Wahlrecht |
| Steuerlich bedingte aA | Wahlrecht | Wahlrecht |
| aA im Rahmen vernünftiger kaufmännischer Beurteilung | Wahlrecht | Verbot |
| Zuschreibung bei Entfall des Grundes für die aA | Wahlrecht | Pflicht |

## 5.2.2 Bewertung der Vorräte

Der Wertmaßstab für alle vom Unternehmen nicht selbst hergestellten Produkte (Roh-, Hilfs- und Betriebsstoffe, Waren) sind die Anschaffungskosten (siehe Kapitel 3.1.1.1), Wertmaßstab für alle vom Unternehmen hergestellten Produkte (unfertige Erzeugnisse und Leistungen, Fertigerzeugnisse) sind die Herstellungskosten (siehe Kapitel 3.3.1.2). Diese Wertmaßstäbe stellen auch im Umlaufvermögen die Wertobergrenzen dar, Buchwertgewinne durch einen reinen Lagerzugang selbst hergestellter oder fremdbezogener Güter sind nicht möglich und mögen die Güter noch so günstig beschafft/hergestellt worden sein. Allerdings ist der im Geschäftsjahr ausgewiesene Gewinn des Unternehmens durchaus abhängig von der konkreten Festlegung der Wertmaßstäbe, insbesondere der Herstellungskosten. Da die in Verbindung mit der Herstellung der Güter anfallenden Aufwendungen (Materialaufwand, Personalaufwand etc.) bereits ergebnisbelastend angefallen sind, kommt der Bemessung der ertragsseitig relevanten Herstellungskosten von auf Lager befindlichen Erzeugnissen die Funktion der Aufwandsneutralisierung zu. Es gilt die Regel: je höher die Bewertung der Bestände, desto höher der in diesem Geschäftsjahr ausgewiesene Gewinn.

Ist der beizulegende Wert am Bilanzstichtag niedriger als die Anschaffungs- oder Herstellungskosten, so ist für die Erstellung der Handelsbilanz der niedrigere Wertansatz zu verwenden. Ausschlaggebend für den beizulegenden Wert ist:

a) der Wiederbeschaffungswert des Beschaffungsmarktes für Normalbestände an Roh-, Hilfs- und Betriebsstoffen und für unfertige und fertige Erzeugnisse, die fremdbezogen werden könnten;
b) der Nettoveräußerungswert (Verkaufserlöse abzgl. aller noch anfallenden Aufwendungen und Erlösschmälerungen) des Absatzmarktes für Überbestände an Roh-, Hilfs- und Betriebsstoffen und für unfertige und fertige Erzeugnisse, die nicht fremdbezogen werden können;
c) der niedrigere Wert von Wiederbeschaffungswert und Nettoverkaufserlös des Absatz- und des Beschaffungsmarktes für Überbestände an unfertigen und fertigen Erzeugnissen und Waren.

Aufgrund des permanenten Umschlags und der Vermischung der zu unterschiedlichen Zeitpunkten in das Unternehmen gelangten Güter ist die richtige Bestimmung der ehemaligen Beschaffungspreise, insbesondere bei Lagerhaltung, nicht ohne erheblichen Aufwand möglich. Es existieren daher drei Bewertungsvereinfachungsverfahren zur Fixierung der Anschaffungs- oder Herstellungskosten, die nachfolgend erläutert werden.

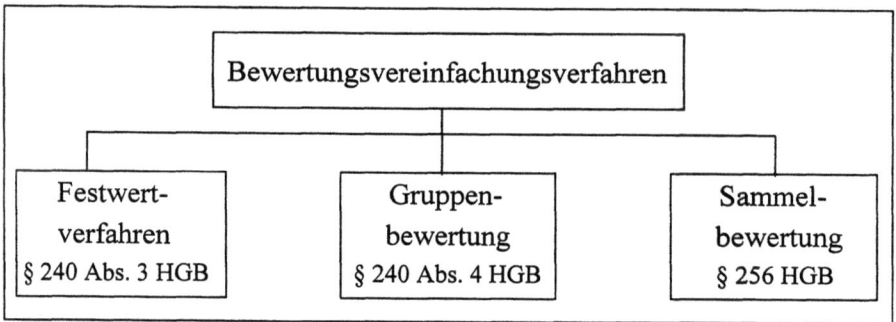

*Abbildung 5.3:* Bewertungsvereinfachungsverfahren

Festwertverfahren

Wie bei der Aufstellung des restlichen Vermögens und der Schulden ist auch bei den Roh-, Hilfs- und Betriebsstoffen der Bestand durch körperliche Bestandsaufnahme, d.h. Inventur durch Zählen, Wiegen oder Messen, festzustellen. Eine Ausnahme hiervon stellen nach § 240 Abs. 3 HGB jedoch Vermögensgegenstände des Sachanlagevermögens und Roh-, Hilfs- und Betriebsstoffe dar, wenn deren Gesamtwert für das Unternehmen von nachrangiger Bedeutung ist und sie regelmäßig ersetzt werden. Des Weiteren darf sich der Bestand in Zusammensetzung, Größe und Wert nur geringfügig ändern. In diesem Fall können diese Vermögensgegenstände mit gleichbleibenden Mengen und Werten zu einem festen Wert angesetzt werden. Es hat jedoch nach jeweils spätestens drei Jahren eine körperliche Bestandsaufnahme zu erfolgen, um sicherzustellen, dass der Festwert noch angemessen ist. Bei Abweichungen bis zu 10% können die alten Festwerte beibehalten werden. Die Festbewertung stellt eine Vereinfachung der Inventur und der Buchhaltung dar. Ein Zugang zu diesen Roh, Hilfs- und Betriebsstoffen (Anlagevermögensgegenständen) wird somit als Materialaufwand (Abschreibung) direkt gebucht, wobei der Wertansatz unverändert bleibt.

Gruppenbewertung
Eine Gruppenbewertung kann nach § 240 Abs. 4 HGB durchgeführt werden, wenn gleichartige Vermögensgegenstände des Vorratsvermögens sowie andere gleichartige Vermögensgegenstände oder annähernd gleichwertige bewegliche Vermögensgegenstände vorliegen. Die reine Gleichwertigkeit verschiedener beweglicher Vermögensgegenstände genügt jedoch noch nicht, um eine Gruppenbildung zu begründen. Es wird zumindest noch ein gemeinsames Merkmal, wie z.B. ein gleicher Verwendungszweck, vorausgesetzt. Der Wertansatz aus der Gruppenbewertung greift somit auf die einzelnen Anschaffungskosten der Vermögensgegenstände zurück und gewichtet sie in Relation zur Menge bzw. Größe des Vermögensgegenstandes.

Sowohl das Festwertverfahren als auch die Gruppenbewertung sind grundsätzlich auch steuerrechtlich zulässig (§ 5 Abs. 1 EStG sowie R 36 Abs. 4 EStR).

Sammelbewertung
Gemäß § 256 HGB kann die Sammelbewertung für gleichartige Vermögensgegenstände des Vorratsvermögens angewendet werden. Eine Sammelbewertung unterstellt eine bestimmte Verbrauchsfolge des Vorratsvermögens, und daraus ergibt sich bei unterschiedlichen Anschaffungspreisen unterschiedliche Wertansätze. Zulässig sind grundsätzlich alle nachfolgend vorzustellenden Verbrauchsfolgefiktionen, sofern sie nicht in deutlichem Widerspruch zur Realität (oder den GoB) stehen.

Im Rahmen der vorzustellenden Verfahren können jeweils zwei verschiedene Ermittlungsformen durchgeführt werden. Es kann zum einen direkt nach der Bestandsveränderung der bewertete Verbrauch berechnet werden (Permanentes Verfahren). Es kann aber auch erst am Jahresende der bewertete Gesamtverbrauch als gewichtetes arithmetisches Mittel berechnet werden (Perioden-Verfahren).

a) Durchschnittsverfahren

Beim Durchschnittsverfahren werden die Zugänge zu den Vermögensgegenständen des Vorratsvermögens addiert und der Durchschnittswert gebildet. Nachfolgende Abgänge werden mit dem Durchschnittswert bewertet solange kein neuer Zugang erfolgt. Wird erneut dieses Produkt angeschafft, wird ein neuer Durchschnittswert ermittelt und die nächsten Abgänge mit dem neuen Durchschnittswert bewertet. Das Vorgehen beschreibt die Version als permanentes Verfahren, welches auch als Verfahren der „gleitende Durchschnitte" bezeichnet wird. Wird hingegen einmalig am Ende des Geschäftsjahres ein gewichteter Mittelwert gebildet, so wird dieser auch als „gewogener Durchschnitt" bezeichnet. Das Durchschnittsverfahren kann bei Produkten angewendet werden, bei denen eine Unterscheidung der Güter, die zu unterschiedlichen Zeitpunkten und zu unterschiedlichen Anschaffungs- bzw. Herstellkosten eingelagert wurden, physisch nicht möglich ist, z.B. bei Schüttgut in Silos. Es wird jedoch auch als Standardverfahren angesehen, das auch bei unbestimmter Verbrauchsfolge angewendet werden darf und steuerlich anerkannt wird.

*Beispiel 5.4:* Durchschnittsverfahren

Zum 31.12. ist ein Rohstoff zu bewerten. Es liegen noch 150 kg auf Lager und folgenden Informationen sind gegeben:

|  | Kg | Anschaffungskosten/kg in € |
|---|---|---|
| Anfangsbestand zum 1.1. | 100 | 10,00 |
| Zugang am 1.4. | 200 | 12,00 |
| Abgang am 1.7. | 100 |  |
| Zugang am 15.10. | 100 | 8,10 |
| Abgang am 1.12. | 150 |  |

Der zum 31.12. auf dem Beschaffungsmarkt festgestellte beizulegende Wert beträgt € 10,60/kg.

Nach der gewogenen Durchschnittsmethode resultiert als gewichtetes arithmetisches Mittel ein Wertansatz von (100 * € 10 + 200 * € 12 + 100 * € 8,10)/400 = € 10,53/kg. Der Lagerendbestand ist somit mit (€ 10,53 * 150 =) € 1.578,75 zu bewerten.

Die Bestimmung des gleitenden Durchschnitts erfolgt in folgender Weise:

| | | | |
|---|---|---|---|
| Anfangsbestand 1.1.: | 100 kg * € 10,00 | = | € 1.000,00 |
| Zugang 1.4.: | 200 kg * € 12,00 | = | € 2.400,00 |
| Bestand 1.4.: | 300 kg * € 11,33 | = | € 3.600,00 |
| Abgang 1.7.: | 100 kg * € 11,33 | = | € 1.133,33 |
| Bestand 1.7.: | 200 kg * € 11,33 | = | € 2.266,67 |
| Zugang 15.10.: | 100 kg * €  8,10 | = | €   810,00 |
| Bestand 15.10.: | 300 kg * € 10,26 | = | € 3.076,67 |
| Abgang 1.12.: | 150 kg * € 10,26 | = | € 1.538,34 |
| Endbestand: | 150 kg * € 10,26 | = | € 1.538,33 |

Die Bewertung zum 31.12. kann folglich mit € 1.578,75 oder € 1.538,33 erfolgen – beide Wertansätze liegen unterhalb des beizulegenden Wertes.

b) FIFO-Verfahren

Das FIFO-Verfahren (first in – first out) unterstellt eine Verbrauchsfolge, bei der die ältesten Bestände zuerst entnommen und verbraucht werden. Eine Bewertung der Bestände am Jahresende hat somit mit den Anschaffungs- bzw. Herstellungskosten der jüngsten Zugänge zu erfolgen (Perioden-FIFO), das Prinzip kann jedoch auch laufend, für jeden Materialverbrauch angewandt werden (permanentes FIFO). Das Verfahren wird i.d.R. handelsrechtlich anerkannt, steuerrechtlich nur in Ausnahmefällen, in denen nachgewiesen wird, dass die tatsächliche Verbrauchsfolge dem FIFO-Verfahren entspricht. Ein solcher Fall ist z.B. gegeben bei einem Silo für Getreide oder Baustoffe.

*Beispiel 5.5:* Perioden-FIFO

Der Rohstoffendbestand aus Beispiel 5.4 ist nach dem Perioden-FIFO zu bewerten. Demnach setzt sich der Endbestand aus 100 kg zu € 8,10/kg und 50 kg zu € 12/kg zusammen. Bei einem Wert von € 9,40/kg würde der Lagerendbestand mit € 1.410 bewertet. Auch hier ist keine Abwertung wegen des o.g. beizulegenden Wertes vorzunehmen.

c) LIFO-Verfahren

Das LIFO-Verfahren (last in – first out) unterstellt im Gegensatz zum FIFO-Verfahren eine Verbrauchsfolge, bei der die jüngsten Bestände zuerst entnommen und verbraucht werden. Eine Bewertung der Bestände hat somit mit den Anschaffungs- bzw. Herstellungskosten der ältesten, noch nicht verrechneten Zugänge zu erfolgen. Das LIFO-Verfahren wird handelsrechtlich anerkannt. Steuerrechtlich wird es auch dann anerkannt, wenn die tatsächliche Verbrauchsfolge der Intention des Verfahrens nicht entspricht (§ 6 Abs. 1 Nr. 2a EStG). Es muss jedoch in jedem Fall den handelsrechtlichen GoBs entsprechen, somit entfällt es z.B. bei verderblichen Waren.

*Beispiel 5.6:* Perioden-LIFO

Der Rohstoffendbestand aus Beispiel 5.4 ist nach dem Perioden-LIFO zu bewerten. Demnach setzt sich der Endbestand aus 100 kg zu € 10,00/kg und 50 kg zu € 12/kg zusammen. Bei einem Stückwert von € 10,67/kg würde der Lagerendbestand mit € 1.600 bewertet. Allerdings müsste, aufgrund des ermittelten beizulegenden Wertes, der Ansatz mit maximal 150 kg * € 10,60 = € 1.590 erfolgen.

d) HIFO-Verfahren

Das HIFO-Verfahren (highest in – first out) unterstellt, dass die Vorräte mit den höchsten Preisen zuerst verbraucht werden. Eine Bewertung der Bestände am Jahresende erfolgt mit den Anschaffungs- bzw. Herstellungskosten der günstigsten, noch nicht verrechneten Zugänge zu den Vorräten. Dies entspricht einer vorsichtigen Bilanzierung. Es setzt das Vorratsvermögen niedrig an und realisiert den höchsten Materialeinsatz. Dieses Verfahren ist handelsrechtlich zulässig, wird aber aus Sicht des Steuerrechts, aufgrund der Gewinngestaltungsmöglichkeiten, abgelehnt.

*Beispiel 5.7:* Perioden-HIFO

Der Rohstoffendbestand aus Beispiel 5.4 ist nach dem Perioden-HIFO zu bewerten. Demnach setzt sich der Endbestand aus 100 kg zu € 8,10/kg und 50 kg zu € 10/kg zusammen. Bei einem Wert von € 8,73/kg würde der Endbestand mit € 1.310 bewertet. Eine Abwertung ist nicht erforderlich.

e) LOFO-Verfahren

Das LOFO-Verfahren (lowest in – first out) unterstellt wie das HIFO-Verfahren eine wertmäßige Verbrauchsfolge. Es geht davon aus, dass die Vorräte mit dem niedrigsten Wertansatz zuerst verbraucht werden. Eine Bewertung der Bestände erfolgt mit den Anschaffungs- bzw. Herstellungskosten der teuersten, noch nicht verrechneten Zugänge. Dieses Verfahren ist aus handelsrechtlicher Sicht abzulehnen, weil es der kaufmännischen Vorsicht widerspricht. Steuerrechtlich ist es gleichfalls nicht anwendbar.

Weitere Sammelbewertungsverfahren sollen mit dem KIFO (Kozern in – first out) und dem KILO (Konzern in – last out) hier nur genannt werden.

Die Wahl des Verfahrens der Sammelbewertung kann großen Einfluss auf die Bilanz und Gewinn- und Verlustrechnung besitzen. Bei stetigen Preissteigerungen kann mit dem LIFO-Verfahren gegenüber dem Durchschnittsverfahren ein erhöhter Aufwand geltend gemacht werden, das bedeutet, dass der zu versteuernde Gewinn niedriger ausfällt und stille Reserven gebildet wurden.

Für die Wahl des Bewertungsverfahrens ist das Stetigkeitsprinzip nach § 252 Abs. 1 Nr. 6 HGB zu berücksichtigen. Es darf nur gewechselt werden, wenn dies den GoBs nicht widerspricht, wie z.B. beim einem Wechsel der Lagerhaltung. Gegen unterschiedliche Bewertungsverfahren für verschiedenartige Vermögensgegenstände bestehen jedoch keine Bedenken. Die Änderung der Bewertungsmethoden führt gemäß § 284 Abs. 2 Nr. 3 HGB zur Erläuterungspflicht im Anhang.

## 5.2.3 Bewertung der Forderungen

Beim Verkauf von Gütern und Dienstleistungen auf Ziel wird eine Forderung in Höhe des vereinbarten Preises inkl. der darin enthaltenen

Umsatzsteuer gebucht. In Höhe der enthaltenen Umsatzsteuer wird zudem eine Verbindlichkeit gegenüber dem Finanzamt buchmäßig erfasst.

Besondere Vorschriften zur Bewertung von Forderungen enthält weder das HGB noch das EStG, maßgebend sind somit die allgemeinen Bestimmungen. Forderungen sind, wie alle Vermögensgegenstände des Umlaufvermögens, unter Berücksichtigung des strengen Niederstwertprinzips mit dem Nennbetrag (Anschaffungskosten) oder einem niedrigeren Wertansatz gemäß § 253 Abs. 3 HGB bzw. dem niedrigeren Teilwert gemäß § 6 Abs. 1 Nr. 2 EStG zu aktivieren. Der Nennbetrag muss jedoch um gewährte Skonti, Rabatte und andere Preissenkungen vermindert werden. Für bevorstehende zusätzliche Kosten, wie z.B. Provisionen, sind Rückstellungen zu bilden.

Bestehen Forderungen in einer ausländischer Währung, so sind die Forderungen mit dem Geldkurs (der Kurs, zu dem eine Bank diese ausländische Währung ankauft bzw. konvertiert) am Tag ihrer Entstehung mit dem Geldkurs am Bilanzstichtag zu vergleichen. Der niedrigere der beiden Wertansätze muss verwendet werden (strenges Niederstwertprinzip). Ein Kursgewinn darf gemäß des Realisationsprinzips erst nach dem Eingang des Betrages ausgewiesen werden. Forderungen mit einem erwarteten Eingang innerhalb eines Jahres dürfen jedoch unmittelbar mittels Geldkurs am Bilanzstichtag umgerechnet werden. Kursverluste sind durch entsprechende Wertberichtigungen aufwandswirksam zu erfassen.

Auch für Forderungen gilt der Grundsatz der Einzelbewertung (siehe Kapitel 2.3.5), sofern Umstände bekannt sind, die eine Forderung zweifelhaft oder gar uneinbringlich erscheinen lassen, so dürfen diese Forderungen nur mit dem wahrscheinlichen Wert aktiviert bzw. müssen vollständig abgeschrieben werden (Einzelwertberichtigung). Die Wertberichtigung der Forderung hat nach vernünftiger kaufmännischer Beurteilung zu erfolgen. Eine bloße Vermutung reicht hierfür nicht aus. Vielmehr sind die wirtschaftlichen Verhältnisse des Schuldners bei Ansatz und Höhe der Wertberichtigung zu berücksichtigen. Ferner sind Reduzierungen der Forderungen durch gegebene Sicherheiten, Bürgschaften oder Möglichkeiten zur Aufrechnung zu berücksichtigen.

Bei größeren Mengen einzelner kleinerer Forderungen wäre eine Einzelwertberichtigung sehr zeitaufwändig, sofern überhaupt möglich. Aus diesem Grund werden in der betrieblichen Praxis häufig sog. Pauschalwertberichtigungen durchgeführt. Mittels gleichem Prozentsatz, der sich aus in der Vergangenheit gewonnenen Erfahrungen ausrichtet, erfolgt die einheitliche Abwertung des Nennbetrags der Forderungen durch aktivische Wertkorrektur.

Lediglich im Falle uneinbringlicher Forderungen erfolgt mit der Eliminierung der brutto ausgewiesenen Forderung auch die Eliminierung der Umsatzsteuer. Bei allen anderen Einzelwertberichtigungen, sowie im Falle einer Pauschalwertberichtigung, erfolgt nach Korrektur der Nettoforderung der ursprüngliche Ausweis der Umsatzsteuer.

Grundsätzlich sind unverzinsliche oder besonders niedrig verzinsliche Forderungen mit ihrem Barwert anzusetzen. Handelt es sich um Forderungen mit einer Restlaufzeit von bis zu einem Jahr (dies ist bei Forderungen aus Lieferungen und Leistungen zumeist zu erwarten), kann die Abzinsung unterbleiben.

*Beispiel 5.8:* Bewertung von Forderungen

Im Rahmen der Arbeiten zum Jahresabschluss sind bei einem Unternehmen zum Bilanzstichtag, dem 31.12.04, diverse Forderungen zu bewerten. Die volleinbringlichen Forderungen aus diversen Leistungen betragen € 179.800 inkl. 16% MwSt. Aufgrund branchenspezifischer Strukturprobleme wird mit einem Ausfall in Höhe von 7% gerechnet. Wegen vorübergehender Liquiditätsprobleme eines Kunden wurden diesem Forderungen in Höhe von € 33.200 für 2 Jahre bis zum 31.12.06 zinslos gestundet. Der Zinssatz für Kredite beträgt derzeit ca. 10%. Aus einem verzinslichen Darlehen an einen Geschäftspartner in Übersee sind Forderungen, enstanden am 24.6.03, in Höhe von $ 40.000 offen. Geld- und Briefkurs betrugen am 24.6.03: 0,826/0,83, am 31.12.03: 0,839/0,843 und am 31.12.04: 0,822/0,826.

Zur Pauschalwertberichtigung der Forderungen ist zunächst der Nettobetrag der Forderung zu bestimmen (€ 155.000), daraus 7% als Pauschalwertberichtigung in Abzug zu bringen (€ 155.000 * 0,93) und anschließend die volle MwSt. (€ 24.800) wieder zu addieren. Der Bilanzansatz erfolgt zu € 168.950. Die Forderung gegenüber dem Kunden mit vorübergehenden Liquiditätsproblemen ist in Höhe des Barwertes zu aktivieren. Dieser beträgt € 33.200 / $1,1^2$ = € 27.438,02. Der Betrag der Abzinsung ist in der GuV als Aufwand zu berücksichtigen. Die Valutaforderung betrug zum Zeitpunkt ihrer Entstehung $ 40.000 * 0,826 = € 33.040. Zum 31.12.03 wurde sie aufgrund des Niederstwertprinzips nicht mit $ 40.000 * 0,839 = € 33.560, sondern mit den geringeren Anschaffungskosten von € 33.040 aktiviert. Zum 31.12.04 ist sie mit $ 40.000 * 0,822 = € 32.880 anzusetzen (es wird davon ausgegangen, dass es sich um einen Umlaufvermögens-Posten handelt).

## 5.2.4 Bewertung der Wertpapiere des Umlaufvermögens

Wertpapiere des Umlaufvermögens sind nach den allgemeinen für das Umlaufvermögen geltenden Grundsätzen zu bewerten. Die Bewertungsgrundlage der Wertpapiere sind die Anschaffungskosten unter Berücksichtigung von Maklergebühr, Provisionen etc. Wertpapiere der gleichen Art werden i. d. R. zu durchschnittlichen Anschaffungskosten bewertet. Das strenge Niederstwertprinzip verlangt den Ansatz der Papiere zum jeweils aktuellen Börsenkurs, sofern dieser unterhalb der Anschaffungskosten liegt. Ein im Vergleich hierzu niedrigerer Kurs erfordert – unabhängig davon, ob er dauerhaft oder vorübergehend niedriger ist – eine Abschreibung. Tritt zu einem späteren Stichtag eine Kurserholung ein, so unterliegen Kapitalgesellschaften* einem Wertaufholungsgebot (§ 280 Abs. 1 HGB), Einzelunternehmen und Personenhandelsgesellschaften besitzen ein Beibehaltungswahlrecht (§ 253 Abs. 5 HGB).

**5.2.5 Bewertung der liquiden Mittel**

Die liquiden Mittel werden zum Nennwert ausgewiesen. Ist jedoch die Zahlungsfähigkeit eines Schuldners (z.B. im Falle eines vorliegenden Schecks) zweifelhaft, so muss nach dem strengen Niederstwertprinzip der Nennwert auf den wahrscheinlichen Wert reduziert werden.

Existieren liquide Mittel in ausländischer Währung (Sorten oder Devisen), so sind sie mit dem Geldkurs am Bilanzstichtag anzusetzen. Nach § 253 Abs. 3 S. 3 HGB kann eine erwartete künftige Abwertung der jeweiligen Währung durch eine niedrigere Bewertung antizipiert werden.

**5.2.6 Bewertung langfristiger Fertigungsaufträge**

Ein besonderes Bilanzierungsproblem ergibt sich bei Fertigungsaufträgen, bei denen zwischen dem Herstellungsbeginn und der Abnahme durch den Kunden (Realisationszeitpunkt) mindestens ein Bilanzstichtag liegt.

Langfristige Fertigungsaufträge zeichnen sich insbesondere dadurch aus, dass es sich um eine Auftragsfertigung handelt, bei der im Unterschied zur Massenfertigung der Absatzprozess dem Produktionsprozess zeitlich vorgelagert ist.

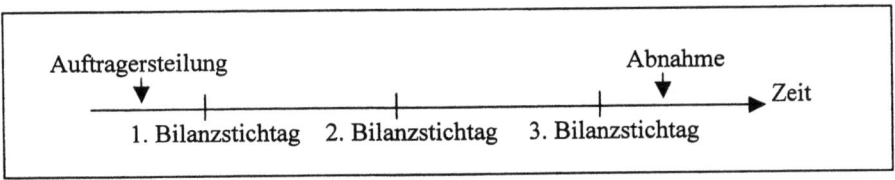

*Abbildung 5.4:* Langfristige Auftragsfertigung

Das Realisationsprinzip (siehe Kapitel 2.3.5) besagt, dass der Zeitpunkt der Gewinnrealisierung dann erreicht ist, wenn der Kaufmann die Lieferung vollzogen oder die Dienstleistung erbracht hat. Unabhängig der Zahlung durch den Kunden, erfolgt eben in dieser Periode der Ausweis des Umsatzes und damit des Gewinns.

Aufwendungen zur Fertigstellung des jeweiligen Objekts fallen nun in verschiedenen Perioden an und das/die unfertige Erzeugnis/Leistung ist zu zwischenzeitlichen Bilanzstichtagen mit Herstellungskosten ertragswirksam zu bewerten. Die Konsequenz dieses Vorgehens führt nun angesichts der Tatsache, dass selbst bei Maximalansatz der Herstellungskosten, diese bekanntermaßen nicht alle während der Fertigungsdauer anfallenden Aufwendungen umfassen, zum Ausweis von Auftragszwischenverlusten in den Zwischenperioden. Das gilt auch dann, wenn aus dem Auftrag mit höchster Wahrscheinlichkeit ein Gewinn zu erwarten ist. Die Folge der strikt am Realisationsprinzip orientierten Bewertung (Completed-Contract-Methode) ist somit eine Verzerrung des Bildes der Vermögens-, Finanz- und Ertragslage, selbst bei erwartungsgemäßen Verlauf einer gewinnträchtigen Fertigung erfolgt ein sprunghafter Gewinnausweis – während der Fertigung werden Verluste, in der Periode der Abnahme der Gesamtgewinn ausgewiesen.

Eine mögliche Lösung des Problems stellt die anteilige Realisierung des Gewinns nach Leistungsfortschritt der Auftragsbearbeitung (Percentage-of-Completion-Methode) dar:

Gewinn/Periode = Leistungsfortschritt der Periode * Gesamterfolg

Dieses im Rahmen internationaler Rechnungslegungsstandards übliche Verfahren hat eine Glättung des Gewinnausweises zur Folge, verstößt jedoch gegen das Anschaffungswert- und das Realisationsprinzip. Insbesondere eine aus der so erfolgenden Bewertung der langfristigen Aufträge resultierende Gewinnausschüttung stellt einen Entzug von Haftungssubstanz dar.

Weitere Lösungsansätze, die inhaltlich zwischen den aufgezeigten Extremformen liegen, werden in der einschlägigen Literatur diskutiert, so u.a. die Bewertung nach dem Teilabnahmeprinzip oder auch die Selbstkostenaktivierung – die Lösung des aufgezeigten grundsätzlichen Dilemmas konnten sie bislang nicht erbringen. Basis der handels- und steuerrechtlichen Bewertung ist (derzeit) die Completed-Contract-Methode.

# Übungsaufgaben zum 5. Kapitel

*Aufgabe 5.1:*
Klären Sie zu den folgenden Sachverhalten der Holzer AG den Bilanzausweis.

a) Zum Bilanzstichtag sind Briefmarken im Wert von € 350 vorhanden.

b) Im vergangenen Geschäftsjahr erwarb die Gesellschaft vom Markt 9 % der eigenen Aktien, sie plant diese im nächsten Geschäftsjahr an die Arbeitnehmer auszugeben.

c) Für Warenlieferung an ein verbundenes Unternehmen erhielt das Unternehmen im abgelaufenen Geschäftsjahr Warenwechsel.

d) Für ein von Dritten entwickeltes Patent, welches im nächsten Jahr von der Holzer AG in der Fertigung eingesetzt wird, wurde eine Anzahlung geleistet, der ausstehende Restbetrag ist bei Übergabe im kommenden Geschäftsjahr fällig.

e) Für im nächsten Jahr zu liefernde Produkte erhielt die Holzer AG eine Anzahlung, die Produkte befinden sich bereits verkaufsfähig auf Lager, es handelt sich hierbei um von einem Dritten in Kommission genommene Ware.

f) Am 15.1. geht die Information ein, dass über das Vermögen eines Kunden, gegen den eine Forderung in Höhe von € 8.500 besteht, das gerichtliche Insolvenzverfahren am 20.12. des Vorjahres eröffnet wurde. Die Forderung wird als uneinbringlich eingeschätzt.

*Aufgabe 5.2:*
Der Geschäftsführer eines Maschinenbauunternehmens möchte für seinen Werkzeugbestand die Erleichterungen des Festwertverfahrens in Anspruch nehmen. Erläutern Sie ihm die entsprechenden Voraussetzungen.

*Aufgabe 5.3:*
Ihre Hilfe wird angefordert zu Klärung der nachstehenden Ansatz- und Bewertungsprobleme im Rahmen der Erstellung der Bilanz zum 31.12.

a) Waren wurden im abgelaufenen Geschäftsjahr zum Preis von € 1.500 angeschafft. Ein Kaufvertrag mit einem Kunden wurde am 20.12. zum Verkaufspreis von € 1.900 geschlossen, die Übernahme durch den Kunden erfolgte zum 4.1. des neuen Geschäftsjahres. Am 31.12. betrug der Marktpreis der Ware € 1.360.

b) Zu Beginn eines Geschäftsjahres war ein Bestand an Schmiermittel von 10.000 Liter zu € 5.000 vorhanden. Im Oktober wurden weitere 30.000 Liter zu € 16.500 gekauft. Am Jahresende waren noch 20.000 Liter vorhanden und der relevante Marktpreis zum 31.12. lag bei € 530 für 1.000 Liter. Dürfen, bei Anwendung des Durchschnittsverfahrens, die durchschnittlichen Anschaffungskosten angesetzt werden?

*Aufgabe 5.4:*
Jeweils am 10. eines jeden Monats des vergangenen Geschäftsjahres beschaffte die Eleganza GmbH 10 kg eines Rohstoffs. Zu Beginn des Jahres lagen keine Rohstoffe auf Lager, zum Ende waren es 45 kg. Informationen zu Lagerabgängen liegen nicht vor. Die Beschaffungspreise in den Monaten Januar bis Dezember waren je 10 kg in €: 1.390, 1.430, 1.440, 1.490, 1.550, 1.590, 1.640, 1.720, 1.790, 1.980, 1.690, 1.490.

a) Bestimmen Sie die Anschaffungskosten des Restbestandes gemäß aller Ihnen bekannten Sammelbewertungsverfahren.

b) Welche der in a) verwandten Methoden sind auch steuerrechtlich zulässig?

c) Gehen Sie davon aus, dass der Wiederbeschaffungspreis des Rohstoffs am Bilanzstichtag € 159/kg beträgt. Welche der bestimmten Wertansätze sind dann handelsrechtlich zulässig?

d) Welcher Wertansatz ist zulässig, wenn Sie ergänzend zu c) davon ausgehen, dass der Wiederbeschaffungspreis bis zum Tag der Bilanzerstellung weiter gesunken ist und nun € 124/kg beträgt?


*Aufgabe 5.5:*
Ein Bauunternehmen erhält einen langfristigen Fertigungsauftrag mit einem Gesamtvolumen (Verkaufspreis) von T€ 15.000. Vereinbarungsgemäß soll die Endabnahme nach vollständiger Fertigstellung in vier Jahren erfolgen. Weitere Umsätze werden in den vier Jahren nicht realisiert werden. Man rechnet mit folgenden Herstellungskosten/Jahr:

| In T€ | 1. Jahr | 2. Jahr | 3. Jahr | 4. Jahr |
|---|---|---|---|---|
| Aktivierungspflichtige Herstellungskosten | 1.800 | 1.800 | 1.800 | 1.800 |
| Maximale aktivierungsfähige Herstellungskosten | 2.700 | 2.700 | 2.700 | 2.700 |
| Selbstkosten, inkl. nicht aktivierungsfähiger Kostenbestandteile | 3.000 | 3.000 | 3.000 | 3.000 |

Bestimmen Sie die voraussichtlichen Jahresgewinne des Unternehmens nach der Completed-Contract-Methode, und beurteilen Sie anschließend kritisch diesen Gewinnausweis.

# 6. Bilanzierung des Eigenkapitals

## 6.1 Begriff und Posten des Eigenkapitals

Das Eigenkapital repräsentiert das von den Eigentümern des Unternehmens diesem, grundsätzlich unbefristet, bereitgestellte Kapital. Rechnerisch resultiert es als Differenz zwischen dem Wert der Vermögensgegenstände und der Schulden. Variable Eigenkapitalbestandteile schwanken im Unterschied zu konstanten Bestandteilen aufgrund noch darzustellender Geschäftsvorfälle.

Die verschiedenen Eigenkapitalposten werden nachfolgend zunächst für den Fall von Kapitalgesellschaften vorgestellt, abschließend werden dann die Besonderheiten im Falle von Einzelunternehmen und Personenhandelsgesellschaften in Kapitel 6.4 erläutert.

Die verschiedenen Eigenkapitalbegriffe und deren Inhalt verdeutlicht die folgende Abbildung.

| | | | | |
|---|---|---|---|---|
| **Nominalkapital** | Gezeichnetes Kapital | | | |
| **Rechnerisches Eigenkapital** | Gezeichnetes Kapital | Kapital- und Gewinnrücklage | Gewinn/ Verlust | |
| **Effektives Eigenkapital** | Gezeichnetes Kapital | Kapital- und Gewinnrücklage | Gewinn/ Verlust | Stille Rücklagen |
| **Bilanzielles Eigenkapital und bilanzanalytisches Eigenkapital** ▶ | | | | |

*Abbildung 6.1:* Eigenkapitalbegriffe

Das Nominalkapital stellt den konstanten Eigenkapitalbestandteil dar, es existiert in allen haftungsbeschränkten Gesellschaftsformen und weist in erster Linie die Funktion auf, Haftungskapital/-vermögen in bestimmter Höhe im Unternehmen zu binden. Zum rechnerischen Eigenkapital werden hierzu alle übrigen für den externen Betrachter ersichtlichen Eigenkapitalposten addiert. Für ihn nicht ersichtlich sind die stillen Rücklagen (und die stillen Lasten). Erfolgt deren zusätzliche Berücksichtigung, so resultiert das effektive Eigenkapital. Das bilanzielle Eigenkapital ist das rechnerische Eigenkapital unter Berücksichtigung bestimmter Korrekturen, wie z.B. den Abzug der ausstehenden Einlagen. Das hiervon in der einschlägigen Literatur häufig unterschiedene bilanzanalytische Eigenkapital dient der systematischen externen Unternehmensbeurteilung und beinhaltet z.B. die geplanten Ausschüttungen nicht.

Kleine Kapitalgesellschaften haben das Eigenkapital gemäß § 266 Abs. 3 HGB wie folgt zu gliedern:

- gezeichnetes Kapital,
- Kapitalrücklage,
- Gewinnrücklagen,
- Gewinnvortrag/Verlustvortrag und
- Jahresüberschuss/Jahresfehlbetrag

Es handelt sich hierbei um die Variante der Erstellung des Eigenkapitals ohne Gewinnverwendung und damit um eine von drei Formen. Die unterschiedlichen Ausweisvarianten des Jahresergebnisses gemäß § 268 Abs. 1 HGB zeigen hinsichtlich ihres Aufbaus eine Identität bezüglich der ersten drei o.g. Posten, sie unterscheiden sich in den übrigen.

Wenn im Folgenden die Bestimmungen des AktG allein auf die Aktiengesellschaften bezogen werden, so geschieht dies zur Verbesserung der Lesbarkeit der dargebotenen Inhalte, in den meisten Fällen gelten diese Bestimmungen auch für die KGaA.

## 6.2 Gezeichnetes Kapital

Das gezeichnete Kapital ist das Kapital, mit dem der Gesellschafter einer Gesellschaft für die Verbindlichkeiten gegenüber Dritten haftet (§ 272 Abs. 1 HGB), zugleich stellt es die Bezugsgröße für die Rechte der einzelnen Gesellschafter dar. Bei Aktiengesellschaften wird das gezeichnete Kapital Grundkapital genannt und beträgt mindestens 50.000 € (§ 7 AktG). Bei GmbHs wird es als Stammkapital bezeichnet und beträgt mindestens 25.000 € (§ 5 Abs. 1 GmbHG). In das gezeichnete Kapital einer Aktiengesellschaft wird nur der Nennbetrag der ausgegebenen Aktien eingestellt (§ 283 HGB). Der Differenzbetrag zwischen Ausgabepreis und Nennbetrag, das Agio oder Aufgeld, wird unter einem anderen Eigenkapitalposten, der Kapitalrücklage, ausgewiesen.

Die Bilanzierung von ausstehenden Einlagen, die unabhängig davon, ob sie bereits eingefordert wurden oder nicht, Forderungen der Gesellschaft an die Gesellschafter darstellen, kann nach § 272 Abs. 1 HGB in zwei Arten erfolgen. Zum einen können die ausstehenden Einlagen der Gesellschafter auf der Aktivseite vor dem Anlagevermögen ausgewiesen und die davon eingeforderte Einlagen gesondert vermerkt werden (Bruttomethode). Oder die nicht eingeforderten Einlagen werden offen vom gezeichneten Kapital abgesetzt und die eingeforderten und nicht eingezahlten Einlagen werden unter den Forderungen und sonstigen Vermögensgegenständen im Umlaufvermögen ausgewiesen (Nettomethode).

*Beispiel 6.1:* Bilanzierung ausstehender Einlagen

Das gezeichnete Kapital einer Gesellschaft beträgt € 1 Mio., hiervon wurden € 750.000 eingezahlt und weitere € 100.000 eingefordert, jedoch noch nicht eingezahlt.

Bruttomethode (Werte in €):

| Aktiva | Passiva |
|---|---|
| A. Ausstehende Einlage: 250.000 | A. Eigenkapital |
| - davon eingefordert: 100.000 | I. Gezeichnetes Kapital: 1 Mio. |
| B. Anlagevermögen | |
| ... | |

Nettomethode (Werte in €):

| Aktiva | Passiva |
|---|---|
| B. Umlaufvermögen | A. Eigenkapital |
| II. Forderungen und sonstige | I. Gezeichnetes Kapital: 1 Mio. |
| Vermögensgegenstände | ./. nicht eingeforderte |
| 4. Eingeforderte, ausstehende | Einlage: 150.000 |
| Einlage: 100.000 | Eingefordertes |
| | Kapital: 850.000 |

Das gezeichnete Kapital einer AG stellt deswegen eine weitgehend konstante Größe dar, weil es sich lediglich bei formalen Kapitalerhöhungen und -herabsetzungen ändert. Eine Erhöhung des gezeichneten Kapitals erfolgt nur, wenn die Hauptversammlung eine Erhöhung bzw. Reduzierung mit einer ¾-Mehrheit der anwesenden Stimmen beschließt, der Vorstand sie durchführt und die Eintragung im Handelsregister erfolgt ist.

So bestehen folgende Möglichkeit zu einer Kapitalerhöhung bei einer AG gemäß §§ 182-221 AktG:

- gegen Einlagen (ordentliche Kapitalerhöhung), hierbei existiert keinerlei gesetzliche Beschränkung hinsichtlich des maximalen Volumens.
- aus Gesellschaftsmitteln, Umwandlung von Rücklagen (Ausgabe von Gratisaktien – ohne Finanzierungseffekt), sofern aus Kapital- und gesetzlicher Rücklage gespeist, nur soweit diese gemeinsam 10 % des Grundkapitals übersteigen (siehe Kapitel 6.3.2), unbegrenzt aus anderen Rücklagen,
- als genehmigtes Kapital, Ermächtigung des Vorstands zur Erhöhung gegen Einlagen auf eine bestimmte Zeit durch die Hauptversammlung, das maximale Volumen beträgt 50 % des Grundkapitals,
- als bedingte Kapitalerhöhung, Erhöhung im Wert von Umtausch- oder Bezugsrechten (z.B. durch Ausgabe von Wandelschuldverschreibungen) ebenfalls mit einem maximalen Volumen von 50 % des Grundkapitals.

Auch bei der GmbH ist für eine Erhöhung des gezeichneten Kapitals eine Satzungsänderung erforderlich, die mit einer ¾-Mehrheit in der Gesellschafterversammlung und einer Eintragung in das Handelsregister realisiert werden kann (§ 53 Abs. 2 bzw. § 54 Abs. 1 GmbHG).

Schließlich stellt auch eine Kapitalherabsetzung eine Änderung der Satzung dar und ist deswegen nur mit einer ¾-Mehrheit durchführbar. Bei einer AG stellt eine nominelle Kapitalherabsetzung eine rein buchmäßige Reduzierung des Grundkapitals dar und dient der Beseitigung eines ggf. vorliegenden Verlustes oder als vorbereitende Maßnahme einer nachgelagerten Ausschüttung. Die effektive Kapitalherabsetzung hingegen führt zur Ausschüttung liquider Mittel an die Anteilseigner (Kapitalrückzahlung). Die in den §§ 222 – 239 AktG geregelten Formen der Kapitalherabsetzung sind:

a) die ordentliche Kapitalherabsetzung, durch Abstempelung oder Zusammenlegung von Aktien; dient dem Verlustausgleich oder der Kapitalherabsetzung und wird mit Eintragung in das Handelsregister wirksam (Ausweiszeitpunkt in der Bilanz),

b) die vereinfachte Kapitalherabsetzung, ebenfalls durch Abstempelung oder Zusammenlegung von Aktien, dient im Sanierungsfall dem Ausgleich von Wertminderungen oder auch der Deckung sonstiger Verluste und kann rückwirkend, d.h. bereits im Jahresabschluss für das letzte vor der Beschlussfassung liegende Geschäftsjahr berücksichtigt werden und

c) die Kapitalherabsetzung durch Einziehung von Aktien, sie dient den gleichen möglichen Zwecken wie die ordentliche Kapitalherabsetzung, erfolgt jedoch durch zwangsweises Einziehen oder Rückkauf eigener Aktien und wird wirksam mit Eintragung in das Handelsregister bei bereits rückgekauften Aktien, sowie mit ihrer Einziehung, falls die Einziehung nach der Eintragung erfolgt. Schreibt die Satzung die Zwangseinziehung vor, so wird die Kapitalherabsetzung mit erfolgter Zwangseinziehung wirksam.

Die genannten Varianten a) und c) sehen einen umfangreichen Gläubigerschutz in der Form von Sicherheitsleistungen für die Forderungen der Gläubiger, oder solange dies nicht erfüllt ist, eine Ausschüttungssperre an die Aktionäre vor. Der Gläubigerschutz spielt im Falle der vereinfachten Kapitalherabsetzung keine größere Rolle, da es sich hierbei um reine Umbuchungsmaßnahmen und eben keinen Kapitalabfluss handelt.

## 6.3 Rücklagen

Der variable Teil des Eigenkapitals besteht aus dem erwirtschafteten Jahresergebnis und den Rücklagen. Die Funktion der Rücklagen ist zum einen die eines „Verlustpuffers", d.h, mittels ihrer Anpassung kann ein entstandener Verlust abgefangen werden (damit hierzu das konstante

Nominalkapital nicht verändert werden muss) und zum anderen jene, dass ihre Bildung die Eigenkapitaldecke des Unternehmens erhöht, was die Insolvenzgefahr des Unternehmens reduziert.

Die Rücklagen die ein Unternehmen aufweist sind nicht immer aus der Bilanz ersichtlich. So entstehen durch Unterbewertung von Vermögensgegenständen oder auch Überbewertung von Schulden sog. stille Rücklagen oder auch stille Reserven.

*Beispiel 6.2:* Stille Rücklagen

> Die Bayern AG erwarb vor Jahren 40% der Schalk GmbH zum Nennwert von € 2 Mio. Zwischenzeitlich konnte jedoch, u.a. durch den Austausch des Managements und die damit einhergehende, rationale Unternehmensführung, der Unternehmenswert der Schalk GmbH beträchtlich erhöht werden. So wurden in den vergangenen fünf Jahren hohe Gewinne erzielt und nicht ausgeschüttet. Der Marktwert des 40%-Anteils wird heute auf mindestens € 8,5 Mio. taxiert. Dennoch darf die Bayern AG aufgrund des Anschaffungskostenprinzips den Anteil nur mit € 2 Mio. in der Bilanz ausweisen. Die in der Bilanz „schlummernde" stille Reserve in Höhe von € 6,5 Mio. würde erst bei einem entsprechenden Verkauf des Anteils aufgedeckt. Die BVB AG bekundete bereits Interesse, man verspricht sich insbesondere Synergien hinsichtlich der Managementqualität.

Die sichtbaren Rücklagen, offene Rücklagen genannt, unterteilen sich in Kapitalrücklage und Gewinnrücklagen, damit der externe Bilanzadressat einen Eindruck erhält, welche Rücklagen von den Gesellschaftern und welche durch angesammelte Gewinne der letzten Zeit stammen.

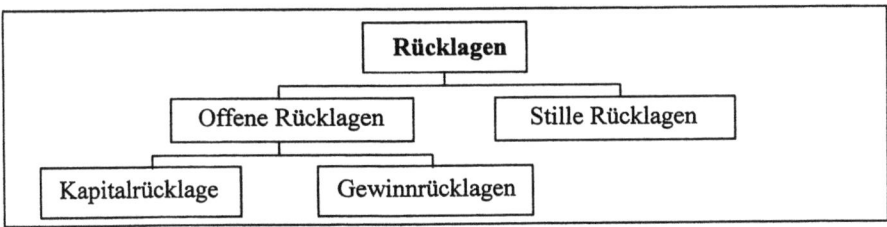

*Abbildung 6.2:* Rücklagenarten

### 6.3.1 Kapitalrücklage

In die Kapitalrücklage werden nur solche Beträge eingestellt, die von den Gesellschaftern neben dem Nominalkapital als Eigenkapital zugeführt wurden. Sie ist somit unabhängig vom Unternehmenserfolg und wird mit der Bilanzaufstellung ausgewiesen. Nach § 272 Abs. 2 HGB sind als Kapitalrücklage auszuweisen:

- Erzieltes Agio bzw. Aufgeld bei einer Emission (muss auch bei ausstehenden Einlagen stets in voller Höhe gezahlt werden),
- Emissionserträge aus Wandels- und Optionsrechten,
- Zahlungen aus Gewährung von Vorrechten für Gesellschafter und
- andere Zahlungen der Gesellschafter.

*Beispiel 6.3:* Agio im Rahmen einer Aktienemission

> Eine AG plant die Emission ihrer Aktien mit einem Nominalwert von € 5 je Aktie mit € 7 je Aktie über pari, d.h. zu € 12 je Aktie. Es werden 100.000 Aktien platziert, somit gelangen € 1,2 Mio. ins Unternehmen. Aufseiten der Passiva werden € 0,5 Mio. als gezeichnetes Kapital und € 0,7 Mio. als Kapitalrücklage eingestellt.

Während die Auflösung der Kapitalrücklage bei einer GmbH nahezu ohne rechtliche Bestimmung möglich ist, ist diese bei einer AG durch § 150 Abs. 3 und 4 AktG eingeschränkt. Lediglich über den Anteil der Kapitalrücklage, der aus anderen Zuzahlungen der Gesellschafter (§ 272 Abs. 2 Nr. 4 HGB) stammt, darf die Aktiengesellschaft frei verfügen. Die Bestimmungen zur Auflösung der übrigen Anteile der Kapitalrücklage sind die gleichen wie im Falle der Auflösung der gesetzlichen Rücklage, sie werden daher im folgenden Kapitel vorgestellt.

### 6.3.2 Gewinnrücklagen

Die Gewinnrücklagen stellen Eigenkapital dar, welches nicht von den Gesellschaftern eingebracht, sondern durch das Unternehmen selbst erwirtschaftet und einbehalten (thesauriert), folglich nicht an die Anteilseigner ausgeschüttet wurde (§ 272 Abs. 3 HGB). Sie werden unterschieden in die gesetzliche Rücklage, Rücklage für eigene Anteile, satzungsmäßige Rücklagen und andere Gewinnrücklagen.

Gesetzliche Rücklage

Die gesetzliche Rücklage wird aufgrund gesetzlicher Vorschriften gebildet – sie läßt sich interpretieren als gesetzlicher Zwang zur Eigenkapitalbildung. Da ausschließlich das AktG Vorschriften (§ 150 AktG) über die Bildung einer solchen Rücklage beinhaltet, sind gesetzliche Rücklagen nur in Bilanzen von Aktiengesellschaften und KGaA zu finden.

Nach § 150 Abs. 2 AktG ist die gesetzliche Rücklage jährlich um 5 % des Jahresüberschusses, reduziert um einen Verlustvortrag vom Vorjahr, zu erhöhen. Dies ist jedes Jahr zu wiederholen, bis die gesetzliche Rücklage und die Kapitalrücklage nach § 272 Abs. 2 Nr. 1-3 HGB die Höhe von 10 % des Grundkapitals erreicht haben. In der Satzung der Gesellschaft kann ein höherer Anteil bestimmt werden. Der in die gesetzliche Rücklage eingestellte Anteil verringert den Bilanzgewinn und vermindert somit auch den Betrag der für Ausschüttungen zur Verfügung steht.

Sowohl die gesetzliche Rücklage als auch die Kapitalrücklage werden auf der Grundlage von § 150 Abs. 1 und 2 AktG gebildet, sie unterliegen auch hinsichtlich ihrer Auflösung den gesetzlichen Bedingungen. Die Auflösung der gesetzlichen Rücklage wird durch den § 150 Abs. 3 und 4 AktG, gemeinsam mit der Auflösung der Kapitalrücklage geregelt.

Für die Auflösung der Kapitalrücklage/gesetzlichen Rücklage ist entscheidend, ob ihre Summe 10 % des Grundkapitals unter- oder überschreitet:

- Wird der genannte %-satz unterschritten, so dürfen sie nur zum Ausgleich eines Jahresfehlbetrages oder Verlustvortrages verwendet werden. Jedoch dürfen sie nicht durch einen Gewinnvortrag bzw. Jahresüberschuss gedeckt sein. Falls andere Gewinnrücklagen bestehen müssen diese zuvor verwendet werden.

- Wird der %-satz überschritten, so darf der übersteigende Betrag zum Ausgleich eines Jahresfehlbetrages oder Verlustvortrages verwendet werden. Jedoch dürfen diese nicht durch einen Gewinnvortrag bzw. Jahresüberschuss gedeckt sein. Eine gleichzeitige Ausschüttung von anderen Gewinnrücklagen darf in diesem Fall nicht erfolgen. Der übersteigende Betrag darf unabhängig von anderen Gewinnrücklagen nach den §§ 207 bis 220 AktG zur Kapitalerhöhung aus Gesellschaftsmitteln verwendet werden.

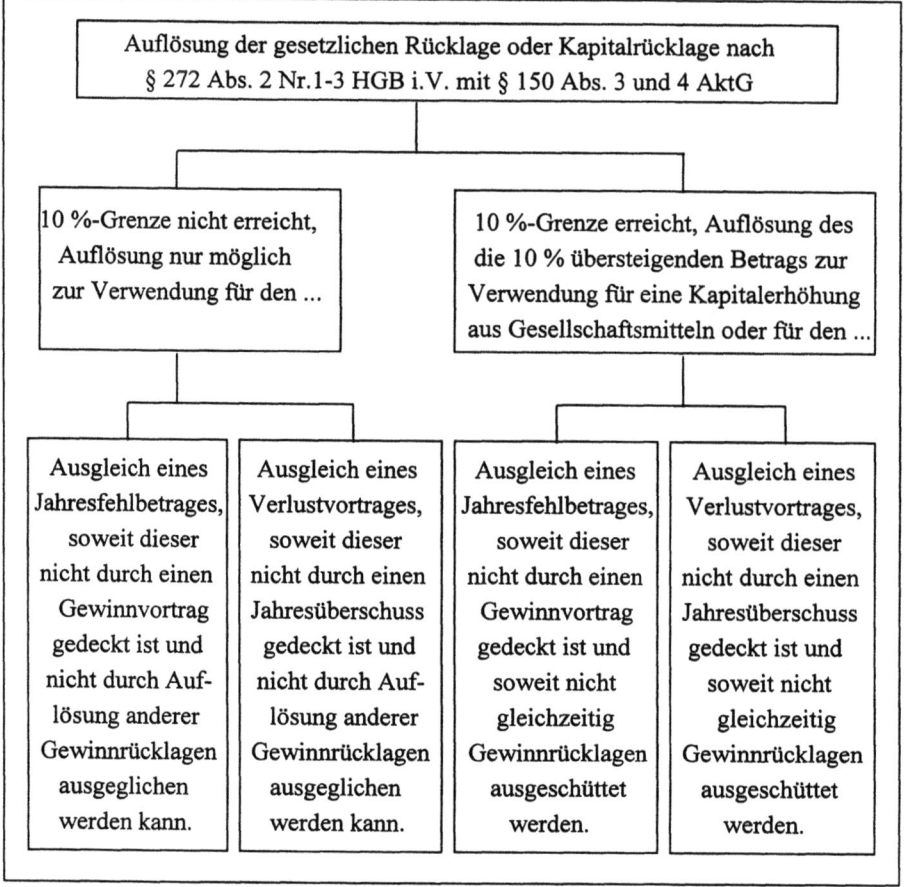

*Abbildung 6.3:* Auflösung der gesetzlichen Rücklage/Kapitalrücklage

Die Entwicklung der gesetzlichen Rücklage ist in der Bilanz oder im Anhang darzustellen.

Rücklage für eigene Anteile
Besitzt eine Gesellschaft eigene Anteile oder auch Anteile eines herrschenden oder eines mit Mehrheit beteiligten Unternehmens, so sind in gleicher Höhe Rücklagen für eigene Anteile nach § 272 Abs. 4 HGB zu bilden. Die Bildung dieser Rücklage soll verhindern, dass durch die Aktivierung der Anteile der Gegenwert zur Ausschüttung an die Gesellschafter verwendet werden kann (Ausschüttungssperre).

Die Rücklage kann aus dem Jahresüberschuss oder aus vorhandenen, frei verfügbaren Rücklagen gebildet werden. Sie darf nur aufgelöst, respektive herabgesetzt werden, soweit die eigenen Anteile ausgegeben, veräußert oder eingezogen werden oder aufgrund des Niederstwertprinzips die eigenen Aktien niedriger zu bewerten sind.

Satzungsmäßige Rücklagen
Satzungsmäßige Rücklagen (statutarische Rücklagen) sind Rücklagen, die aufgrund der Satzung oder des Gesellschaftsvertrages zwingend zu bilden sind (§ 58 Abs. 4 AktG und § 29 Abs. 2 GmbHG). Für den Fall, dass die Satzung oder der Gesellschaftsvertrag einen höheren Anteil als 10 % für die Bildung der gesetzlichen Rücklage bestimmt, werden die Beträge die die 10 % übersteigen als gesetzliche und nicht als satzungsmäßige Rücklage ausgewiesen. Stellt das Bilden einer bestimmten Rücklage in der Satzung lediglich ein Wahlrecht dar, so werden die freiwilligen Rücklagebeträge den anderen Gewinnrücklagen zugeschrieben. Die satzungsmäßigen Rücklagen können für einen bestimmten Zweck gebunden sein, so beispielsweise eine Werkserneuerungsrücklage.

Die Auflösung der satzungsmäßigen Rücklagen wird, wie die Bildung der Rücklage, in der Satzung oder im Gesellschaftsvertrag vorgeschrieben. Die Regelungen in der Satzung oder im Gesellschaftsvertrag sind zwingend einzuhalten. Auch die satzungsmäßigen Rücklagen sind, wie die Rücklage für eigene Anteile, bereits bei der Aufstellung der Bilanz zu realisieren (§ 270 Abs. 2 HGB), sofern der Jahresabschluss unter Berücksichtigung der vollständigen oder teilweisen Verwendung des Jahresergebnisses aufgestellt wird. Die Entwicklung der satzungsmäßigen Rücklagen ist in der Bilanz oder im Anhang darzustellen.

Andere Gewinnrücklagen

Die anderen Gewinnrücklagen sind eine Sammelposition für alle anderen Rücklagen, die aus dem Jahresüberschuss gebildet und nicht getrennt ausgewiesen werden. Sie können, wie die satzungsmäßigen Rücklagen, einer Zweckbindung unterliegen. Die Zuführung zu den und die Auflösung der anderen Gewinnrücklagen unterliegen bei der GmbH keinen konkreten gesetzlichen Bestimmungen.

Bei einer AG beschränkt § 58 AktG eine Einstellung des Jahresüberschusses in die anderen Gewinnrücklagen, denn Vorstand und Aufsichtsrat dürfen höchstens 50 % des Jahresüberschusses in die anderen Gewinnrücklagen einstellen. Die Satzung kann den Vorstand und den Aufsichtsrat ermächtigen, einen höheren Anteil in die anderen Gewinnrücklagen einzustellen. Der einzustellende Betrag ist jedoch um einen Verlustvortrag und die gesetzlichen Rücklagen zu kürzen. Hierbei dürfen die anderen Gewinnrücklagen 50 % des Grundkapitals nicht übersteigen. Ungeachtet dessen kann der Vorstand und Aufsichtsrat den Eigenkapitalanteil von Wertaufholungen des Anlage- oder Umlaufvermögens in die anderen Gewinnrücklagen einstellen. Die Hauptversammlung kann darüber hinaus weitere Beträge in die (anderen) Gewinnrücklagen einstellen (§ 58 Abs. 3 AktG).

*Tabelle 6.1:* Bemessungsgrundlagen zur Rücklagendotierung gem. AktG

|   | Jahresüberschuss (= Ertrag ./. Aufwand) |
|---|---|
| ./. | Verlustvortrag |
|   | Verbliebener Jahresüberschuss I |
| ./. | ggf. Pflichtzuführung zu den gesetzlichen Rücklagen (5 % des verbliebenen Jahresüberschuss I) |
|   | Verbliebener Jahresüberschuss II |
| ./. | Zuführung zu den anderen Gewinnrücklagen (§ 58 Abs. 2 AktG) (maximal bis 50 % des verbliebenen Jahresüberschuss II) |
|   | Verbliebener Jahresüberschuss III |
| ./. | Zuführung zur Rücklage für eigene Anteile |
| ./. | Zuführung zu den satzungsmäßigen Rücklagen |
| ./. | Zuführung zu den anderen Gewinnrücklagen aus Wertaufholungen |
|   | Verbliebener Jahresüberschuss IV |

## 6.4 Darstellung der Ergebnisverwendung

Wie einleitend bereits angemerkt, kann die Bilanz gemäß § 266 Abs. 3 HGB ohne Berücksichtigung der Verwendung des Jahresergebnisses erstellt werden. Zudem darf sie gemäß § 268 Abs. 1 Satz 1 HGB auch unter Berücksichtigung der vollständigen oder teilweisen Verwendung des Ergebnisses aufgestellt werden.

| Ausweis des Ergebnisses ohne Berücksichtigung der Ergebnisverwendung | Ausweis des Ergebnisses mit Berücksichtigung der teilweisen Ergebnisverwendung | Ausweis des Ergebnisses mit Berücksichtigung der vollständigen Ergebnisverwendung |
|---|---|---|
| **A. Eigenkapital** | **A. Eigenkapital** | **A. Eigenkapital** |
| I. Gezeichn. Kapital | I. Gezeichn. Kapital | I. Gezeichn. Kapital |
| II. Kapitalrücklage | II. Kapitalrücklage | II. Kapitalrücklage |
| III. Gewinnrücklage | III. Gewinnrücklage | III. Gewinnrücklage |
| IV. Gewinn-/ Verlustvortrag | IV. Bilanzgewinn/ Bilanzverlust | |
| V. Jahresüberschuss/ Jahresfehlbetrag | | |

*Abbildung 6.4:* Ausweisvarianten des Jahresergebnisses

Als Ergebnisverwendung wird die Entscheidung bezüglich der Auflösung der Kapitalrücklage, der Einstellung in oder Auflösung von Gewinnrücklagen und die Ausschüttung an die Eigentümer des Unternehmens verstanden, sofern sie vor der Aufstellung des Jahresabschlusses gefällt wurde.

Ein Gewinnvortrag resultiert aus dem Vorjahr, er stellt einen Gewinn(-anteil) dar, der noch nicht verwendet wurde. Vergleichbar hierzu ist ein Verlustvortrag ein Verlust(-anteil) aus dem Vorjahr, welcher bislang nicht ausgeglichen wurde. Der Jahresüberschuss/Jahresfehlbetrag ist das Ergebnis, dass durch das Unternehmen innerhalb des letzten Geschäftsjahres erwirtschaftet wurde. Er wird in der Gewinn- und Verlustrechnung durch Saldierung von Erträgen und Aufwendungen bestimmt.

An die Stelle der letzten beiden Eigenkapitalposten tritt beim Ausweis des Ergebnisses bei teilweiser Ergebnisverwendung der Bilanzgewinn oder -verlust (§ 268 Abs. 1 Satz 2 HGB), er resultiert aus folgender Saldierung:

        Jahresüberschuss/-fehlbetrag
+/- Gewinn- oder Verlustvortrag
  +  Entnahmen aus der Kapitalrücklage
  +  Entnahmen aus den Gewinnrücklagen
  -   Einstellungen in die Gewinnrücklagen
  =  Bilanzgewinn/-verlust

Der Bilanzgewinn/-verlust unterliegt der Beschlussfassung durch die Hauptversammlung. Für eine AG oder KGaA stellt diese Form des Ergebnisausweises den Regelfall dar. Sie kommt auch für die GmbH in Betracht, sofern die Geschäftsführung berechtigt ist, Teile des erzielten Ergebnisses in die Rücklagen einzustellen. Steht aufgrund relevanter Regelungen, wie etwa einem Gewinnabführungsvertrag, fest, wie ein erzielter Gewinn/realisierter Verlust zu verwenden/decken ist, so erfolgt der Ergebnisausweis bei vollständiger Ergebnisverwendung. Die Ergebniskomponenten können dann den jeweils relevanten Bilanzposten (z.B. Rücklagen, Verbindlichkeiten) zugewiesen werden.

*Beispiel 6.4:* Darstellung der Ergebnisverwendung

Bei einem Vermögen von T€ 200, Verbindlichkeiten in Höhe von T€ 110, einem gezeichneten Kapital von T€ 30, einer Kapitalrücklage von T€ 9 und einer Gewinnrücklage von T€ 36 wurde von einer AG im abgelaufenen Geschäftsjahr bei einem Gewinnvortrag von 6 T€ ein Jahresüberschuss in Höhe von T€ 9 erzielt. Folgende Ausweismöglichkeiten sind darzustellen:

a) Erstellung des Abschlusses vor Gewinnverwendung
b) Erstellung des Abschlusses bei teilweiser Gewinnverwendung (aus dem Jahresüberschuss werden T€ 3 in die Gewinnrücklagen eingestellt)
c) Erstellung des Abschlusses bei vollständiger Verwendung (Rücklageneinstellung: T€ 9, Ausschüttung: T€ 6)

Fall a) Ausweis ohne Berücksichtigung der Verwendung:

| Aktiva | | Passiva | |
|---|---|---|---|
| Vermögen: | T€ 200 | A. Eigenkapital | |
| | | I. Gezeichnetes Kapital: | T€ 30 |
| | | II. Kapitalrücklage: | T€ 9 |
| | | III. Gewinnrücklagen: | T€ 36 |
| | | IV. Gewinnvortrag: | T€ 6 |
| | | V. Jahresüberschuss: | T€ 9 |
| | | C. Verbindlichkeiten: | T€ 110 |
| Bilanzsumme: | T€ 200 | Bilanzsumme: | T€ 200 |

Fall b) Ausweis bei teilweiser Verwendung:

| Aktiva | | Passiva | |
|---|---|---|---|
| Vermögen: | T€ 200 | A. Eigenkapital | |
| | | I. Gezeichnetes Kapital: | T€ 30 |
| | | II. Kapitalrücklage: | T€ 9 |
| | | III. Gewinnrücklagen: | T€ 39 |
| | | IV. Bilanzgewinn: | T€ 12 |
| | | C. Verbindlichkeiten: | T€ 110 |
| Bilanzsumme: | T€ 200 | Bilanzsumme: | T€ 200 |

Fall c) Ausweis bei vollständiger Verwendung:

| Aktiva | | Passiva | |
|---|---|---|---|
| Vermögen: | T€ 200 | A. Eigenkapital | |
| | | I. Gezeichnetes Kapital: | T€ 30 |
| | | II. Kapitalrücklage: | T€ 9 |
| | | III. Gewinnrücklagen: | T€ 45 |
| | | C. Verbindlichkeiten: | T€ 116 |
| Bilanzsumme: | T€ 200 | Bilanzsumme: | T€ 200 |

Für Aktiengesellschaften ist § 158 Abs. 1 AktG zu beachten, der grundsätzlich, d.h. auch bei vollständiger Ergebnisverwendung, eine Darstellung der Ergebnisverwendung in der Bilanz oder im Anhang verlangt. Für eine GmbH existiert keine vergleichbare Vorschrift.

Ein Verlustvortrag oder ein Jahresfehlbetrag reduziert das Eigenkapital. Übersteigen nun bei Kapitalgesellschaften die erzielten Verluste die übrigen Posten des Eigenkapitals, so wäre auf Seite der Passiva ein Minusbetrag vorzusehen. Für diesen Fall sieht allerdings § 268 Abs. 3 HGB vor, dass ein „Nicht durch Eigenkapital gedeckter Fehlbetrag" unter den Aktiven am Schluss der Bilanz auszuweisen ist.

## 6.5 Besonderheiten bei Einzelunternehmen und Personenhandelsgesellschaften

Einzelunternehmen und Personenhandelsgesellschaften haben beim Ausweis ihres Eigenkapitals zunächst nur die sehr unbestimmten Anforderungen des § 247 Abs. 1 HGB zu beachten. Dieser schreibt ihnen vor, dass (auch) das Eigenkapital gesondert auszuweisen und hinreichend aufzugliedern ist. Zudem ist durch einzelvertragliche Vereinbarung das Bedingungswerk der Kapitalüberlassung bestimmbar. Praktische Übung führte jedoch häufig zu allgemein anerkannten Ausweismethoden, die nachfolgend vorgestellt werden.

Seit Inkrafttreten des KapCoRiLiG gelten gemäß § 264a Abs. 1 HGB für haftungsbeschränkte Personengesellschaften grundsätzlich die gleichen Vorschriften wie für Kapitalgesellschaften. Hinsichtlich des Ausweises des Eigenkapitals ist hierbei § 264c Abs. 2 HGB zu beachten, demzufolge

a) die Kapitalanteile,
b) die Rücklagen,
c) ein Gewinn-/Verlustvortrag und
d) der Jahresüberschuss/-fehlbetrag

gesondert auszuweisen sind.

Für Einzelunternehmen und Personengesellschaften ohne Haftungsbeschränkung werden häufig lediglich variable Eigenkapitalkonten (ggf. differenziert nach Anteilseignern) geführt, auf denen sämtliche Veränderungen erfasst werden. Veränderungen des Kapitals ergeben sich dann in nachstehender Form:

    Eigenkapital zu Periodenbeginn
\+ Einlagen des Unternehmers
\- Entnahmen des Unternehmers
\+ Gewinn der Periode
<u>- Verlust der Periode</u>
= Eigenkapital zum Periodenende

Dem Eigenkapitalkonto vorgelagert ist bei Einzelunternehmen häufig ein Privatkonto, auf welchem die laufenden Entnahmen und Einlagen erfasst werden und das am Geschäftsjahresende auf ersteres verrechnet wird. Ein negatives Eigenkapital kann somit im Unterschied zu den Kapitalgesellschaften auch aus überhöhten Entnahmen resultieren. Ein negatives Eigenkapitalkonto wird auf der Aktiva-Seite der Bilanz ausgewiesen (Scheinaktivum).

Auch bei einer OHG können den variablen Eigenkapitalkonten der Gesellschafter Privatkonten vorgeschaltet werden. Zudem können sich die Gesellschafter auf feste Kapitalkonten einigen. Für die Komplementäre einer KG gilt das Gesagte zur OHG, die Einlage des Kommanditisten wird in der Bilanz in der im Handelsregister eingetragenen Höhe ausgewiesen. Sollte sie noch nicht voll erbracht sein, so kann die Aktivierung der Gegenposition „noch ausstehende Einzahlungen auf die Kommanditeinlage" erfolgen (§ 264c Abs. 2 Satz 6 i.V. mit Satz 4 HGB), ist jedoch gesetzlich nicht explizit vorgeschrieben.

# Übungsaufgaben zum 6. Kapitel

*Aufgabe 6.1:*

Kurt Kurz und Bodo Bündig gründen im Dezember 2002 die Kurz und Bündig AG. Das Grundkapital der Gesellschaft beträgt € 100.000 und wird in 50.000 Aktien im Nennbetrag von € 2 verbrieft. Jeder zeichnet 50% der Aktien und hat den Ausgabebetrag durch Bareinlage zu leisten. In der Satzung ist aufgeführt, dass in jedem Jahr 5% des Jahresüberschusses in eine Rücklage einzustellen sind, diese dient der allgemeinen Bestandsfestigung der AG. Der Ausgabekurs der Aktie beträgt 110%. Zudem wird vereinbart, dass nur 80% auf den Nennbetrag der Einlagen sofort (im Dezember) und in bar, die übrigen Einlagen bis zur Einforderung durch den Vorstand, spätestens aber bis zum Jahr 2006 zu leisten sind. Mit Eintragung in das Handelsregister wird der Geschäftsbetrieb zum 2.1.2003 aufgenommen, beide werden zum Vorstand bestellt. Im Jahr 2003 erzielt die AG einen Jahresüberschuss in Höhe von € 200.000. Der Vorstand soll zusammen mit dem Aufsichtsrat den bis dahin geprüften Jahresabschluss feststellen. Man ist sich einig, dass der maximal zulässige Betrag in die Rücklagen eingestellt werden soll.

a) Erstellen Sie die Eröffnungsbilanz zum 2.1.2003.

b) Bestimmen Sie die Höhe des Bilanzgewinns zum 31.12.2003.

*Aufgabe 6.2:*
Zu Beginn des Geschäftsjahres wiesen die aufgeführten Konten der AG folgende Beträge auf:

a) Gezeichnetes Kapital: T€ 150.000
b) Kapitalrücklage: T€ 37.500
c) Gewinnrücklagen
  1. gesetzliche Rücklage: T€ 30.000
  2. andere Gewinnrücklagen: T€ 75.000
  T€ 105.000

Zum 30.6. des Geschäftsjahres wurde eine Kapitalerhöhung aus Gesellschaftsmittel, d.h. das Grundkapital wurde um T€ 25.000 zulasten der anderen Gewinnrücklagen erhöht. Aus dem Jahresüberschuss des Geschäftsjahres in Höhe von T€ 16.000 will der Vorstand T€ 8.000 in die anderen Gewinnrücklagen einstellen. Nach Abzug des Verlustvortrags in Höhe von T€ 2.000 sollen dann T€ 6.000 an die Aktionäre ausgeschüttet werden. Der Jahresabschluss wird vom Vorstand und Aufsichtsrat festgestellt, eine Satzungsbestimmung über die Gewinnverwendung ist nicht vorhanden.

a) Darf der Vorstand den vorgesehenen Betrag in die anderen Gewinnrücklagen einstellen? (Begründung)

b) Wie sind in der Bilanz zum 31.12. die Posten des Eigenkapitals bei teilweiser Ergebnisverwendung auszuweisen?

c) Wie beurteilen Sie die Finanzierungswirkung der Kapitalerhöhung aus Gesellschaftsmitteln?

*Aufgabe 6.3:*

Klären Sie durch Ankreuzen die Zugehörigkeit der nachstehend aufgeführten Eigenkapitalbestandteile zu den Eigenkapitalbegriffen:

|  | Gezeichnetes Kapital | Kapital- und Gewinnrücklage | Gewinn/ Verlust | Stille Rücklagen |
|---|---|---|---|---|
| **Nominalkapital** |  |  |  |  |
| **Effektives Eigenkapital** |  |  |  |  |
| **Rechnerisches Eigenkapital** |  |  |  |  |

*Aufgabe 6.4:*

Die Bilanz des Einzelunternehmers wies zum 31.12.2003 ein Eigenkapital in Höhe von € 240.000 auf. Im Jahr 2004 zahlte er aus seinem Privatvermögen € 40.000 in bar auf das Geschäftskonto ein. Zur privaten Lebensführung entnahm er monatlich € 4.000 aus der Kasse, zusätzlich zahlte er seiner Privatsphäre zuzuordnende Aufwendungen (Prämie seiner Lebensversicherung, Finanzierungsrate für seine private Immobilie) von durchschnittlich € 2.000/Monat vom Geschäftskonto. Im Jahr 2004 erzielte er einen Jahresüberschuss von € 80.000. Ermitteln Sie das Eigenkapital des Unternehmers zum 31.12.2004.

# 7. Bilanzierung des Fremdkapitals

## 7.1 Posten des Fremdkapitals

Zum Fremdkapital oder den Schulden des Unternehmens zählen:

- die Verbindlichkeiten
- die Rückstellungen und die
- passiven Rechnungsabgrenzungsposten

Da Rechnungsabgrenzungsposten (RAP) auch als aktive RAP auszuweisen sind, erfolgt ihre gemeinsame Erläuterung im Rahmen des Kapitels 8.1.

Zwar bestimmt § 246 Abs. 1 Satz 1 HGB, dass der Bilanzierende seine Schulden auszuweisen hat, doch wird der Schuldenbegriff nicht definiert. In den ergänzenden Vorschriften für Kapitalgesellschaften wird weder der Begriff des Fremdkapitals, noch der der Schulden genannt, so findet sich auch im Rahmen des § 266 Abs. 3 HGB lediglich die oben aufgeführte Differenzierung. Sowohl für die Verbindlichkeiten als auch für die Rückstellungen ist der Passivierungsgrundsatz heranzuziehen. Demzufolge liegen immer dann Schulden vor, wenn eine selbstständig bewertbare, sichere oder hinreichend sichere Vermögensbelastung aufgrund einer rechtlichen oder wirtschaftlichen Leistungsverpflichtung vorliegt.

Sowohl die Verbindlichkeiten als auch die Rückstellungen sind von den großen und mittelgroßen Kapitalgesellschaften* nach § 266 Abs. 1 und 3 HGB weiter zu untergliedern (hierbei sind jedoch die Erleichterungen des § 327 HGB für mittelgroße zu beachten). Eine als „klein" anzusehende Kapitalgesellschaft* ist nur dazu verpflichtet, die Verbindlichkeiten und Rückstellungen in einer Summe auszuweisen (§ 266 Abs. 1 Satz 3 HGB).

### 7.1.1 Verbindlichkeiten

Verbindlichkeiten sind Verpflichtungen eines Unternehmens zur Erbringung einer vermögensmindernden Leistung, die in ihrer Höhe und ihrer Fälligkeit zum Bilanzstichtag feststehen. Dabei kann es sich um eine Geld-, Sach- oder Dienstleistung handeln.

Der besseren Einschätzung der Vermögens-, Finanz- und Ertragslage eines Unternehmens dient die Untergliederung der Verbindlichkeiten nach § 266 Abs. 3 C. HGB in verschiedene Gläubigergruppen:

1. Anleihen, davon konvertibel
2. Verbindlichkeiten gegenüber Kreditinstituten
3. erhaltene Anzahlungen auf Bestellungen
4. Verbindlichkeiten aus Lieferungen und Leistungen
5. Verbindlichkeiten aus der Annahme gezogener Wechsel und der Ausstellung eigener Wechsel
6. Verbindlichkeiten gegenüber verbundenen Unternehmen
7. Verbindlichkeiten gegenüber Unternehmen, mit denen ein Beteiligungsverhältnis besteht
8. sonstige Verbindlichkeiten,
   davon aus Steuern und davon im Rahmen der sozialen Sicherheit

Als gesonderter Posten werden i.d.R. die „Verbindlichkeiten gegenüber Gesellschaftern" gemäß § 42 Abs. 3 GmbH geführt.

Zudem werden zusätzliche Angaben verlangt, so z.B. die Angabe der verbleibenden Zeit bis zur Begleichung der Verbindlichkeit (Restlaufzeit):

- bis zu einem Jahr, nach § 268 Abs. 5 HGB in der Bilanz (kurzfristige Verbindlichkeiten);
- über fünf Jahre, nach § 285 Nr. 1a HGB im Anhang (langfristige Verbindlichkeiten).

Große oder mittelgroße Kapitalgesellschaften* haben für alle ausgewiesenen Verbindlichkeitsposten entsprechende Angaben zu machen (§ 285 Nr. 2 HGB). Außerdem ist für alle Posten der Betrag der Verbindlichkeiten, die durch Pfandrechte oder ähnliche Rechte gesichert sind – unter Angabe der Art und Form der Sicherheit – im Anhang anzugeben (§ 285 Nr. 1b HGB).

Die gesamten Informationen zu den Verbindlichkeiten können im Anhang in Form eines Verbindlichkeitsspiegels ausgewiesen werden.

Tabelle 7.1: Verbindlichkeitenspiegel

| Art der Verbindlichkeit | Gesamtbetrag | Davon mit Restlaufzeit | | | Sicherheiten | |
|---|---|---|---|---|---|---|
| | | Bis 1 Jahr | 1-5 Jahre (freiwillige Angabe) | Über 5 Jahre | Davon gesichert | Art der Sicherheit |
| 1. Anleihen | € ... | € ... | € ... | € ... | € ... | |
| 2. ... | € ... | € ... | € ... | € ... | € ... | |
| ... | € ... | € ... | € ... | € ... | € ... | |

Bei der Aufstellung der Bilanz ist eine Saldierung der Forderungen und Verbindlichkeiten nach § 246 Abs. 2 HGB grundsätzlich unzulässig (Saldierungsverbot), bestehen jedoch Forderungen und Verbindlichkeiten gegenüber einer Person und die gegenseitigen Verpflichtungen sind gleichartig und fällig, so kann in bestimmten Fällen eine Verrechnung erfolgen.

Eventualverbindlichkeiten sind unter der Bilanz, und damit außerhalb, gemäß § 251 HGB und bei Kapitalgesellschaften* zusätzlich § 268 Abs. 7 HGB, auszuweisen (siehe hierzu Kapitel 8.5).

Die in § 266 Abs. 3 HGB genannten Arten von Verbindlichkeiten, sollen nachfolgend kurz erläutert werden.

Anleihen (z.B. Teilschuldverschreibungen oder Optionsanleihen) werden mit ihrer Begebung passivierungspflichtig. Sind Anleihen mit einem Tauschrecht ausgestattet, wie im Falle einer Wandelschuldverschreibung, so sind diese mittels Davon-Vermerk getrennt auszuweisen.

Verbindlichkeiten gegenüber Kreditinstituten umfassen auch die an diese begebenen Schuldverschreibungen oder Verbindlichkeiten gegenüber Bausparkassen. Bislang nicht in Anspruch genommene Kreditlinien oder lediglich zugesagte Kredite dürfen nicht passiviert werden.

Von Kunden erhaltene Anzahlungen auf Bestellungen (folglich Anzahlungen im Rahmen der normalen Umsatztätigkeit) können passiviert oder offen von den Vorräten gemäß § 268 Abs. 5 Satz 2 HGB abgesetzt werden.

Verbindlichkeiten aus Lieferungen und Leistungen entstehen durch die Inanspruchnahme von Lieferungen und Leistungen, ohne dass hierfür bislang eine Gegenleistung erfolgte. Die bezogenen Leistungen brauchen hierbei nicht im Zusammenhang mit dem eigentlichen Produktionsprozess stehen, so z.B. die Lieferung von Farbe für die Renovierung der Werkswohnungen eines Industriebetriebs.

Der Posten der Verbindlichkeiten aus der Annahme gezogener Wechsel und der Ausstellung eigener Wechsel umfasst sowohl die auf den Kaufmann gezogenen und von ihm akzeptierten Wechsel, als auch eigene, d.h. von ihm ausgestellte Wechsel. Wurde beispielsweise ein Wechsel zu einer Warenlieferung vom Kaufmann noch nicht akzeptiert, so erfolgt der Ausweis unter den Verbindlichkeiten aus Lieferungen und Leistungen.

Unabhängig ihrer Art sind Verbindlichkeiten gegenüber verbundenen Unternehmen und Verbindlichkeiten gegenüber Unternehmen, mit denen ein Beteiligungsverhältnis besteht, gesondert auszuweisen. Es kann sich hierbei um eine Schuld aus einer Warenlieferung, einem Wechselgeschäft oder aber auch um solche handeln, die Konsequenz der kapitalmäßigen Verflechtung sind, wie z.B. geschuldete Gewinnanteile.

Die sonstigen Verbindlichkeiten stellen schließlich einen Sammelposten oder Restkategorie für alle übrigen Verbindlichkeiten dar.

*Beispiel 7.1:* Sonstige Verbindlichkeiten

> Als sonstige Verbindlichkeiten werden u.g. geführt: Zins- und Darlehensschulden gegenüber Nichtbanken, noch einzulösende Gutschriften an Kunden, Steuerschulden und Schulden im Rahmen der sozialen Sicherheit, so u.a. die noch an die Sozialversichersicherungsträger abzuführenden Sozialabgaben für die Mitarbeiter.

## 7.1.2 Rückstellungen

Rückstellungen sind Passivposten für bestimmte Verpflichtungen des Unternehmens, die zu künftigen Ausgaben führen und deren zugehöriger Aufwand der Verursachungsperiode zugerechnet werden.

Im Unterschied zu den Verbindlichkeiten handelt es sich hierbei um ungewisse aber wahrscheinliche Verpflichtungen eines Unternehmens, die in ihrer Höhe und/oder ihrer Fälligkeit zum Bilanzstichtag nicht feststehen. Die Unsicherheit kann sich auf die Höhe, auf den Eintrittstermin oder auf beides beziehen. Die Aufgabe der Rückstellungen ist somit, bestimmte Vermögensbelastungen zu erfassen, die aufgrund ihrer Unsicherheiten nicht als Verbindlichkeiten erfasst werden können.

Zur Bildung von Rückstellungen ist es notwendig, dass die Belastung mit einer gewissen Wahrscheinlichkeit eintritt. Die Gründe dieser wirtschaftlichen Belastung können sowohl in einer vergangenen Periode (z.B. Rückstellungen für Prozesskosten) als auch in einer künftigen (z.B. Aufwandsrückstellungen) liegen – der tatsächliche Zahlungsmittelabfluss liegt jedoch immer in der Zukunft. Aufgrund der wirtschaftlichen Zuordnung der Belastung zur Berichtsperiode bzw. den Vorperioden sind auch in diesem Zusammenhang stehende Aufwendungen, in der Berichtsperiode zu erfassen (siehe hierzu nochmals das Realisations- und Imparitätsprinzip in Kapitel 2.3.5).

Die Bildung einer Rückstellung zum Bilanzstichtag betrifft zum einen die GuV, denn als Aufwand reduziert sie den Periodenerfolg und zum anderen die Bilanz, denn die vorhandenen Schulden werden durch die Bildung erhöht. In der Bilanz gemäß § 266 Abs. 3 B. HGB erfolgt der Ansatz der Rückstellungen zwischen dem Eigenkapital und den Verbindlichkeiten.

In § 249 Abs. 1 und 2 HGB sind die Gründe für die Bildung von Rückstellungen abschließend aufgezählt. Hierbei existieren Passivierungspflichen (§ 249 Abs. 1 Satz 1 und 2 HGB) und Passivierungswahlrechte (§ 249 Abs.1 Satz 3 und Abs. 2 HGB). Schließlich bestimmt § 249 Abs. 3 Satz 1 HGB, dass für andere Zwecke als die in § 249 Abs. 1 und 2 HGB beschriebenen Rückstellungen nicht gebildet werden dürfen (Passivierungsverbot).

Der Inhalt des § 249 HGB kann mittels nachfolgender Abbildung verdeutlicht werden.

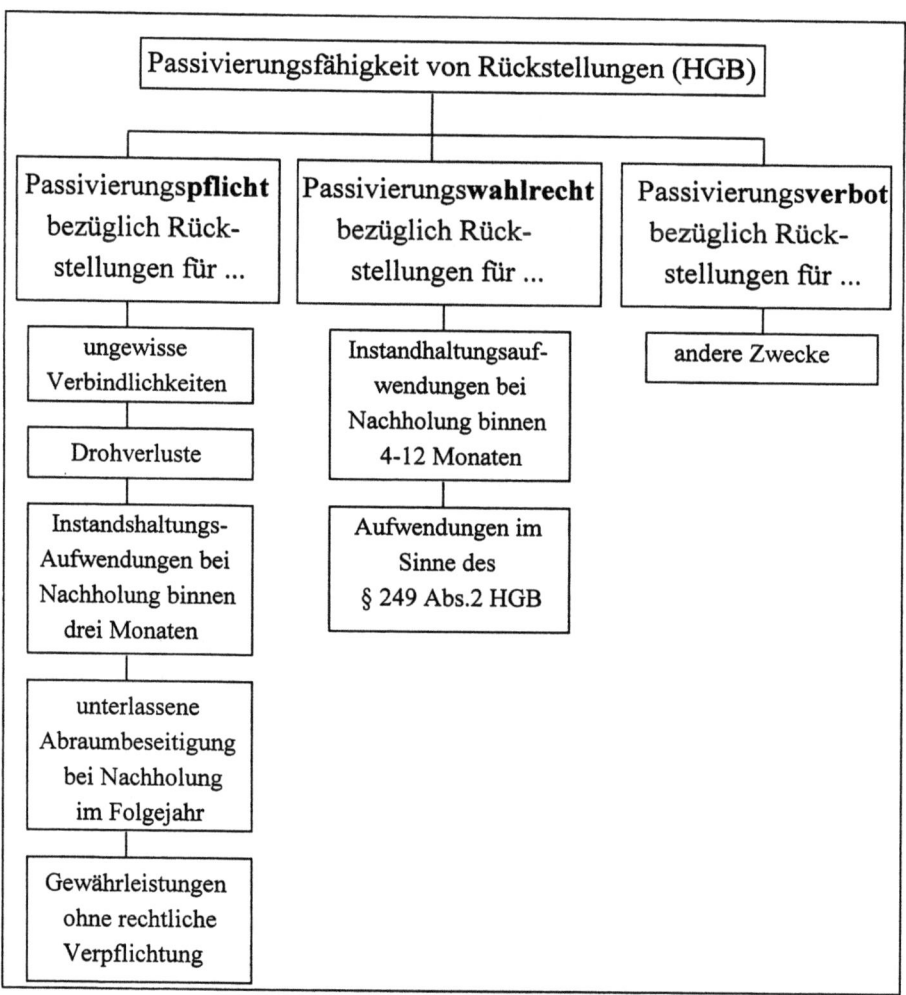

*Abbildung 7.1:* Passivierungsfähigkeit von Rückstellungen (§ 249 HGB)

Für gewöhnlich folgt aus einem Passivierungsgebot in der Handelsbilanz ein Passivierungsgebot in der Steuerbilanz, während ein handelsrechtliches Passivierungswahlrecht ein steuerrechtliches Passivierungsverbot erwirkt (siehe Abbildung 3.3). Abgesehen von einigen Einschränkungen des EStG (so u.a. für die Rückstellungen für ungewisse Verbindlichkeiten in Form des § 5 Abs. 3 und 4 sowie § 6 a EStG und R 31 c Abs. 2-7 EStR) gilt dies mit zwei Ausnahmen auch für die Rückstellungen. Eine dieser Ausnahmen ist die steuerrechtlich unzulässige Rückstellung für drohende Verluste aus schwebenden Geschäften (Drohverlustrückstellung) gemäß § 5 Abs. 4a, § 52 Abs. 6a EStG. Die zweite Ausnahme betrifft die in der Steuerbilanz unzulässige Rückstellung für Steuerabgrenzung (siehe Kapitel 8.4).

Rückstellungen dürfen nur aufgelöst werden, wenn die Gründe, die zur ihrer Bildung führten, entfallen sind bzw. die Unsicherheit in Höhe und/oder Fälligkeit sich geklärt haben (§ 249 Abs. 3 Satz 2 HGB).

*Beispiel 7.2:* Zuordnung einer Steuerschuld

> Aufgrund des im letzten Geschäftsjahres erzielten Gewinns wurde in der Handelsbilanz in Höhe der geschätzten Steuerzahlung eine Steuerrückstellung gebildet. Nachdem der endgültige Steuerbescheid vorliegt, ist die Rückstellung aufzulösen und die Schuld als Verbindlichkeit zu erfassen.

Liegt der tatsächliche künftige Aufwand in Höhe der Rückstellung, so ist die Auflösung der Rückstellung erfolgsneutral und wird als Verbrauch oder Inanspruchnahme bezeichnet. War die Rückstellung höher, so ist sie teilweise bzw. vollständig erfolgswirksam (sonstige betriebliche Erträge) aufzulösen. War die Rückstellung zu gering, müssen zusätzlich Aufwendungen nachgebucht werden.

Eine weiterhin an § 249 HGB orientierte Differenzierung der Rückstellungen erbringt drei Kategorien, die nachfolgend beschrieben werden:

- Rückstellungen für ungewisse Verbindlichkeiten
- Rückstellungen für drohende Verluste aus schwebenden Geschäften
- Aufwandsrückstellungen

<u>Rückstellungen für ungewisse Verbindlichkeiten</u>
Rückstellungen für ungewisse Verbindlichkeiten sind nach § 249 Abs. 1 HGB stets zu bilden. Hierbei handelt es sich um rechtlich durchsetzbare Schulden, denen sich das Unternehmen nicht entziehen kann. Neben den

erzwingbaren Schulden sind hier auch solche relevant, die aufgrund von Markterfordernissen, also aus rein wirtschaftlichen Gründen zu begleichen sind, z.B. Kulanzrückstellungen. Rückstellungen für ungewisse Verbindlichkeiten stellen immer Verpflichtungen gegenüber Dritten dar (Außenverpflichtung) und sie sind immer vergangenen oder aber keinen Erträgen zuzuordnen. Rückstellungen für ungewisse Verbindlichkeiten werden aufgrund des Realisationsprinzips gebildet, sie sind passivierungspflichtig.

*Beispiel 7.3:* Verbindlichkeitsrückstellung

Ein Handwerker erbrachte für das Unternehmen im abgelaufenen Geschäftsjahr eine Dienstleistung, seine Rechnung wird dem Unternehmen erst im kommenden Jahr zugehen, der Rechnungsbetrag ist noch ungewiss.

Prüfung:
Ungewisse Außenverpflichtung?  **Ja**   Nein
Vergangenen oder keinen
Erträgen zuzurechnen?           **Ja**   Nein

Ergebnis:    Verbindlichkeitsrückstellung, d.h. handelsrechtliche Passivierungpflicht!

Beispielhafte Verbindlichkeitsrückstellungen sind Pensionsrückstellungen (auch für sog. Altzusagen nach Art. 28 EGHGB), Steuerrückstellungen, Aufwandsrückstellungen, Rückstellungen für Garantieverpflichtungen, Rückstellungen für Gewährleistungen ohne rechtliche Verpflichtung (Kulanzleistungen), Rückstellungen für Umweltschutzmaßnahmen, Rückstellungen für Jahresabschluss- und Prüfungskosten, Rückstellungen für Sozialplankosten.

Rückstellungen für drohende Verluste aus schwebenden Geschäften
Vertragsverhältnisse bei denen Leistung und Gegenleistung noch nicht erbracht wurden, werden als schwebende Geschäfte eigentlich nicht gebucht. Wenn jedoch Leistung und Gegenleistung sich nicht mehr ausgleichen, muss dieses Ungleichgewicht als Rückstellung erfasst werden. Drohverlustrückstellungen basieren auf dem Imparitätsprinzip, nach dem eine zukünftige Belastung schon heute zu berücksichtigen ist. Für den Ansatz

einer Drohverlustrückstellung müssen die künftigen Kosten eines Geschäftes die künftigen Erträge übersteigen, und es muss ein bindendes Vertragsverhältnis vorliegen. Für die Ermittlung des Ergebnisses sind nur die Kosten und Erträge aus der restlichen, verbleibenden Zeit des Vertragsverhältnis anzusetzen (Restwertbetrachtung). Wie bei allen Rückstellungen müssen hinreichend konkrete Anzeichen vorliegen, dass sich für dieses Geschäft ein Verlust ergeben wird.

Drohverlustrückstellungen stellen gleichfalls ungewisse Außenverpflichtungen dar, sind jedoch künftigen Erträgen zuzuordnen. Wie bereits erwähnt, sind Drohverlustrückstellungen passivierungspflichtig in der Handelsbilanz, es gilt jedoch ein Passivierungsverbot in der Steuerbilanz.

*Beispiel 7.4:* Drohverlustrückstellung

Es wurde ein langfristiger Liefervertrag mit einem Lieferanten vereinbart. Demzufolge muss das Unternehmen noch auf Jahre hinaus eine bestimmte Menge/Jahr abnehmen. Mittlerweile stellt sich heraus, dass die abzunehmenden Produkte künftig nur noch unter Einstandspreis verkauft werden können.

Prüfung:

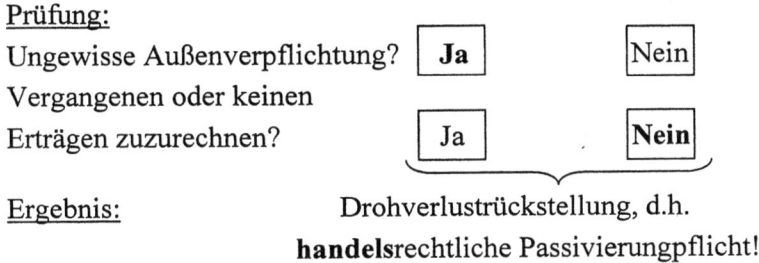

Ergebnis: Drohverlustrückstellung, d.h. **handels**rechtliche Passivierungpflicht!

Aufwandsrückstellungen

Zu den Aufwandsrückstellungen zählen die Rückstellungen für unterlassene Aufwendungen für Instandhaltung (§ 249 Abs. 1 Nr. 1 und 2 HGB), Rückstellungen für unterlassene Aufwendungen für Abraumbeseitigung (§ 249 Abs. 1 Nr. 1 HGB) und die Aufwandsrückstellungen nach § 249 Abs. 2 HGB.

Alle Rückstellungen dürfen aufgrund von Aufwendungen gebildet werden, die in Zukunft dem Unternehmen selbst und nicht gegenüber einem Dritten entstehen (Innenverpflichtungen). Es besteht jedoch eine Passivierungspflicht für Instandhaltungsmaßnahmen, die in den ersten drei Monaten des folgenden Geschäftsjahres weitgehend abgeschlossen sind, und für eine Abraumbeseitigung, die im folgenden Geschäftsjahr nachgeholt wird. Wesentlich ist, dass die Maßnahmen, wie z.B. Wartungsarbeiten und Reparaturen, aus betriebswirtschaftlicher Sicht notwendig gewesen wären, jedoch unterlassen wurden. Beispielhafte Anlässe für eine Aufwandsrückstellungen nach § 249 Abs. 2 HGB sind unterlassene Großreparaturen, freiwillige Jahresabschluss-Prüfungen, unterlassene „freiwillige" Sozialleistungen und unterlassene Entsorgungen oder Abbruchmaßnahmen. Nicht rückstellungsfähig sind Anlässe, die nicht früheren oder keinen, sondern künftigen Erträgen zuzuordnen sind, so z.B. Forschungs- und Entwicklungsmaßnahmen oder Marketingkampagnen. Zudem sind Rückstellungsbildungen für Aufwendungen, die zu aktivierungspflichtigen Zugängen führen würden, unzulässig.

*Beispiel 7.5:* Aufwandsrückstellung

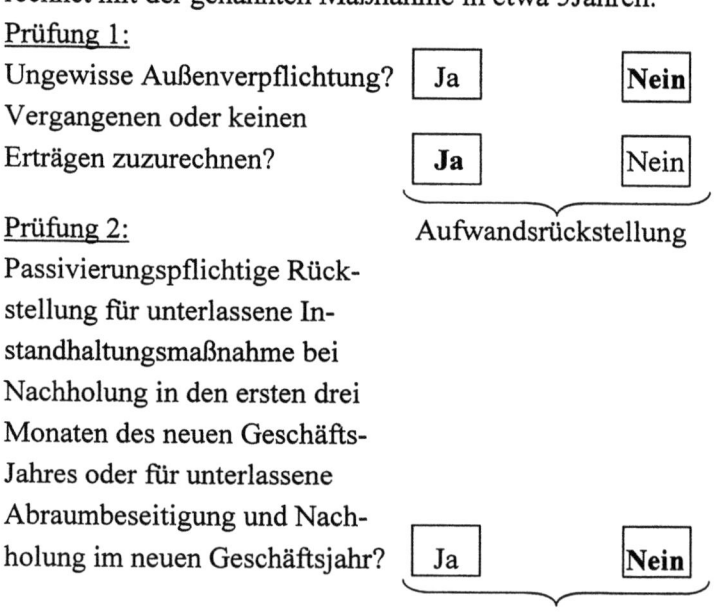

Die Rückstellungen sind nach § 266 Abs. 3 B. HGB in der Bilanz wie folgt gegliedert auszuweisen:

- Rückstellungen für Pensionen und ähnliche Verpflichtungen,
- Steuerrückstellungen und
- sonstige Rückstellungen.

Diese Gliederungsvorschrift ist für nicht kleine Kapitalgesellschaften* verbindlich. Kleine Kapitalgesellschaften*, Personengesellschaften, Einzelkaufleute können alle Rückstellungen in einem Posten zusammenfassen. Rückstellungen für Pensionen und ähnliche Verpflichtungen und die Steuerrückstellungen sind ihrem Wesen nach Rückstellungen für ungewisse Verbindlichkeiten. Die anderen Rückstellungen, die in § 249 HGB genannt werden, sind somit alle unter den sonstigen Rückstellungen auszuweisen. Nach § 285 Nr. 12 HGB sind Bestandteile der sonstigen Rückstellungen, die einen nicht unerheblichen Umfang haben, in der Bilanz gesondert auszuweisen oder im Anhang zu erläutern.

Hinsichtlich der Rückstellung für Pensionen und ähnliche Verpflichtungen gelten einige Besonderheiten, weshalb diese genauerer Differenzierung bedürfen. Der Posten stellt zwar grundsätzlich eine Verbindlichkeitsrückstellung dar, doch erwächst hieraus nicht immer eine Passivierungspflicht.

Pensionsverpflichtungen können unmittelbarer oder mittelbarer Art sein. Bei einer unmittelbaren Pensionsverpflichtung verpflichtet sich ein Unternehmen gegenüber einem Pensionsempfänger zu einer Rentenzahlung. Gemäß Artikel 28 EGHGB besteht hierbei für Neuzusagen (ab dem 1.1.1987) eine Passivierungspflicht, für Altzusagen und deren nachträglicher Erhöhung ein Passivierungswahlrecht. Im Falle einer mittelbaren Pensionsverpflichtung werden die Renten durch einen selbstständigen Versorgungsträger erbracht, z.B. durch eine Pensionskasse oder ein Versicherungsunternehmen. Für das jeweilige Unternehmen kommt hierbei eine Pensionsrückstellung nur dann infrage, wenn es damit zu rechnen hat, dass es für die Zusagen einzustehen hat. Steuerlich ist der Ansatz einer Pensionsrückstellung an eine Reihe von Voraussetzungen geknüpft, so u.a. die schriftliche Erteilung der Zusage (§ 6 Abs. 1 und 2 EStG).

Als „ähnliche Verpflichtung" gelten beispielsweise Überbrückungsgelder oder Vorruhestandsverpflichtungen – für sie gilt ein Passivierungswahlrecht.

## 7.2 Bewertung des Fremdkapitals

### 7.2.1 Bewertung von Verbindlichkeiten

Verbindlichkeiten sind grundsätzlich mit dem Rückzahlungsbetrag zu passivieren (§ 253 Abs. 1 Satz 2 HGB). Der Rückzahlungs- oder Erfüllungsbetrag ist die Summe die aufgewendet werden muss, um die Verbindlichkeit beim Gläubiger zu begleichen (siehe Kapitel 3.3.1.3).

Handelt es sich bei der Verbindlichkeit um eine Rentenverpflichtung, für die keine Gegenleistung mehr zu erwarten ist (z.B. eine Leibrente für einen ausgeschiedenen Mitarbeiter), so muss diese mit ihrem Barwert passiviert werden (siehe Kapitel 3.3.1.4). Stehen Gegenleistungen noch aus, so ist der anteilige Barwert anzusetzen.

Verändert sich der Rückzahlungsbetrag der Verbindlichkeit im Laufe der Zeit, so sind Erhöhungen des Rückzahlungsbetrages zu berücksichtigen, Minderungen jedoch nicht. Dies ist eine Folge des Vorsichtsprinzips. Analog zum strengen Niederstwertprinzip für Forderungen gelangt hier das Höchstwertprinzip zum Ansatz. Die Anwendung dieses Prinzips ist unabhängig von der Laufzeit der zugrunde liegenden Verbindlichkeiten.

Aufgenommene Darlehen sind mit ihrem Rückzahlungsbetrag in der Bilanz auszuweisen. Dies gilt auch für Darlehen, für die keine Zinsen zu bezahlen sind. Eine Abzinsung von unverzinslichen Darlehen ist aufgrund des Realisationsprinzips nicht zulässig, denn der Zahlungseingang auf der Aktivseite wäre höher als die entstandene Verbindlichkeit auf der Passivseite. Entsprechende „Einsparungen" können also nicht erfolgswirksam erfasst werden.

Steuerlich sind unverzinsliche Verbindlichkeiten mit einer Laufzeit von mehr als einem Jahr gemäß § 6 Abs. 1 Nr. 3 EStG mit einem Zinssatz von 5,5 % abzuzinsen. Dies gilt jedoch nicht für Verbindlichkeiten, die auf Anzahlungen beruhen.

Ausgegebene festverzinsliche Anleihen, bei denen erst am Ende der Laufzeit die Zinszahlung erfolgt (sog. Zero-Bonds bzw. Null-Kupon-Anleihen), sind mit dem niedrigeren Ausgabebetrag anzusetzen. Der Differenzbetrag zwischen Rücknahmebetrag und Zahlungszugang muss über die Laufzeit zugeschrieben werden.

Ist der Rückzahlungsbetrag einer Verbindlichkeit aus einem Kredit höher als der Betrag, den der Kreditnehmer erhalten hat, so ist der Unterschiedsbetrag – das sogenannte Disagio bzw. Damnum – nicht in den Betrag der Verbindlichkeit aufzunehmen. Im Rahmen der handelsrechtlichen Rechnungslegung kann das Disagio gemäß § 250 Abs. 3 HGB als RAP aktiviert und über die Laufzeit der Verbindlichkeit, korrespondierend mit ihrer Höhe, abgeschrieben werden. Steuerlich folgt aus dem handelsrechtlichen Aktivierungswahlrecht eine Aktivierungspflicht.

*Beispiel 7.6:* Aktivierung eines Disagios

> Ein Unternehmen nimmt zum 2.1. ein Darlehen in Höhe von € 100.000 bei einer Laufzeit von 5 Jahren auf. Die Rückzahlung dieses Betrages soll zum Ende der Laufzeit erfolgen, und es wird ein nominalzinsminderndes Disagio von 6 % vereinbart, das Unternehmen erhält also € 94.000 ausgezahlt. Das Disagio kann nun in der Handelsbilanz zum 31.12. in voller Höhe als Aufwand erfasst werden, oder aber es wird aktiviert und somit werden durch die planmäßige lineare Abschreibung in jedem Jahr der Laufzeit € 1.200 aufwandswirksam.

Auch Verbindlichkeiten, die in fremder Währung zu zahlen sind – sog. Fremdwährungsverbindlichkeiten – müssen mit dem Rückzahlungsbetrag (in eigene Währung umgerechnet) passiviert werden. Dabei ist bei der Umrechnung grundsätzlich der Briefkurs (Verkaufskurs einer Bank für fremde Währungen) anzusetzen. Hinsichtlich der beiden Alternativen des historischen Kurses zum Zeitpunkt der Entstehung der Verbindlichkeit und des Kurses am Bilanzstichtag ist der höhere Kurs anzusetzen.

*Beispiel 7.7:* Bewertung einer Fremdwährungsverbindlichkeit

Am 11.11.11 erwirbt ein Händler Ware im Ausland zum Preis von $ 300.000. Die Rechnung hat er vereinbarungsgemäß spätestens am 15.1.12 zu begleichen. Der Briefkurs für einen Dollar beträgt am 11.11.11 € 1,10/$. Er steigt bis zum 31.12.11 (Bilanzstichtag) auf € 1,20/$. In der Buchhaltung zu erfassen ist am 11.11. zunächst eine Verbindlichkeit in Höhe von $ 300.000 * 1,10 = € 330.000. Da der Briefkurs zum Bilanzstichtag gestiegen ist, erfolgt der Bilanzausweis der Verbindlichkeit zum 31.12.11 mit $ 300.000 * 1,20 = € 360.000. Der Unterschiedsbetrag ist aufwandswirksam in der GuV zu verrechnen.

### 7.2.2 Bewertung von Rückstellungen

Rückstellungen sind grundsätzlich in Höhe des Betrags anzusetzen, der nach vernünftiger kaufmännischer Beurteilung notwendig ist (§ 253 Abs. 1 Satz 2 HGB). Es ist demnach die Höhe der wahrscheinlichen Inanspruchnahme des Unternehmens, unter Berücksichtigung der bestehenden Risiken, zu ermitteln (siehe Kapitel 3.3.1.5). Die folgenden Regeln sollten zur Rückstellungsbewertung beachtet werden:

- Ist die Höhe der Inanspruchnahme annähernd gesichert, bzw. kann sie annähernd sicher ermittelt werden, so sind diese Beträge anzusetzen. (z.B. bei Steuerrückstellungen).
- Im Falle von Pensions-, Garantie- und Kulanzrückstellungen sind die wahrscheinlichen Erwartungswerte, basierend auf einer statistischen Auswertung von Daten aus der Vergangenheit, anzusetzen.
- Stehen jedoch keine Werte aus entsprechenden Analysen zur Verfügung, so ist möglichst genau die künftige Wertminderung zu schätzen. (z.B. Kulanzrückstellungen für neue Produkte).

- Kann kein expliziter Wert bei einer Schätzung angegeben werden, so ist aufgrund des Höchstwertprinzips der höhere Wert eines Intervalls anzusetzen.
- Für Verbindlichkeitsrückstellungen dürfen Preissteigerungen nur dann berücksichtigt werden, wenn sie vertraglich vereinbart wurden. Drohverlust- und Aufwandsrückstellungen haben Preis- und Kostensteigerungen zu enthalten, wenn diese als sicher angenommen werden können.

Bei Verpflichtungen, die einen Zinsanteil besitzen, dürfen nach § 253 Abs. 1 HGB die zu bildenden Rückstellungen abgezinst werden. Steuerlich gilt, wie im Falle der Verbindlichkeiten, dass Rückstellungen mit 5,5 % abzuzinsen sind.

Eine Abzinsung ist insbesondere für die Position der Pensionsrückstellung relevant. Bei ihrer Bewertung muss zwischen der Rückstellungen auf eine bereits laufende Rente (Versorgungsfall ist eingetreten) und der Rentenanwartschaft (Versorgungsfall noch nicht eingetreten) unterschieden werden. Bei der Rückstellung für den eingetretenen Versorgungsfall ist der Barwert nach den versicherungsmathematischen Grundsätzen (Berücksichtigung von Sterbetafeln, Zinsen usw.) zu ermitteln. Es werden somit, unter der Going-Concern-Prämisse, alle zu erwartenden Pensionszahlungen auf den Bilanzstichtag diskontiert. Ist der Versorgungsfall noch nicht eingetreten, so muss durch die Bildung von Rückstellungen bis zum Zeitpunkt der Zahlungsverpflichtung der diskontierte Betrag aller zu erwarteten Pensionszahlungen angesammelt sein. Diese Rückstellungen sind versicherungsmathematisch gleichmäßig auf die Jahre der Anwartschaft zu verteilen.

Zur Bemessung der Rückstellungshöhe wird steuerrechtlich lediglich das sog. Teilwertverfahren als zulässig anerkannt, es ist zugleich das handelsrechtlich übliche. Hierbei wird bei der Bemessung der Rückstellungshöhe der Zeitpunkt des Diensteintritts des Arbeitnehmers und nicht (wie im Falle des Gegenwartsverfahrens) der Zeitpunkt der Pensionszusage, zugrunde gelegt. Für den Zeitraum zwischen beiden Terminen erfolgt der Ansatz einer Einmalrückstellung.

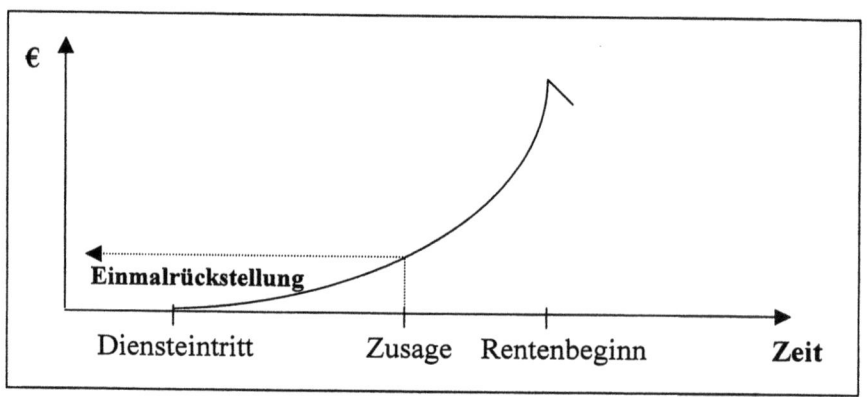

*Abbildung 7.2:* Teilwertverfahren zur Bewertung der Pensionsrückstellung

Grundsätzlich liegt den Verfahren die Annahme zugrunde, dass sich der berechtigte Arbeitnehmer Jahr für Jahr die Pensionsleistung verdient. Die vom Arbeitnehmer erbrachte Gegenleistung stellt eine fiktive Nettoprämie dar. Die vereinfachte Schrittfolge zur Bestimmung der Rückstellungshöhe am jeweiligen Bilanzstichtag lautet:

1. Es ist der Barwert der Rentenleistung zu Rentenbeginn zu bestimmen.
2. Durch Abzinsung auf den Bilanzstichtag resultiert der Barwert der Rentenleistung zum Bilanzstichtag.
3. Es ist der Barwert der Rentenleistung zum Diensteintrittszeitpunkt zu ermitteln.
4. Der Barwert aus 3. wird zu fiktiven Nettoprämien/Periode über den Gesamtzeitraum verrentet.
5. Nun ist der Barwert der noch zu erbringenden Gegenleistung zum jetzigen Bilanzstichtag zu errechnen: (fiktive Nettoprämie/Periode * Anzahl Jahre bis zum Rentenbeginn).
6. Schließlich ist der Teilwert durch Saldierung der Ergebnisse von 2. und 5. zu bestimmen:
    Barwert der künftigen Pensionsleistung zum jetzigen Bilanzstichtag
    <u>- Barwert der zu erbringenden Gegenleistung zum jetzigen Stichtag</u>
    = Teilwert zum Bilanzstichtag

Der zur Abzinsung erforderliche Rechnungszins beträgt in der Steuerbilanz 6 % und im handelsrechtlichen Ansatz mindestens 3 %, maximal 6%.

Für Rückstellungen gilt eine Ausnahme vom Grundsatz der Einzelbewertung (§ 252 Abs. 1 Nr. 3 HGB). So können Rückstellungen für einzelne Risiken oder auch pauschale Abdeckungen für eine Gruppe von gleichartigen Risiken gebildet werden. Rückstellungen für eine Gruppe von Risiken werden oft angewendet für Risiken die nach statistischen Verfahren ermittelt werden. Dies begründet sich in der Tatsache, dass für statistische Aussagen eine größere Menge von Ereignissen benötigt werden. Eine einfache Addition von einzelnen Rückstellungsbeträgen, d.h. der höchste Betrag der möglichen Inanspruchnahme, ist hierbei unzulässig, da nicht bei jedem Ereignis der schlechteste Fall eintritt.

# Übungsaufgaben zum 7. Kapitel

*Aufgabe 7.1:*
Klären Sie für die folgenden Fälle den handelsrechtlichen Bilanzansatz zum 31.12.2005:

a) Die aus dem Geschäftsjahr 2005 resultierenden Garantieverpflichtungen werden erwartungsgemäß zu künftigen Auszahlungen in Höhe von € 350.000 führen. Zudem sieht man sich – ebenfalls im kommenden Geschäftsjahr 2006 – zu Kulanzleistungen in Höhe von 5 % der Garantieverpflichtungen gezwungen.

b) Ein Kunde leistete eine Anzahlung auf von ihm bestellte Ware in Höhe von € 10.000. Die Auslieferung soll Anfang 2006 erfolgen, die Ware ist noch zu beschaffen.

c) Die alle vier Jahre und zuletzt in 2001 gestrichenen Rolltore des Lagergebäudes sollten eigentlich im vergangenen Geschäftsjahr 2005 neu gestrichen werden. Die Maßnahme dient der Erhaltung und wurde aufgrund von Schlechtwetter allerdings auf das folgende Geschäftsjahr, auf den März 2006 verschoben. Vom ortsansässigen Maler liegt ein weiterhin gültiger Kostenvorschlag in Höhe von € 9.000 vor.

d) Aus einem Wareneinkauf in Höhe von brutto € 23.200 liegt eine Rechnung vor. Sie soll im Februar 2006 unter Abzug von Skonto in Höhe von 3 % gezahlt werden.

e) Bei der Inventur stellt man fest, dass eine Ware, die zum Preis von € 3,30 je Stück beschafft wurde, noch 100 x auf Lager vorrätig ist. Den im nächsten Geschäftsjahr 2006 erzielbaren Verkaufspreis schätzt man jedoch lediglich auf € 2,80/Stück.

*Aufgabe 7.2:*
Für geplante Investitionen benötigte die Cortex GmbH in Dresden einen Kredit in Höhe von € 100.000 mit einer Laufzeit von 4 Jahren. Mit der Hausbank wird ein endfälliges Darlehen und ein Disagio in Höhe von 5 % vereinbart. Die Kreditsumme wird Anfang 2005 auf das Konto der Cortex überwiesen. Klären Sie die handels- und steuerrechtlichen Bilanzierungsmöglichkeiten zum 31.12.2005.

*Aufgabe 7.3:*
Am 1.10.2004 nahm eine OHG einen längerfristigen Kredit in Höhe von $ 10.000 bei einem amerikanischen Geschäftspartner zum Kurs von € 1,00/$ auf. Der Kurs betrug am jeweiligen Bilanzstichtag – dem 31.12. – 2004: € 0,975/$; 2005: € 1,05/$; 2006: € 0,75/$. In welcher Höhe ist die Schuld jeweils auszuweisen?

*Aufgabe 7.4:*
Die Cortex GmbH vereinbarte mit ihren Vertriebsmitarbeitern einzelvertragliche Zielvereinbarungen. Hierbei hat sie sich dazu verpflichtet, diesen jeweils einen bestimmten %-Satz des jährlichen Bruttofixgehalts als zusätzliche variable Vergütung zu zahlen, welche jeweils abhängig vom Zielerreichungsgrad des betreffenden Mitarbeiters im Beurteilungszeitraum ist. Die variable Vergütung wird den Mitarbeitern immer im 2. Monat des Folgegeschäftsjahres gezahlt. Der „quasi-objektiv" festzulegende Zielerreichungsgrad der Mitarbeiter wird jeweils auf etwa 50% für das zurückliegende Beurteilungsjahr geschätzt. Die Summe der jährlichen Bruttofixgehälter der Mitarbeiter beträgt für das Beurteilungsjahr € 230.000. Die Beurteilungsgespräche stehen zum Zeitpunkt der Bilanzerstellung noch an. Der Arbeitgeberanteil zur gesetzlichen Sozialversicherung beträgt 20% der Bruttogehälter. Unter welcher Position der Bilanz gemäß § 266 HGB ist der Sachverhalt mit welchem Wertansatz zu erfassen?

*Aufgabe 7.5:*

Die AG gibt einem Mitarbeiter am 2.1.1998 eine unmittelbare Pensionszusage. Fünf Jahre lang, ab dem 2.1.2007, soll der dann 65jährige Mitarbeiter eine vorschüssige jährliche Pension in Höhe von je € 25.000 erhalten. Der Mitarbeiter trat am 2.1.1993 in das Unternehmen ein. Bestimmen Sie die Höhe der entsprechenden Pensionsrückstellung zum 31.12.2002 nach dem Teilwertverfahren. Legen Sie Ihrer Rechnung einen Zinssatz von 6% zugrunde, und gehen Sie davon aus, dass der 31.12. eines Jahres mit dem 2.1. des Folgejahres übereinstimmt.

Folgende Ergebnisse liegen bereits vor:
- Der Barwert des Rentenanspruchs unmittelbar vor Rentenbeginn beträgt € 111.627,64.
- Der Barwert der Rentenleistung zum Diensteintrittszeitpunkt beträgt € 49.373,01.
- Die Verrentung des zuletzt genannten Barwerts zur Bestimmung der fiktiven Nettoprämie führt zu einer Annuität in Höhe von € 5.311,55.
- Der Barwert der noch zu erbringenden Gegenleistung zum 31.12.2002 beläuft sich auf € 18.405,08.

# 8. Besondere Posten und Schuldverhältnisse

## 8.1 Rechnungsabgrenzungsposten (RAP)

Rechnungsabgrenzungsposten (RAP) stellen Korrekturposten der in der Bilanz angesetzten Vermögensgegenstände und Schulden dar. Sie dienen dazu, bestimmte Zahlungsvorgänge zu periodisieren und tragen als Umsetzung des Realisationsprinzips und des Prinzips der Abgrenzung der Sache und der Zeit nach zur periodengerechten Gewinnermittlung bei.

Die Notwendigkeit zur Abgrenzung der Rechnung ergibt sich dadurch, dass nicht alle Einzahlungen/Auszahlungen einer Periode mit den jeweiligen Aufwendungen/ Erträgen zusammenfallen und umgekehrt. Insofern weisen RAP Ähnlichkeiten mit den erhaltenen Anzahlungen, den Abschreibungen und den Rückstellungen auf, allerdings betreffen sie – von den Sonderfällen des § 250 Abs. 1 Satz 2 Nr. 1 und 2 sowie Satz 3 HGB abgesehen – streng zeitraumbezogene Zahlungen, wie sie im Falle von Miet-, Pacht- oder auch Versicherungsverhältnissen normalerweise vorliegen.

Die RAP werden in transitorische und antizipative Posten unterteilt. Die transitorischen Posten sind Aus- oder Einzahlungen des Geschäftsjahres, die für einen bestimmten Zeitraum nach dem Bilanzstichtag Aufwand bzw. Ertrag darstellen. Bei antizipativen Posten handelt es sich dagegen um Aufwendungen bzw. Erträge, die erst nach dem Bilanzstichtag zu Aus- oder Einzahlungen führen.

In der Handelsbilanz sind nach § 250 HGB nur transitorische RAP als solche anzusetzen, für die Steuerbilanz gilt dies nach § 5 Abs. 5 EStG analog. Die antizipativen Rechnungsabgrenzungsposten werden unter den sonstigen Vermögensgegenständen bzw. den sonstigen Verbindlichkeiten in der Bilanz ausgewiesen.

RAP können sowohl auf der Aktivseite als auch auf der Passivseite gebildet werden. Aktive RAP (transitorische wie antizipative) weisen immer einen Forderungscharakter, passive RAP einen Schuldcharakter auf.

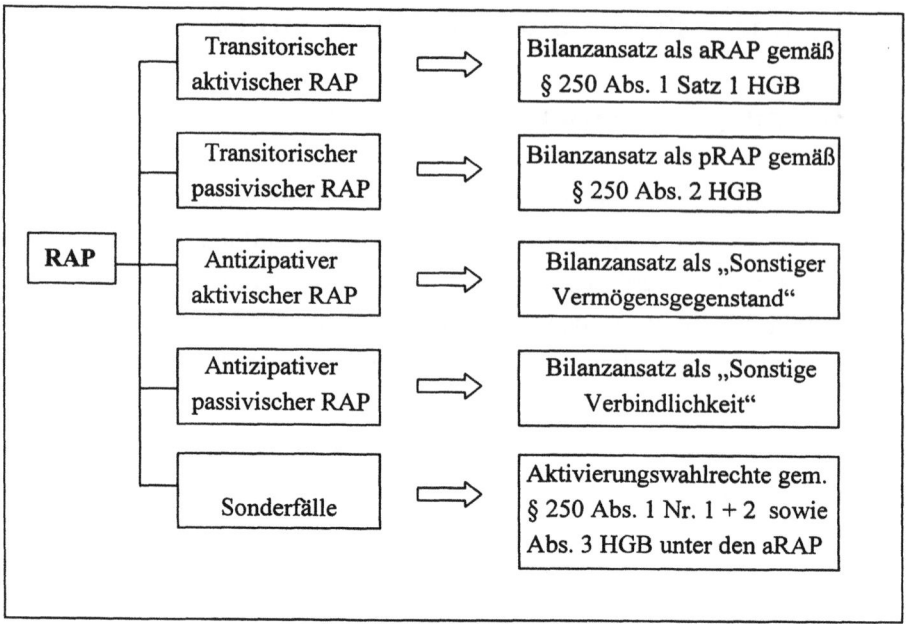

*Abbildung 8.1:* Posten der Rechnungsabgrenzung

Es sei angemerkt, dass der Gesetzeswortlaut des § 250 HGB zu den zahlungswirksamen Größen „Einnahmen und Ausgaben" lautet, der üblichen betriebswirtschaftlichen Abgrenzung folgend, erscheinen hier jedoch die Größen „Einzahlungen und Auszahlungen" adäquat.

*Beispiel 8.1:* Rechnungsabgrenzung

Ein Unternehmen zahlte vor dem Bilanzstichtag für angemietete Büroräumlichkeit die Miete für die ersten Monate des neuen Geschäftsjahres im Voraus (aRAP). Am gleichen Tage erhielt es von Dritten, für eine an diese vermietete Anlage, die Miete für den ersten Monat des neuen Geschäftsjahres im Voraus (pRAP). Zu einer weiteren vermieteten Anlage zahlte ein anderer Mieter die Miete für den letzten Monat des alten Geschäftsjahres nicht („Sonstiger Vermögensgegenstand"). Schließlich blieb das Unternehmen dem Vermieter der Lagerhalle die Miete für die letzten Monate des alten Geschäftsjahres schuldig („Sonstige Verbindlichkeiten").

Da die antizipativen RAP in den sonstigen Vermögensgegenständen bzw. sonstigen Verbindlichkeiten enthalten sind, sind diese von Kapitalgesellschaften* im Anhang näher zu erläutern, wenn die Beträge einen größeren Umfang annehmen (§ 268 Abs. 4 und 5 HGB).

In den zukünftigen Perioden sind die RAP entsprechend ihrer Zuordnung zum Berichtsjahr wieder erfolgswirksam aufzulösen.

Das Ausweiswahlrecht eines Disagios unter den aktiven RAP (§ 250 Abs. 3 HGB) wurde bereits im Rahmen des Kapitels 7.2.1 erläutert, zudem enthält § 250 HGB die folgenden Ausweiswahlrechte unter den aktiven RAP:

- als Aufwand berücksichtigte Zölle und Verbrauchsteuern auf Vorräte § 250 Abs.1 Nr.1 HGB (als Ausgleich der Aufwandsbuchung, sofern die Zölle und Verbrauchssteuern nicht aktiviert, sondern als Aufwand erfasst wurden) und
- als Aufwand berücksichtigte Umsatzsteuer auf Anzahlung § 250 Abs.1 Nr.2 HGB (zur ergebnisneutralen Erfassung der Umsatzsteuer im Falle einer Bruttopassivierung der Anzahlung).

## 8.2 Sonderposten mit Rücklagenanteil

Beim Sonderposten mit Rücklagenanteil handelt es sich um einen Posten, der den Anspruch der handelsrechtlichen Passivierungsfähigkeit nicht erfüllt. § 247 Abs. 3 HGB bestimmt für alle Kaufleute ein Wahlrecht, dass Passivposten, die aufgrund steuerlicher Vorschriften gebildet wurden, in der Handelsbilanz passiviert werden können. Dies sind zum einen steuerfreie Rücklagen und zum anderen Wertberichtigungen aufgrund von steuerlichen Sonderabschreibungen, die über die handelsrechtlich erlaubten Abschreibungen hinausgehen.

Die Bildung einer steuerfreien Rücklage stellt keine absolute Steuerbefreiung dar, sie verlagert vielmehr die Steuerbelastung in eine künftige Periode, insofern repräsentiert sie eine Steuerstundung.

Die Bildung steuerfreier Rücklagen wird durch das Steuerrecht in zwei verschiedenen Formen dem Bilanzierenden angeboten. Zum einen in der Form der Übertragung erzielter Veräußerungsgewinne aus außergewöhnlichen Maßnahmen bei geplanten Reinvestitionen (§ 6b Abs. 3 EStG), zum anderen in der Form einer Steuerstundung, wie im Falle der Ansparabschreibung gemäß § 7g Abs. 3 EStG.

Der Grundsatz der umgekehrten Maßgeblichkeit (siehe Kapitel 2.3.4) verlangt, dass bei Inanspruchnahme steuerfreier Rücklagen in der Steuerbilanz ein Sonderposten mit Rücklagenanteil in der Handelsbilanz angesetzt werden muss. Hierbei ist er (nach dem Eigenkapital und) vor den Rückstellungen als Passivposition nach § 273 Satz 2 HGB auszuweisen. Die Vorschriften, nach denen er gebildet worden ist, sind in der Bilanz oder im Anhang anzugeben.

Steuerfreie Rücklagen sind innerhalb unterschiedlicher Fristen ertragswirksam aufzulösen oder auf andere Vermögensgegenstände zu übertragen. Bei der Übertragung erzielter Veräußerungsgewinne wird der Vermögensgegenstand um die steuerfreie Rücklage abgeschrieben und somit das zukünftige Abschreibungspotenzial verringert.

*Beispiel 8.2:* Sonderposten mit Rücklagenanteil

> Eine Gesellschaft verkauft einen seit 8 Jahren selbst genutzten Vermögensgegenstand mit einem Buchwert von € 0,7 Mio. zum Preis von € 1,9 Mio. Für das Folgejahr ist die Ersatzbeschaffung zum Preis von € 6 Mio. vorgesehen. Möchte nun die Gesellschaft den erzielten außerordentlichen Ertrag in Höhe von € 1,2 Mio. nicht im Jahre des Verkaufs versteuern und die entsprechenden steuerrechtlichen Vorschriften sind erfüllt, so kann sie in dieser Höhe einen Sonderposten mit Rücklagenanteil ansetzen. Das auf die Jahre der Nutzung des Ersatzinvestitionsguts zu verteilende Abschreibungsvolumen beträgt in diesem Falle nicht € 6 Mio., sondern € 4,8 Mio. Im Ergebnis werden damit die aufgelösten stillen Reserven auf die neue Anlage übertragen, der steuerliche Ausgleich erfolgt durch den Ansatz niedrigerer Abschreibungen für die neue Anlage.

Der Sonderposten mit Rücklagenanteil besitzt einen Doppelcharakter, denn er wird aus unversteuerten Erträgen gebildet. Somit repräsentiert er teilweise Eigenkapital und, in Höhe der eigentlichen Steuerschuld, Fremdkapital.

Steuerliche Sonderabschreibungen finden über § 254 HGB Eingang in die Handelsbilanz. Für die Durchführung der Abschreibung bestehen zwei Möglichkeiten. Einerseits kann die Abschreibung direkt vorgenommen werden, d.h. dass der Buchwert des Vermögensgegenstandes um den Abschreibungsbetrag vermindert wird. Andererseits kann die Abschreibung auch indirekt über Wertberichtigungen vorgenommen werden. Letztere können von Kapitalgesellschaften* nach § 281 Abs. 1 HGB anteilig in den Sonderposten mit Rücklageanteil eingestellt werden. Die Vorschriften, nach denen die Wertberichtigung vorgenommen worden ist, sind in der Bilanz oder im Anhang anzugeben. Die Auflösung des Sonderpostens hat in Handels- und Steuerbilanz gleichzeitig zu erfolgen. In der Handelsbilanz bemisst sich die Auflösung des Postens nach Maßgabe der handelsrechtlichen Nachholung der (vorweggenommenen) steuerrechtlichen Abschreibung. Scheidet der Vermögensgegenstand aus dem Unternehmen aus, so ist die Wertberichtigung aufzulösen (§ 281 Abs. 1 HGB).

Erwächst aus dem Grundsatz der umgekehrten Maßgeblichkeit für den Fall der steuerfreien Rücklage für die Handelsbilanz eine faktische Ansatzpflicht für den Sonderposten mit Rücklagenanteil, besteht für den Fall, dass er aus den steuerlich bedingten (Mehr-)Abschreibungen gespeist wird, ein Ansatzwahlrecht.

## 8.3 Aufwendungen gemäß § 269 HGB

Kapitalgesellschaften*, Genossenschaften und Unternehmen, die dem PublG unterliegen, dürfen Aufwendungen für die Ingangsetzung und Erweiterung des Geschäftsbetriebs aktivieren (§ 269 HGB) – der Posten ist vor dem Anlagevermögen gesondert auszuweisen. Es handelt sich hierbei um ein Aktivierungswahlrecht in Form einer Bilanzierungshilfe, ihr Ansatz in der Steuerbilanz ist verboten (siehe Kapitel 3.3).

Das Wahlrecht soll es dem Bilanzierenden ermöglichen, in der Phase der Ingangsetzung oder wesentlichen Erweiterung seines Geschäftsbetriebs, bestimmte Aufwendungen zu aktivieren und somit über die anschließende Abschreibung auf mehrere Jahre zu verteilen. Zweck ist folglich eine Entlastung des Ergebnisses in diesen zumeist sehr ausgabeintensiven Phasen.

Wesentlich ist zunächst die Abgrenzung der Aufwendungen für die Ingangsetzung des Geschäftsbetriebs von den Gründungsaufwendungen, denn gemäß § 248 Abs. 1 HGB gilt für Letztere, sowie für die Aufwendungen für die Beschaffung des Eigenkapitals, ein Aktivierungsverbot. Ingangsetzungsaufwendungen dienen dazu, die wirtschaftlichen Voraussetzungen für den Geschäftsbetrieb zu schaffen. Gründungsaufwendungen dienen der Schaffung der rechtlichen Existenz des Unternehmens. Typische Ingangsetzungsaufwendungen sind z.B. Aufwendungen für die Akquisition der Mitarbeiter oder für eine Einführungskampagne.

Wesentlich ist auch die Abgrenzung von den Aufwendungen des laufenden Geschäftsbetriebs, denn diese sind ebenso nicht aktivierungsfähig. Die Ingangsetzungsphase gilt im Normalfall mit den ersten Verkaufsabschlüssen als abgeschlossen.

Als Erweiterung des Geschäftsbetriebs zählen alle Maßnahmen, die die quantitative oder qualitative Kapazitätsgrenze des Unternehmens deutlich erweitern.

§ 282 HGB bestimmt, dass ein aktivierter Posten der Ingangsetzungs- und Erweiterungsaufwendungen in den Folgejahren mit mindestens 25% abzuschreiben ist. Er ist von nicht-kleinen Kapitalgesellschaften* im Anlagespiegel darzustellen und im Anhang zu erläutern (§§ 268 Abs. 2, 269 sowie 274a HGB). Eine weitere zentrale Bestimmung findet sich in § 269 Satz 2 HGB, im Falle der Aktivierung von Ingangsetzungs- und Erweiterungsaufwendungen dürfen Gewinne nur in der Höhe ausgeschüttet werden, wie sie ohne Aktivierung entstanden wären (Ausschüttungssperre). Hintergrund dieser Bestimmung ist der Gläubigerschutzgedanke, denn bei Verteilung der Aufwendungen auf die Folgejahre verbleibt dennoch die wirtschaftliche Belastung im betrachteten Geschäftsjahr.

## 8.4 Latente Steuern

Die Vorschriften zur Steuerabgrenzung des § 274 HGB – geltend für Kapitalgesellschaften* sowie für Unternehmen, die dem PublG unterliegen – betreffen zwei Sachverhalte:

- die passive Steuerabgrenzung zu einer latenten Steuerschuld: Ein zu niedriger Steueraufwand des Geschäftsjahres oder eines früheren wird sich in späteren Jahren durch eine höhere Steuerbelastung voraussichtlich wieder ausgleichen (§ 274 Abs. 1 HGB)
- die aktive Steuerabgrenzung zu einem latenten Steueranspruch: Ein zu hoher Steueraufwand des Geschäftsjahres oder eines früheren wird sich in späteren Jahren durch eine niedrigere Steuerbelastung voraussichtlich wieder ausgleichen (§ 274 Abs. 2 HGB)

Während die Aktivierung eines aktivischen Steuerabgrenzungspostens als Wahlrecht ausgestaltet ist, müssen passivische Steuerabgrenzungen gebildet werden.

Die tatsächliche oder effektive Steuerbelastung ergibt sich aufgrund des Ergebnisses der Steuerbilanz. Die Steuerbelastung, die sich ergeben würde, wenn das handelsrechtliche Ergebnis Grundlage der Besteuerung wäre, wird fiktive Steuerbelastung genannt. Als latente Steuer wird die Differenz zwischen diesen beiden Steuerbelastungen bezeichnet. Mit dem Ansatz latenter Steuern erfolgt die Anpassung der in der Handelsbilanz ausgewiesenen, tatsächlichen Steuerbelastung an das handelsrechtliche Ergebnis.

Allerdings dürfen latente Steuern nur für solche Ergebnisdifferenzen ausgewiesen werden, die sich in späteren Perioden wieder ausgleichen (zeitliche Ergebnisdifferenzen). Die hiervon strikt zu unterscheidenden permanenten Differenzen führen hingegen dazu, dass sich die Ergebnisse im Zeitablauf nicht aneinander angleichen (z. B. durch den Ansatz nicht abzugsfähiger Betriebsausgaben in der Handelsbilanz), sie dürfen nicht Anlass für den Ansatz latenter Steuern sein.

Eine Rückstellung für passive latente Steuer nach § 274 Abs. 1 HGB ist (als Rückstellung für ungewisse Verbindlichkeiten) zu bilden, wenn der Gewinn in der Handelsbilanz höher ist, als der in der Steuerbilanz, weil:

- entweder der Ertrag in der Handelsbilanz früher als in der Steuerbilanz angesetzt wird oder
- der Aufwand in der Handelsbilanz später als in der Steuerbilanz berücksichtigt wird.

*Beispiel 8.3:* Zeitliche Differenzen mit höherem Handelsbilanzgewinn
Zeitliche Ergebnisdifferenzen bei zunächst höherem Handelsbilanzgewinn können z.B. resultieren aus der Aktivierung der Aufwendungen für die Ingangsetzung und Erweiterung des Geschäftsbetriebes oder aus einer höheren Vorratsbewertung.

Die Rückstellungsbildung erfolgt also aufgrund der künftigen Steuerzahlungen für die in der Steuerbilanz später zu erwartenden Gewinne. Die Rückstellung ist in der Bilanz gesondert auszuweisen oder im Anhang gesondert anzugeben. Sie ist aufzulösen, wenn die höhere Steuerbelastung eintritt oder mit ihr nicht mehr zu rechnen ist (§ 274 Abs. 1 HGB).

Ist der Steuerbilanzgewinn hingegen höher als der Handelsbilanzgewinn, werden in der Handelsbilanz mehr Steuern angesetzt, als aus Sicht des Handelsbilanzergebnisses angefallen wären. In Höhe der voraussichtlichen Steuerentlastung in den Folgejahren kann ein Abgrenzungsposten auf der Aktivseite der Handelsbilanz als Bilanzierungshilfe angesetzt werden (§ 274 Abs. 2 HGB). Der Posten ist gesondert auszuweisen und im Anhang zu erläutern. Erfolgt die Aktivierung, so ist eine Ausschüttungssperre in entsprechender Höhe zu beachten (§ 274 Abs. 2 Satz 3 HGB).

*Beispiel 8.4:* Zeitliche Differenzen mit höherem Steuerbilanzgewinn
Zeitliche Ergebnisdifferenzen bei zunächst höherem Steuerbilanzgewinn können z.B. resultieren aus der Nichtaktivierung eines derivativen Geschäfts- oder Firmenwertes oder seiner rascheren Abschreibung, einer Nichtaktivierung eines Disagios

oder auch der Diskontierung von Pensionsrückstellungen mit einem kleineren Zinssatz als 6 %.

Beim Ausweis der latenten Steuern ist zu berücksichtigen, dass auch bei gemeinsamen Vorliegen von aktivischen und passivischen Steuerabgrenzungen nur die saldierte Größe auf der Aktiv- oder der Passivseite ausgewiesen wird.

## 8.5 Haftungsverhältnisse

Bestimmte Verbindlichkeiten des Unternehmens sind, sofern sie nicht auf der Passivseite der Bilanz aufgeführt sind, unter der Bilanz auszuweisen (§ 251 Satz 1 HGB). Dies dient insbesondere dazu, dass dem externen Bilanzbetrachter ein vollständiger Einblick in die Vermögens-, Finanz- und Ertragslage gewährt werden soll.

Bei den unter dem Bilanzstrich – und damit außerhalb der Bilanz – auszuweisenden Haftungsverhältnissen (Eventualverbindlichkeiten und sonstigen Verpflichtungen) handelt es sich um Haftungsrisiken, die nur möglicherweise eine Belastung darstellen, mit deren Eintritt jedoch zum Bilanzstichtag nicht gerechnet wird. Würde die Inanspruchnahme als wahrscheinlich angesehen werden, so müsste eine Rückstellung gebildet werden, wäre sie sicher, so wäre eine Verbindlichkeit zu passivieren.

Kapitalgesellschaften* haben in der Bilanz oder im Anhang eine Untergliederung der Eventualverbindlichkeiten nach § 268 Abs. 7 HGB wie folgt vorzunehmen:

- Verbindlichkeiten aus der Begebung und Übertragung von Wechseln,
- Verbindlichkeiten aus Bürgschaften, Wechsel- und Scheckbürgschaften,
- Verbindlichkeiten aus Gewährleistungsverträgen und
- Haftungsverhältnisse aus der Bestellung von Sicherheiten für fremde Verbindlichkeiten.

Bei einem Bürgschaftsvertrag, verpflichtet sich ein Bürge gegenüber dem Gläubiger eines Dritten für die Erfüllung der Verbindlichkeit des Dritten einzustehen. In einer Vertragssituation, bei der der Bürge voraussichtlich nicht verpflichtet wird, existiert zwar eine rechtliche Grundlage für eine Leistungsverpflichtung, ökonomisch spricht jedoch mehr dagegen, dass die Verpflichtung zu erfüllen ist (z.B. im Falle einer Bürgschaft für ein sehr liquides Unternehmen). Eine sichere oder hinreichend sichere Belastung liegt damit nicht vor und die Passivierungsfähigkeit ist damit nicht gegeben (siehe Kapitel 3.2).

## 8.6 Leasing

Im Normalfall handelt es sich bei Leasinggegenständen um Gegenstände des Anlagevermögens, weshalb sich die nachfolgenden Ausführungen ausnahmslos auf diesen Fall beschränken. In den Vorschriften zur handelsrechtlichen Rechnungslegung existieren keine Bestimmungen bezüglich der im Rahmen von Leasingverträgen entscheidenden Frage der Zurechnung des Leasingobjektes zum Vermögen des Leasinggebers oder des Leasingnehmers. Daher orientiert sich die handelsrechtliche Zuordnung an den steuerrechtlichen Zuordnungskriterien.

Ausschlaggebend für die Zuordnung des entscheidenden, wirtschaftlichen Eigentums ist insbesondere die Art des Vertragsverhältnisses, hierbei sind zu unterscheiden:

Operating-Leasing
Der Vertrag weist ein normales, jederzeit kündbares Mietverhältnis auf, häufig hat dabei der Leasinggeber die Pflicht, den Gegenstand zu warten und zu reparieren. Entsprechende Verträge werden wie übliche Mietverträge behandelt, der Leasinggeber trägt das Investitionsrisiko.

Finanzierungsleasing (Financial-Leasing)
Zwischen den Vertragsparteien wird eine Grundmietzeit vereinbart, in welcher beide keine Kündigungsmöglichkeiten haben. Der Leasingnehmer

trägt das Risiko des Untergangs oder der Verschlechterung des Gegenstandes, das Investitionsrisiko liegt beim Leasingnehmer.

Handelt es sich um ein Operating-Leasing, so ist der Leasinggegenstand vom Leasinggeber zu bilanzieren.

Im Fall des Finanzierungsleasing existiert eine eindeutige Zurechnung zum Leasingnehmer für den Fall des Spezialleasings (der Gegenstand ist speziell auf die Bedürfnisse des Leasingnehmers zugeschnitten), ansonsten ist eine weitere Differenzierung vorzunehmen:

Vollamortisationsverträge
Während der Grundmietzeit erfolgt eine vollständige Amortisation der Anschaffungskosten, Nebenkosten, Finanzierungskosten und des Gewinnaufschlags für den Leasinggeber.

Teilamortisationsverträge
Für den Leasinggeber ist eine vollständige Amortisation bis zum Ende der Grundmietzeit nicht erfolgt.

Es kann davon ausgegangen werden, dass in der überwiegenden Anzahl der Fälle ein Finanzierungsleasing-Vertrag in der Absicht geschlossen wird, dass der Leasinggeber und nicht der Leasingnehmer den Leasinggegenstand zu bilanzieren hat. Insofern können Verträge, die das Gegenteil bewirken wohl als „ungewollt" bezeichnet werden. Zentraler Aspekt ist hierbei jeweils die Erfüllung der kritischen Grundmietzeit von 40% – 90 % der betriebsgewöhnlichen Nutzungsdauer (Nutzungsdauer gemäß AfA-Tabellen). So ist bei Vollamortisationsverträgen der Gegenstand immer dann vom Leasingnehmer zu bilanzieren, wenn:

- die kritische Grundmietzeit unter- oder überschritten wird;
- die kritische Grundmietzeit nicht unter- oder überschritten wird, aber für den Fall, dass ein Kaufoptionsrecht vereinbart wurde, der Kaufpreis erkennbar unterhalb des Restbuchwertes liegt und daher davon ausgegangen werden kann, dass der Leasingnehmer seine Option ausüben wird;

- die kritische Grundmietzeit nicht unter- oder überschritten wird, aber für den Fall, dass ein Mietverlängerungsoptionsrecht vereinbart wurde, die Anschlussleasingrate kleiner ist als der dann eintretende Werteverzehr oder der dann geltende marktübliche Vergleichsmietzins.

Liegt ein Teilamortisationsvertrag zu einem beweglichen Wirtschaftsgut vor, so hat der Leasingnehmer den Gegenstand dann zu bilanzieren, wenn z.B. vereinbart wird, dass ein nach Ablauf der Grundmietzeit erzielbarer Mehrerlös (Verkaufserlös abzüglich des noch nicht amortisierten Restwerts) durch Verkauf des Gegenstandes zu weniger als 25 % dem Leasinggeber zukommt.

Sofern der Gegenstand beim Leasinggeber zu bilanzieren ist, so hat er diesen mit den Anschaffungs-/Herstellungskosten zu aktivieren und über die voraussichtliche Nutzungsdauer planmäßig abzuschreiben, grundsätzlich kommt auch eine außerplanmäßige Abschreibung in Betracht. Beim Leasingnehmer stellen die laufenden Leasingraten Aufwand dar. Die künftigen Leasingraten aus bestehenden Verträgen sind als sonstige finanzielle Verpflichtungen gemäß § 285 Abs. 3 HGB im Anhang anzugeben.

Bilanziert hingegen der Leasingnehmer den Leasinggegenstand, so hat er diesen mit seinen Anschaffungskosten zu erfassen und anschließend planmäßig, ggf. auch außerplanmäßig, abzuschreiben. Zur Bestimmung der Anschaffungskosten ist der Barwert der künftigen Leasingraten sowie vorhandener Sonder-/Einmalzahlungen zu ermitteln. In Höhe der noch ausstehenden Leasingraten hat der Leasingnehmer eine Verbindlichkeit zu passivieren. Die in einem Geschäftsjahr geleisteten Raten sind in einen Tilgungs- und einen Zinsanteil zu differenzieren. Erstere müssen anschließend mit der o.g. Verbindlichkeit gegenüber dem Leasinggeber verrechnet werden, Letztere stellen Aufwand des Geschäftsjahres dar. Die vom Leasinggeber in diesem Fall zu aktivierende, diskontierte Forderung enthält lediglich die Tilgungsanteile. In entsprechender Höhe sind die eingehenden Raten erfolgsneutral gegen die Forderung zu verrechnen, der Überschuss gelangt erfolgswirksam in die GuV.

# Übungsaufgaben zum 8. Kapitel

*Aufgabe 8.1:*
Im Rahmen der Jahresabschlussarbeiten zum 31.12.2005 sind die Bilanzansätze für die folgenden Vorfälle zu bestimmen.

a) Für den laufenden Bezug einer Fachzeitschrift überwies das Unternehmen am 28.12.2005 die Abonnementsgebühr für 2006.

b) Die Versicherungsprämie für den Lieferwagen wurde bereits am 7.11.2005 für den Zeitraum vom 1.12.2005 bis zum 30.3.2006 vom Kontokorrentkonto abgebucht.

c) Für den Bezug von Rohstoffen im Januar 2006 wurde am 10.12.2005 eine Vorauszahlung geleistet.

d) Die Zinsen für ein Darlehen werden vom Unternehmen vereinbarungsgemäß nachschüssig gezahlt, so beispielsweise am 1.4.2006 für den Zeitraum vom Oktober 2005 bis zum März 2006.

e) Der Pächter eines vom Unternehmen derzeit nicht benötigten Grundstücks blieb die Pacht für das 2. Halbjahr 2005 schuldig, er sagte jedoch glaubhaft zu, diese am 1.2.2006 zu zahlen.

f) Eine Marketingkampagne wurde im November 2005 gestartet. Hierbei wird mit enormen Umsatz ab März 2006 gerechnet. Von den insgesamt veranschlagten € 450.000 für die Kampagne fielen in 2005 bereits 70% an.

g) Das Unternehmen lieferte an ihre Zweigstelle in Ungarn am 3.12.2005 Waren, die sich am 31.12.2005 noch dort befanden. Die hierfür gezahlten Zölle wurden bereits als Aufwand verbucht.

*Aufgabe 8.2:*
Worin liegt der Vorteil der Bildung einer steuerfreien Rücklage aus Sicht des bilanzierenden Unternehmens, und wie hoch ist der Eigenkapitalanteil des Sonderpostens mit Rücklagenanteil?

*Aufgabe 8.3:*
Die in der folgenden Tabelle aufgeführten Sachverhalte sind dahingehend zu beurteilen, ob sie bei der Bildung des Bilanzpostens „Aufwendungen für die Ingangsetzung und Erweiterung des Geschäftsbetriebes" berücksichtigt werden können.

| Sachverhalt | Möglicher Bestandteil der Aufwendungen für die Ingangsetzung und Erweiterung des Geschäftsbetriebes? | |
|---|---|---|
| | Ja | Nein |
| Aufwendungen für eine Beratung zur strategischen Neuausrichtung | | |
| Aufwendungen für die Eintragung in das Handelsregister | | |
| Aufwendungen für die Mitarbeiter-Akquisition | | |
| Aufwendungen für eine selbsterstellte Vertriebssteuerungssoftware | | |
| Von der Hausbank fakturierte Emissionskosten | | |
| Anschaffungskosten für einen PKW | | |

*Aufgabe 8.4:*
Eine OHG übernimmt am 1.2.2005 gegenüber einer Bank für ihren Kunden eine Bürgschaft für einen von diesem aufgenommenen Kredit in Höhe von € 10.000. Im Dezember 2006, kurz vor Geschäftsjahresende, muss die OHG damit rechnen in Höhe von € 4.000 einzustehen und Ende Dezember 2007 teilt ihr die Bank mit, dass sie in Höhe von € 2.000 in Anspruch genommen wird und daher im Januar 2008 zu zahlen hat. In welcher Form ist der geschilderte Sachverhalt in den Jahresabschlüssen 2005 bis 2007 der OHG zu berücksichtigen?

# 9. Gewinn- und Verlustrechnung (GuV)

Dass die Bilanz und die Gewinn- und Verlustrechnung (GuV) gemeinsam den Jahresabschluss eines Unternehmens bilden, bestimmt § 242 Abs. 3 HGB. Die GuV war in den vorangegangenen Kapiteln bereits häufiger Gegenstand der Erläuterungen, so wurde ihre grundsätzliche Aufgabe im Kapitel 2.1 dargelegt. Hierbei wurde auch darauf hingewiesen, dass sie dieser Aufgaben durch die Gegenüberstellung der zeitraumorientierten Größen „Aufwand" und „Ertrag" – im Unterschied zur zeitpunktorientierten Bilanz – nachkommt. Erträge sind die auf eine Abrechnungsperiode bezogenen, also periodisierten Einnahmen, die zu einer Erhöhung des Reinvermögens eines Unternehmens führen. Aufwendungen stellen auf die Abrechnungsperiode bezogene Ausgaben dar, die zu einer Verringerung des Reinvermögens (Sach- und Geldvermögen) führen.

Auch die allgemeinen Ausführungen der Kapitel 2.3 und 3 betreffen weitgehend neben der Bilanz auch die GuV. Wesentlich sind hierbei insbesondere das Saldierungsverbot (Aufwendungen und Erträge dürfen nicht gegenseitig aufgerechnet werden) und die Abgrenzungsgrundsätze, die festlegen, welcher Periode Aufwendungen und Erträge zuzuordnen sind.

## 9.1 Aufgabe der GuV

Im Gegensatz zur bilanziellen Erfolgsermittlung durch Reinvermögensvergleich ist es die Aufgabe der GuV, das Zustandekommen des Erfolgs (Jahresüberschuss/-fehlbetrag) nach Art, Höhe und Quellen zu erklären. Der relevante Betrachtungszeitraum ist hierbei i. d R. das aus 12 Monaten bestehende Geschäftsjahr.

Die GuV ermöglicht es somit dem externen Abschlussadressaten, die Erfolgsquellen des Unternehmens voneinander abgrenzen und beurteilen zu können.

## 9.2 Aufbau der GuV

Der Gesetzgeber gewährt bei der Darstellung der GuV dem Bilanzierenden ein Wahlrecht, so kann grundsätzlich zwischen der Kontenform oder der Staffelform gewählt werden. Allerdings ist für Kapitalgesellschaften\* in § 275 Abs. 1 HGB die Staffelform explizit vorgeschrieben. Die Form der Darstellung hat naturgemäß keinen Einfluss auf das Periodenergebnis.

Bei der Kontenform ist die Darstellung der Ertrags- und Aufwandskomponenten jeweils auf einer Seite des Kontos vorgesehen. Übersteigt die Summe der Erträge die Summe der Aufwendungen, so resultiert ein Jahresüberschuss, andernfalls ein Jahresfehlbetrag.

| Aufwand | **GuV für die Zeit vom ... bis ...** | Ertrag |
|---|---|---|
| Aufwandsart 1 € ... | Ertragsart 1 | € ... |
| Aufwandsart ... € ... | Ertragsart ... | € ... |
| **Jahresüberschuss** € ... | **Jahresfehlbetrag** | € ... |
| Summe € ... | Summe | € ... |

*Abbildung 9.1:* Kontenform der GuV

Bei der Staffelform werden die Aufwands- und Ertragsarten in einer vorgebenen Reihenfolge untereinander aufgeführt.

*Tabelle 9.1:* Staffelform der GuV

| | |
|---|---|
| Ertragsart 1 | € ... |
| - Aufwandsart 1 | € ... |
| = Zwischensumme I | € ... |
| + Ertragsart ... | € ... |
| - Aufwandsart ... | € ... |
| ... | € ... |
| **= Jahresüberschuss/-fehlbetrag** | € ... |

Da die Reihenfolge nach geeigneten Kriterien aufgebaut ist und somit ökonomisch sinnvolle Zwischensummen errechnet werden können, ist die Aussagefähigkeit gegenüber der Darstellung in Kontenform höher.

Eine GuV sollte grundsätzlich nach dem Prinzip der Erfolgsspaltung aufgebaut sein, d.h., die Aufwendungen und Erträge sollten so differenziert sein, dass die ordentlichen (weil mit höherer Wahrscheinlichkeit nachhaltig erzielbaren) und die außerordentlichen Erfolgskomponenten zu erkennen sind. Als die beiden Komponenten des ordentlichen Ergebnisses gelten das Betriebs- und das Finanzergebnis. Die außerordentlichen Aufwendungen und Erträge werden im außerordentlichen Ergebnis aggregiert.

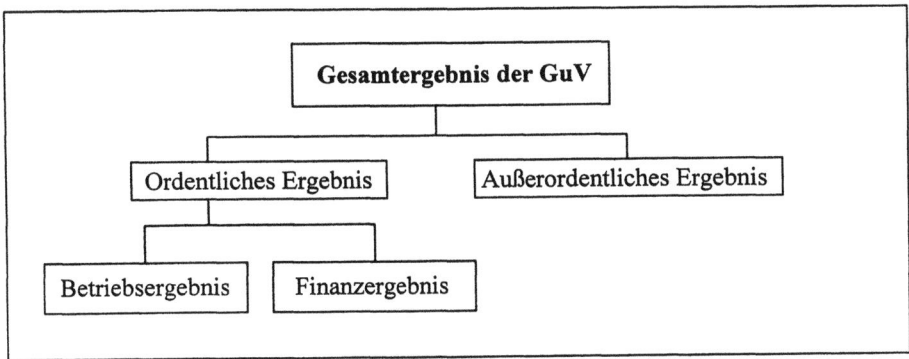

*Abbildung 9.2:* Erfolgsspaltung

Geschäftsvorfälle, die außerhalb der gewöhnlichen Geschäftstätigkeit anfallen, gehen in das außerordentliche Ergebnis ein, sie sind weder typisch für die Geschäftstätigkeit des Unternehmens, noch fallen sie regelmäßig an. Das ordentliche Ergebnis beinhaltet alle regelmäßig auftretenden Erfolgskomponenten. Hierzu zählen das Finanzergebnis, als Ergebnisgröße für bestimmte regelmäßigen Nebengeschäfte (Finanzierungs- und Kapitalanlagegeschäfte) sowie das Betriebsergebnis, in welches alle betriebs-typischen, satzungsmäßig bestimmten Geschäftsvorfälle eingehen.

Kapitalgesellschaften* können gemäß § 275 HGB wählen, ob sie zur Erstellung ihrer GuV das Gesamtkostenverfahren (§ 275 Abs. 2 HGB) oder das Umsatzkostenverfahren (§ 275 Abs. 3 HGB) verwenden. Die Verfahrenswahl ist wesentlich für die Art der Ergebnisermittlung des Betriebsergebnisses, im Bereich der anderen Ergebniskomponenten gleichen sich die Verfahren.

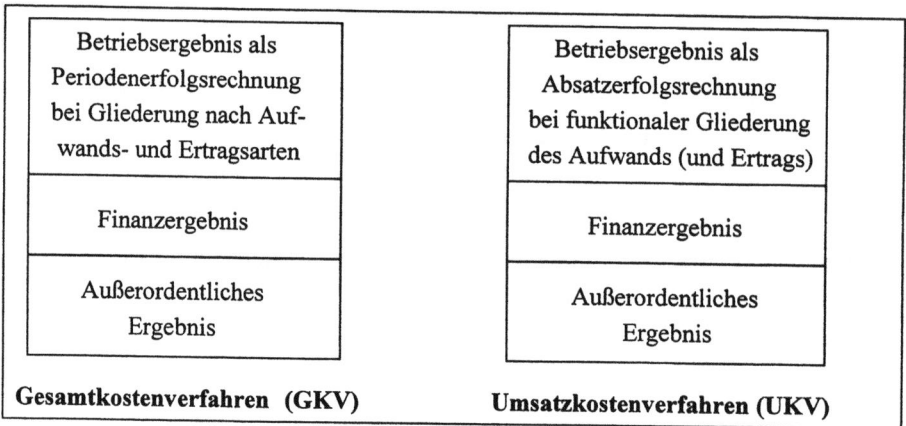

*Abbildung 9.3:* Aufbau des Gesamt- und Umsatzkostenverfahrens

Zunächst soll der Unterschied zwischen einer Perioden- und einer Absatzerfolgsrechnung erläutert werden. Grundsätzlich ist darauf zu achten, dass bei der Ermittlung des Periodenerfolgs den in der Periode erzielten Erträgen ein vergleichbares Ausmaß an Aufwendungen gegenüber gestellt wird. Bei Unternehmen, deren Produktionsleistung der Absatzmenge entspricht, können z.B. den Erträgen alle in der Periode angefallenen Aufwendungen gegenübergestellt werden. Bestehen jedoch zwischen der produzierten und der abgesetzten Menge Unterschiede, wird entweder ein produzierter Überschuss für einen späteren Absatz gelagert (d.h. in der Bilanz aktiviert) oder eine Unterdeckung durch Bestände der Vorperiode ausgeglichen. Ein Überschuss an produzierten Produkten führt zu Aufwendungen in der Periode, denen keine entsprechenden Umsatzerlöse gegenüberstehen und die somit noch zu keinem Erfolgsbeitrag geführt haben. Eine Unterdeckung an produzierten Produkten wurde zur Erzielung der entsprechenden Umsatzerlöse aus Beständen der Vorperiode ausgeglichen und somit stehen den Umsatzerlösen keine entsprechenden Aufwendungen aus der betrachteten Periode entgegen.

Um nun eine sachgerechte Vergleichsbasis für den Periodenerfolg herzustellen zu können, werden

- entweder den gesamten Periodenaufwendungen die erzielten Umsatzerlöse sowie die in der Periode hergestellten und nicht abgesetzten sonstigen Produkte bzw. Dienstleistungen, bewertet zu Herstellungskosten, gegenübergestellt (Produktionserfolgsrechnung/GKV) oder
- den erzielten Umsatzerlösen aus der Periode die entsprechenden Aufwendungen, die zur Herstellung der abgesetzten Produkte angefallen sind – unabhängig, ob diese in der betrachteten oder in Vorperioden angefallen sind – (Absatzerfolgsrechnung/UKV) gegenübergestellt.

Wie an dem folgenden (stark vereinfachten) Beispiel 9.1 deutlich werden sollte, führen beide Verfahren grundsätzlich zum identischen Periodenerfolg, soweit die Bestandsveränderungen identisch bewertet werden.

*Beispiel 9.1:* Ergebnisse der Produktions- und Absatzerfolgsrechnung

Ein Unternehmen erzielte in einer Periode Umsatzerlöse in Höhe von € 10 Mio. Die Aufwendungen des Geschäftsjahres beliefen sich auf € 9 Mio. 90 % der gesamten Produktionsmenge konnte verkauft werden, 10 % wurden eingelagert.

Ergebnis nach dem Gesamtkostenverfahren:

| | |
|---|---|
| Umsatzerlöse: | € 10.000.000 |
| + Bestandserhöhung Erzeugnisse: | €      900.000 |
| - Aufwand des Geschäftsjahres: | €   9.000.000 |
| = Jahresüberschuss: | €   1.900.000 |

Die Bewertung der Bestandserhöhung erfolgt zu 10 % der Aufwendungen des Geschäftsjahres (10 % der Produktion wurden eingelagert).

Ergebnis nach dem Umsatzkostenverfahren:

| | |
|---|---|
| Umsatzerlöse: | € 10.000.000 |
| - Umsatzaufwand: | €   8.100.000 |
| = Jahresüberschuss: | €   1.900.000 |

Der Umsatzaufwand ergibt sich als 90 % des Aufwands des Geschäftsjahres (90 % der Produktion wurde verkauft).

Beim Gesamtkostenverfahren gemäß § 275 Abs. 2 HGB werden sämtliche Aufwendungen nach Kostenarten (wie Material- und Personalaufwand, Abschreibungen usw.) differenziert aufgeführt. In der Periode erbrachte Leistungen, die nicht zu Umsatzerlösen geführt haben, werden in der GuV korrigierend als Erhöhung der Lagerbestände von unfertigen oder fertigen Erzeugnissen oder als andere aktivierte Eigenleistung berücksichtigt. Diese Korrektur in der Erfolgsermittlung ist nötig, da die ausgewiesenen Gesamtaufwendungen nicht in vollem Umfang zu Absatzleistungen führten.

*Tabelle 9.2:* Betriebsergebnis nach § 275 Abs. 2 HGB

| | |
|---|---|
| **Ertrag** | Umsatzerlöse<br>+ Erhöhungen oder Verminderungen des Bestands an fertigen und unfertigen Erzeugnissen<br>+ andere aktivierte Eigenleistungen<br>+ sonstige betriebliche Erträge |
| **- Aufwand** | Materialaufwand<br>+ Personalaufwand<br>+ Abschreibungen<br>+ sonstige betriebliche Aufwendungen |
| **= Betriebsergebnis** | |

Im Rahmen des Umsatzkostenverfahrens (§ 275 Abs. 3 HGB) werden den Umsätzen der Periode nicht die gesamten in der Periode angefallenen Aufwendungen, sondern die für die Herstellung der abgesetzten Produkte notwendigen Aufwendungen gegenübergestellt („Umsatzkosten"). Bei einem Überschuss an produzierten und eingelagerten Produkten werden die, diesen Produkten zugerechneten, Aufwendungen (Herstellungskosten) vom Gesamtaufwand der Periode abgezogen, da den Umsatzerlösen nur die zur Herstellung der abgesetzten Produkte notwendigen Aufwendungen gegenübergestellt werden sollen. Werden Produkte aus Vorperioden abgesetzt, so sind dem Gesamtaufwand der Periode die ehemaligen Herstellungskosten hinzuzurechnen, um auch hier den Umsatzerlösen die entsprechenden zur Herstellung notwendigen Aufwendungen gegenüberzustellen. Wie bereits angemerkt, folgt die Gliederung der Aufwendungen im Umsatzkostenverfahren einer funktionalen Struktur.

*Tabelle 9.3:* Betriebsergebnis nach § 275 Abs. 3 HGB

| |
|---|
| Umsatzerlöse |
| - Umsatzkosten |
| = Bruttoergebnis vom Umsatz |
| - Vertriebskosten |
| - allgemeine Verwaltungskosten |
| + sonstige betriebliche Erträge |
| - sonstige betriebliche Aufwendungen |
| **= Betriebsergebnis** |

Die Aufteilung der entsprechenden Aufwendungen erfolgt über Kostenzuordnungen und Umlageverfahren innerhalb der Betriebsabrechnung. Aufgrund des unterschiedlichen Ausweises der Aufwendungen im Gesamtkosten- und Umsatzkostenverfahren, bestehen unterschiedlich hohe Anforderungen an die Betriebsabrechnung.

Beim Gesamtkostenverfahren werden – wie oben beschrieben – die Aufwendungen jeweils nach Aufwandsarten getrennt und die bewertete Differenzmenge zwischen produzierter und abgesetzter Produkte in einem Posten dargestellt.

Beim Umsatzkostenverfahren sind die angefallenen Aufwendungen den jeweiligen grundlegenden Funktionsbereichen (Herstellung, Verwaltung und Vertrieb) des Unternehmens zuzuordnen. Hieraus ergibt sich die Notwendigkeit, die Aufwandsarten nach betriebswirtschaftlichen, nachvollziehbaren Methoden auf die jeweiligen grundlegenden Funktionsbereiche aufzuteilen. Nicht zuordenbare Aufwendungen werden in den sonstigen betrieblichen Aufwendungen zusammengefasst.

Die Anforderungen an die Betriebsabrechnung sind hierdurch beim Umsatzkostenverfahren höher als beim Gesamtkostenverfahren.

Wie in Tabelle 9.4 zu erkennen, erfolgt die Erfolgsspaltung unanhängig von der gewählten Gliederungsform, da die Unterschiede der beiden Verfahren sich nur innerhalb des Betriebsergebnisses auswirken.

*Tabelle 9.4:* Struktur der GuV nach § 275 Abs. 2 und 3 HGB

| Bezeichnung | GKV-Posten gemäß § 275 Abs. 2 HGB | UKV-Posten gemäß § 275 Abs. 3 HGB |
|---|---|---|
| Betriebsergebnis | Nr. 1-8 | Nr. 1-7 |
| + Finanzergebnis | Nr. 9-13 | Nr. 8-12 |
| = Ergebnis der gewöhnlichen Geschäftstätigkeit | Nr. 14 | Nr. 13 |
| Außerordentliche Erträge | Nr. 15 | Nr. 14 |
| - Außerordentliche Aufwendungen | Nr. 16 | Nr. 15 |
| = Außerordentliches Ergebnis | Nr. 17 | Nr. 16 |
| +/- Steuern | Nr. 18-19 | Nr. 17-18 |
| = Jahresüberschuss/-fehlbetrag | Nr. 20 | Nr. 19 |

Veränderung im Lagerbestand bzw. den aktivierten Eigenleistungen wirken sich im Betriebsergebnis nicht aus, weil sie als Aufwand zur Leistungserstellung in den Betriebsaufwendungen in gleicher Höhe erfasst werden. Im Rahmen des Umsatzkostenverfahrens sind sie hingegen grundsätzlich ertrags- und aufwandsneutral.

## 9.3 Die Posten der GuV im Einzelnen

Im weiteren Verlauf werden zunächst die Posten der GuV nach dem Gesamtkostenverfahren (§ 275 Abs. 2) erläutert, anschließend erfolgt die Erläuterung der spezifischen Posten des Umsatzkostenverfahrens.

### 9.3.1 Posten des Gesamtkostenverfahrens

1. Umsatzerlöse
Hier sind die für die gewöhnliche Geschäftstätigkeit typischen Erlöse, nach Abzug von Erlösschmälerungen und der Umsatzsteuer (§ 277 Abs. 1 HGB) auszuweisen, auch wenn sie unregelmäßig und selten anfallen (z.B. Verkauf eines Spezialfahrzeugs eines PKW-Herstellers).

2. Erhöhungen oder Verminderungen des Bestands an fertigen und unfertigen Erzeugnissen

Zu Herstellungskosten bewertete Bestandsveränderungen fertiger und unfertiger Erzeugnisse können gemeinsam ausgewiesen werden. Die wertmäßige Veränderungen kann ihre Ursache in einer mengenmäßigen Änderung haben oder auf Ab- und Zuschreibungen beruhen. Gemäß § 277 Abs. 2 Satz 2 HGB sind hier jedoch nur die im Unternehmen üblichen Abschreibungen auszuweisen.

3. Andere aktivierte Eigenleistungen

Ebenso wie im Falle der o.g. Bestandsveränderungen handelt es sich hierbei um Ergebnisse des Produktionsprozesses, die nicht zu Erlösen führten, sondern (zunächst) im Unternehmen verblieben. Der Ansatz erfolgt ebenso zu Herstellungskosten, und er dient somit zur Wahrung der Ergebnisneutralität entsprechender Vorgänge. Entscheidend ist, dass es sich um aktivierbare Leistungen handelt, die keine Bestandsveränderungen der fertigen oder unfertigen Erzeugnisse darstellen. Hierzu zählen selbsterstellte Vermögensgegenstände des Anlagevermögens, Großreparaturen oder auch die Aufwendungen gemäß § 269 HGB (siehe Kapitel 8.3).

4. Sonstige betriebliche Erträge

Es handelt sich hierbei um einen Sammelposten für alle regelmäßigen aber untypischen Erträge, die ohne USt zum Ansatz gelangen. Beispiele sind Mieteinnahmen für Werkswohnungen, Patent- und Lizenzgebühren, Personalverkäufe, Gewinne aus dem Abgang von Gegenständen des Anlagevermögens, aus Zuschreibungen zu Gegenständen des Anlagevermögens (beides ohne Finanzanlagen) oder aus der Auflösung von Rückstellungen. Ein gesonderter Ausweis hat im Falle eines Ertrages aus der Auflösung eines Sonderpostens mit Rücklagenanteil an dieser Stelle oder im Anhang zu erfolgen (§ 281 Abs. 2 HGB).

5. Materialaufwand

Die Position umfasst a) Aufwendungen für Roh-, Hilfs- und Betriebsstoffe und für bezogene Waren und b) Aufwendungen für bezogene Leistungen. Unter a) kann neben dem Materialverbrauch der Fertigungsstellen auch der anderer Kostenstellen angesetzt werden, z.B. Reinigungs- und Büromaterial (alternativ unter Nr. 8). Bewertungsdifferenzen sind hier gleichfalls zu führen. Unter b) sind alle bezogenen Leistungen zu führen, die einen Materialverbrauch darstellen, also beispielsweise fremdbezogene Energie, nicht jedoch Telefon- oder Beratungsgebühren (Nr. 8).

### 6. Personalaufwand

Es sind aufzuführen a) Löhne und Gehälter und b) soziale Abgaben und Aufwendungen für Altersversorgung und für Unterstützung, davon für Altersversorgung. Unter a) sind alle Bruttobezüge der Mitarbeiter, die sich in einem Anstellungsverhältnis im Geschäftsjahr befanden, aufzuführen. Anteilige Sozialabgaben des Arbeitgebers sind hingegen unter b) zu verzeichnen. Unter a) sind auch alle an Arbeitnehmer gerichteten Nebenleistungen aufzuführen – inkl. jener für die Geschäftsführung. Aufwendungen für Unterstützung sind z.B. freiwillige Heirats- und Geburtshilfen für tätige Mitarbeiter.

### 7. Abschreibungen

Zu unterscheiden sind a) auf immaterielle Vermögensgegenstände des Anlagevermögens und Sachanlagen sowie auf aktivierte Aufwendungen für die Ingangsetzung und Erweiterung des Geschäftsbetriebes und b) auf Vermögensgegenstände des Umlaufvermögens, soweit diese die in der Kapitalgesellschaft üblichen Abschreibungen überschreiten. Außerplanmäßige Abschreibungen auf die genannten Gegenstände des Anlagevermögens und jene des Umlaufvermögens sind gesondert anzugeben, oder es hat hierzu eine Angabe im Anhang zu erfolgen (§ 277 Abs. 3 Satz 1 HGB). Übliche Abschreibungen auf die Gegenstände des Umlaufvermögens werden in Abhängigkeit des Vermögenswertes in Nr. 2 (fertige und unfertige Erzeugnisse), Nr. 5 (Roh-, Hilfs- und Betriebsstoffe), Nr. 8 (Forderungen) und Nr. 12 (Wertpapiere) vorgenommen. Mit „üblich" ist regelmäßig oder häufig gemeint. Anzusetzen ist hier die Mehrabschreibung, folglich der Unterschiedsbetrag zur üblichen Abschreibung.

### 8. Sonstige betriebliche Aufwendungen

Sammelposten für alle sonstigen Aufwendungen aus der gewöhnlichen Geschäftstätigkeit, d.h. sofern nicht in vorangegangenen Posten oder in Nr. 12 und 13 anzusetzen. Hier sind z.B. auch Verluste aus dem Abgang von

Vermögensgegenständen des Anlagevermögens und „übliche" Abschreibungen auf Forderungen anzusetzen. Gesondert ist hier oder im Anhang eine Einstellung in den Sonderposten mit Rücklagenanteil auszuweisen.

Der freiwillige Ausweis eines Betriebsergebnisses hätte als Zwischensumme nach dem Posten der sonstigen betrieblichen Aufwendungen zu erfolgen.

9. Erträge aus Beteiligungen
Erträge aus Beteiligungen (siehe Kapitel 4.1) können sein: Dividenden von Kapitalgesellschaften*, Gewinnanteile von Personengesellschaften und ggf. Zinsen auf beteilungsähnliche Darlehen. Mit einem „Davon-Vermerk" sind die Erträge aus verbundenen Unternehmen gesondert aufzuführen.

§ 277 Abs. 3 Satz 2 HGB bestimmt, dass Erträge und Aufwendungen aus Verlustübernahme und auf Grund einer Gewinngemeinschaft, eines Gewinnabführungs- oder Teilgewinnabführungsvertrages erhaltene oder abgeführte Gewinne gesondert unter entsprechender Position auszuweisen sind – im Allgemeinen erfolgt dies nach Nr. 9.

10. Erträge aus anderen Wertpapieren und Ausleihungen des Finanzanlagevermögens
Hier sind alle Erträge aus Finanzanlagen (Gewinnanteile und Zinsen) zu berücksichtigen, die nicht unter Nr. 9 aufgeführt wurden. Nicht hier zuzuordnen sind die Erträge aus den Wertpapieren des Umlaufvermögens (Nr. 11). Mit einem „Davon-Vermerk" sind die Erträge aus verbundenen Unternehmen wiederum gesondert aufzuführen.

11. Sonstige Zinsen und ähnliche Erträge
An dieser Stelle sind alle Zinsen und ähnliche Erträge zu führen, die nicht Finanzanlagen betreffen oder gemäß § 277 Abs. 3 Satz 2 HGB gesondert aufzuführen sind, so z.B. Zinsen für Termineinlagen bei Banken oder Dividenden aus Wertpapieren des Umlaufvermögens. Stammen die Erträge aus verbundenen Unternehmen, so sind sie mit einem „Davon-Vermerk" anzugeben. Zinsähnliche Erträge sind u.a. Erträge aus einem Agio oder Teilzahlungszuschläge, nicht aber z.B. Mahnkosten (Nr. 4).

**12. Abschreibungen auf Finanzanlagen und Wertpapiere des Umlaufvermögens**

Hier sind alle Abschreibungen auf Finanzanlagen und Wertpapiere des Umlaufvermögens aufzuführen, auch jene, die über das übliche Maß hinausgehen. Anzusetzen ist hier auch ein Ausweis der Verluste aus dem Abgang der Finanzanlagen oder Wertpapiere, sofern diese nicht außerordentlich sind (Nr. 16).

**13. Zinsen und ähnliche Aufwendungen**

Zunächst sind hier alle Zinsen für das im Unternehmen eingesetzte Fremdkapital zu zeigen. Die an verbundene Unternehmen gezahlten Zinsen und ähnliche Aufwendungen sind mit einem „Davon-Vermerk" zu versehen. Als ähnliche Aufwendungen gelten Diskontbeträge für Wechsel und Schecks, Kredit-, Überziehungs- und Bereitstellungszinsen, (Abschreibungen auf ein aktiviertes) Disagio, Zinsanteil in den Zuführungen zu Pensionsrückstellungen etc. Kontoführungsgebühren oder Abzinsungen für nicht verzinsliche Forderungen sind unter Nr. 8 auszuweisen.

Der freiwillige Ausweis eines Finanzergebnisses hätte als Zwischensumme der Nr. 9 bis 13 nach dem Posten der Zinsen und ähnlichen Aufwendungen zu erfolgen.

**14. Ergebnis der gewöhnlichen Geschäftstätigkeit**

Das Ergebnis der gewöhnlichen Geschäftstätigkeit (Summe aus Betriebsergebnis und Finanzergebnis) wird als Zwischensumme an dieser Stelle positioniert. Es stellt den Erfolg oder Misserfolg des Unternehmens vor Steuern und außerordentlichem Ergebnis dar. Das Ergebnis nach dem Gesamt- und dem Umsatzkostenverfahren stimmt hierbei überein.

**15-16. Außerordentliche Erträge und Aufwendungen**

Kapitalgesellschaften* haben gemäß § 277 Abs. 4 HGB unter dem Posten der außerordentlichen Erträge und Aufwendungen solche auszuweisen, die außerhalb der gewöhnlichen Geschäftstätigkeit anfielen. Sofern sie für die Beurteilung der Ertragslage nicht von untergeordneter Bedeutung sind, sind sie hinsichtlich ihres Betrags und ihrer Art im Anhang zu erläutern. Die externe, insbesondere unternehmensvergleichende Analyse wird dadurch erschwert, dass keine einheitliche inhaltliche Konkretisierung der außerordentlichen Geschäftsvorfälle existiert. Das „Außerordentliche" wird in der einschlägigen Literatur beispielsweise interpretiert als außerhalb der gewöhnlichen Geschäftstätigkeit liegend, ungewöhnlich und selten und nicht regelmäßig. Oder aber auch alternativ als in hohem Maße ungewöhnlich, selten bzw. unregelmäßig vorkommend und vom Betrag her wesentlich. Je nach Konkretisierung erfolgt dann der Ansatz eines Ereignisses im Bereich der sonstigen (Nr. 4 und 8) oder im Bereich der außerordentlichen Erträge/Aufwendungen. Zweifelsohne außerordentlich sind z.B. Aufwendungen, die auf einer Zerstörung des ganzen Betriebs oder wesentlicher Teile, Unfallschäden oder einer Enteignung beruhen, ein außerordentlicher Ertrag ist z.B. ein realisierter Sanierungsgewinn.

17. Außerordentliches Ergebnis

Gemeinsam mit dem Ergebnis der gewöhnlichen Geschäftstätigkeit bildet das außerordentliche Ergebnis (Nr. 15 minus Nr. 16) das Jahresergebnis vor Steuern, dessen Ausweis freiwillig erfolgen kann.

18. Steuern vom Einkommen und Ertrag

Zu berücksichtigen sind hier lediglich die Steuern, bei denen das Unternehmen selbst Steuerschuldner ist. Auszuweisen sind hier die die laufende Periode oder eine frühere betreffende, gezahlte oder zurückgestellte Körperschafts- und Gewerbeertragsteuer sowie im Ausland gezahlte und deutschen Steuern entsprechende Steuern. Steuerstrafen sind hingegen unter Nr. 8 und Säumniszuschläge unter Nr. 13 zu erfassen. Abzusetzen sind Steuererstattungen und Auflösungen von zuvor gebildeten Steuerrückstellungen. Erfolgt die Aktivierung eines Postens zur latenten Steuer (siehe Kapitel 8.4), so mindert dies den hier auszuweisenden Steueraufwand. Die Bildung einer Rückstellung für latente Steuern bewirkt eine Erhöhung des auszuweisenden Steueraufwands, die spätere Auflösung erbringt eine Steuerentlastung. Gemäß § 285 Nr. 6 HGB ist im Anhang anzugeben, in welchem Maße die aufgeführte Steuer das Ergebnis der gewöhnlichen Geschäftstätigkeit und das außerordentliche Ergebnis belasten.

19. Sonstige Steuern
Hier sind alle Nr. 18 nicht betreffenden Steuern auszuweisen, so z.B. die Grundsteuer, Verbrauch- oder Verkehrsteuer. Abzusetzen sind Steuererstattungen und Auflösungen von diesbezüglichen Steuerrückstellungen.

20. Jahresüberschuss/-fehlbetrag
Als Jahresüberschuss oder Jahresfehlbetrag resultiert der Gewinn oder Verlust nach Steuern. AGs haben gemäß § 158 AktG die GuV um eine Gewinnverwendungsrechnung zu ergänzen (siehe Kapitel 6.4).

## 9.3.2 Posten des Umsatzkostenverfahrens

Anschließend werden die Posten des Umsatzkostenverfahrens gemäß § 275 Abs. 3 HGB erläutert. Dies geschieht jedoch lediglich in den Fällen, in denen die Posten bislang nicht genannt wurden oder sie im Vergleich zum Posten des Gesamtkostenverfahrens Besonderheiten aufweisen.

2. Herstellungskosten der zur Erzielung der Umsatzerlöse erbrachten Leistungen
Bei diesem Posten handelt es sich um die kritische Größe im Rahmen der Beurteilung der Güte des Umsatzkostenverfahrens – die hier einzubeziehenden Aufwandsbestandteile sind weder im Gesetz noch in der einschlägigen Literatur eindeutig benannt. Grundsätzlich auszuweisen sind alle Herstellungskosten (besser –aufwendungen), die zur Erzielung der Umsatzerlöse anfielen, unabhängig der Periode, in der sie entstanden sind. Der überwiegende Teil der Literatur geht davon aus, dass der Begriff der Herstellungskosten der zur Umsatzerzielung erbrachten Leistung unabhängig ist vom Begriff der Herstellungskosten gemäß § 255 Abs. 2 HGB, der zur bilanziellen Bestandsbewertung angewandt wird (siehe Kapitel 3.3.1.2). So sollen unter der Nr. 2 alle Einzel- und Gemeinkosten des Fertigungs- und Materialbereichs ausgewiesen werden, soweit diese zur Bestandsbewertung gemäß § 255 Abs. 2 HGB berücksichtigt werden. Darüber hinaus anfallende außerplanmäßige Abschreibungen auf das Vermögen seien funktional dem Herstellungs-, Verwaltungs- und Vertriebsbereich zuzuordnen.

3. Bruttoergebnis vom Umsatz
Die Position stellt ein Zwischenergebnis dar (Nr. 1 minus Nr. 2). Soll es für einen sinnvollen Betriebsvergleich dienen, so ist sicherzustellen, dass unter Nr. 2 eine identische Bewertung stattfand – andernfalls ist zuvor anzugleichen.

4. Vertriebskosten
Hier sind alle den Verkaufs-, Marketing- und sonstigen Vertriebsabteilungen direkt oder indirekt zuzuordnende Aufwendungen zu erfassen. Ausnahmen hiervon stellen anteilige Zinsen und anteilige Steuern dar.

5. Allgemeine Verwaltungskosten
Unter dem Posten sind alle Aufwendungen der allgemeinen Verwaltung zu erfassen, sofern sie nicht als Herstellungskosten aktiviert oder auf die bereits benannten Posten, insbesondere Nr. 2, verrechnet wurden.

6. Sonstige betriebliche Erträge (des Umsatzkostenverfahrens)
Unterschiede zum gleichnamigen Posten 4. des Gesamtkostenverfahrens können sich durch die aktivierten Eigenleistungen oder Bestandserhöhungen ergeben, ansonsten entsprechen sich die Posten.

7. Sonstige betriebliche Aufwendungen (des Umsatzkostenverfahrens)
Hier besteht ein größerer Unterschied zum gleichnamigen Posten des Gesamtkostenverfahrens, denn gemeinhin wird ein Ausweis von Aufwendungen in diesem Posten nur dann als zulässig erachtet, wenn er im Rahmen der oben aufgeführten Funktionsaufwendungen nicht oder nur äußerst schwierig möglich ist. So sind beispielsweise auch die das übliche Maß übersteigenden Abschreibungen oder solche auf den Geschäfts- oder Firmenwert hier zuzuordnen. Zwingend auszuweisen sind an dieser Stelle allerdings die Einstellungen in den Sonderposten mit Rücklagenanteil (§ 281 Abs. 2 Satz 2 HGB).

Kleine und mittelgroße Kapitalgesellschaften* können bei der Erstellung ihrer GuV die Erleichterungen gemäß § 276 HGB in Anspruch nehmen. So können sie die Posten Nr. 1 bis Nr. 5 (Gesamtkostenverfahren) oder Nr. 1 bis Nr. 3 und Nr. 6 (Umsatzkostenverfahren) als Rohergebnis ausweisen.

# Übungsaufgaben zum 9. Kapitel

*Aufgabe 9.1:*
Erläutern Sie kurz die grundlegenden Unterschiede zwischen dem Gesamt- und dem Umsatzkostenverfahren.

*Aufgabe 9.2:*
Geben Sie für die folgenden Aufwendungen und Erträge an, unter welchem Posten der GuV sie nach dem Gesamtkostenverfahren anzusetzen sind.

| Vorgang | Position gemäß § 275 Abs. 2 HGB |
|---|---|
| Dividenden aus Wertpapieren eines verbundenen Unternehmens | |
| Es wurden Garantiezusagen im normalen Umfange gegeben, nun ist eine Rückstellung zu bilden | |
| Abschreibungen auf den derivativen Firmenwert | |
| Die betriebseigene Montage fertigte im gesamten Monat Mai für den zu Lieferzwecken genutzten LKW eine Spezialvorrichtung an | |
| Für die Werkswohnungen gingen die Mieten ein | |
| Säumniszuschläge für verspätete Steuerzahlung | |

*Aufgabe 9.3:*
Die Heureka GmbH produziert mobile Navigationssysteme. Zu Beginn des Geschäftsjahres waren keine Geräte auf Lager. Bei einer Produktionsmenge von 10.000 Stück und einem Absatz von 7.500 Stück (zu durchschnittlich € 650/Stück) befanden sich am Ende des Geschäftsjahres 2.000 Stück auf Lager. Die aufwandsgleichen Kosten betrugen:

- Materialkosten:     € 1,8 Mio.  - davon € 1 Mio. Einzelkosten
- Fertigungskosten:   € 2,8 Mio.  - davon € 2 Mio. Einzelkosten
- Verwaltungskosten: € 0,5 Mio.
- Vertriebskosten:    € 0,3 Mio.

Bestimmen Sie den Gewinn nach dem Gesamt- und dem Umsatzkostenverfahren. Bewerten Sie die Bestände mit dem zulässigen Minimalansatz.

# 10. Anhang und Lagebericht

Die bislang behandelten Elemente des Jahresabschlusses, Bilanz und GuV, sind Basiselemente der Berichterstattung und Rechenschaftslegung von Unternehmen. Sie sind jedoch in ihrer Fähigkeit zur Vermittlung von Informationen begrenzt. Vor dem Hintergrund dieser Begrenzung und dem Bedürfnis der Abschlussadressaten sind für bestimmte Gesellschaftsformen zusätzliche Informationsmedien, der Anhang und der Lagebericht vorgeschrieben.

## 10.1 Anhang

Der Jahresabschluss einer Kapitalgesellschaft* ist gemäß § 264 Abs.1 HGB um einen Anhang zu erweitern, der zusammen mit der Bilanz und der Gewinn- und Verlustrechnung eine Einheit bildet. D.h., dass der Anhang Element des Jahresabschlusses einer Kapitalgesellschaft* ist und keiner zusätzlichen Einbeziehung, wie dies beim Lagebericht der Fall ist (siehe Abschnitt 10.2), bedarf. Die Aufgabe des Anhangs liegt in der Erfüllung verschiedener Funktionen, die in der folgenden Abbildung aufgeführt sind.

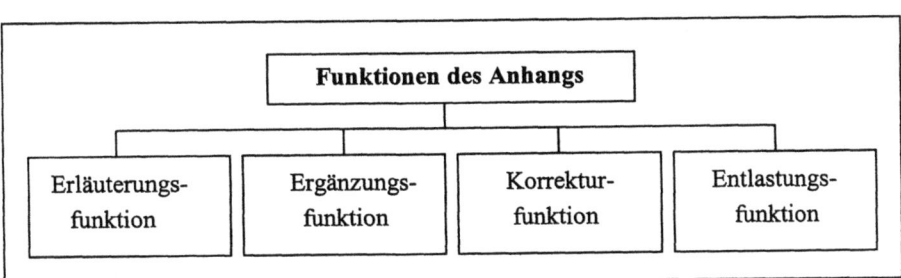

*Abbildung 10.1:* Anhangfunktionen

Die rein quantitativen Angaben der Bilanz und GuV sind nur bedingt geeignet, ein den tatsächlichen Verhältnissen entsprechendes Bild der Vermögens-, Finanz- und Ertragslage zu vermitteln. Eine Vergleichbarkeit von verschiedenen Unternehmen oder betrachteten Perioden setzt häufig auch verbale Erläuterungen zur Interpretation der Bilanz und GuV voraus.

Die Erläuterungsfunktion des Anhangs dient der weiteren Interpretation und Kommentierung bestimmter Angaben in der Bilanz und der GuV bezüglich Inhalt, Entstehen und Charakter der enthaltenen Posten. Im Rahmen seiner Ergänzungsfunktion vermittelt er zusätzliche Informationen zur Bilanz und GuV. Sind Informationen, die sich nicht auf die Bilanz und GuV beziehen, für die Beurteilung der Vermögens-, Finanz- und Ertragslage unerlässlich, so hat eine Aufnahme dieser Informationen in den Anhang zu erfolgen. Bedingen besondere Ereignisse und Umstände eine hohe Wahrscheinlichkeit für eine Fehlinterpretation der Angaben in der Bilanz und GuV, weist der Anhang im Rahmen seiner Korrekturfunktion durch Aufnahme zusätzlicher Informationen darauf hin. Abschließend ist auf seine entlastende Rolle hinzuweisen. Da der Anhang ein gleichwertiges Element des Jahresabschlusses ist, können bestimmte Informationen von der Bilanz oder GuV in den Anhang verlagert werden, ohne dass dadurch ein Informationsverlust eintritt. Durch diese Verlagerung kann die Übersichtlichkeit und Klarheit von Bilanz und GuV erhöht werden (§ 243 Abs. 2 HGB).

Für den Anhang besteht keine gesetzliche Gliederungsvorschrift, wobei jedoch die in §§ 284, 285 HGB enthaltenen erforderlichen Angabepflichten, eine Strukturierung der Angaben sinnvoll erscheinen lässt. Eine Anwendung des Stetigkeitsgebots erscheint hierbei im Sinne der Klarheit des Abschlusses sinnvoll.

Der Anhang lässt sich grob in drei Abschnitte unterteilen:

- allgemeine Informationen zu den angewandten Bilanzierungs- und Bewertungsmethoden und Grundlagen der Fremdwährungsumrechnung,
- Erläuterungen zu den Posten der Bilanz und GuV und
- sonstige Angaben, die nicht bereits in den ersten beiden Abschnitten behandelt wurden.

Insbesondere in den §§ 284, 285 HGB werden wesentliche Pflichtangaben aufgeführt, wobei die allgemeinen Informationen zu den angewandten Bilanzierungs- und Bewertungsmethoden in § 284 HGB enthalten sind.

Zudem finden sich an anderen Stellen des Dritten Buches des HGB, wie z.B. allgemein in den §§ 264 Abs. 2 und 3, 265 Abs. 1 bis 4 und 7, 280 Abs. 3 und rechtformspezifisch dem § 338 HGB sowie in anderen Gesetzen, u.a. §§ 160, 161 AktG; § 42 Abs. 3 GmbHG, Vorschriften zu Angaben im Anhang. Neben Pflichtangaben existieren Wahlpflichtangaben bei denen der Bilanzierende entscheiden kann, ob bestimmte Informationen in der Bilanz und GuV oder im Anhang aufgeführt werden sollen.

*Tabelle 10.1:* Überblick zu den Angaben im Anhang (Einzelabschluss)

| Angabeart | Ausgewählte §§ ... |
|---|---|
| Pflichtangaben (HGB) | 264 Abs. 2 Satz 2, 265 Abs. 1 Satz 2, 265 Abs. 2 Satz 2 und 3, 265 Abs. 4 Satz 2, 268 Abs. 4 Satz 2, 268 Abs. 5 Satz 3, 269 Satz 1, 274 Abs. 2 Satz 2, 277 Abs. 4 Satz 2 und 3, 280 Abs. 3, 284 Abs. 2 Satz 1 bis 5, 285 Nr. 1, 3 bis 16, 286 Abs. 3 Satz 4. |
| Wahlpflichtangaben (HGB) | 265 Abs. 3 Satz 1, 265 Abs. 7 Nr. 2, 268 Abs. 1 Satz 2, 268 Abs. 2 Satz 1 und 3, 268 Abs. 6 und 7, 273 Satz 2, 274 Abs. 1 Satz 1, 277 Abs. 3 Satz 1, 281 Abs. 1 Satz 2, 281 Abs. 2 Satz 1 und 2, 285 Nr. 2, 287 Satz 1 und 3. |
| Rechtformspezifische Angaben | HGB: 338 Abs. 1 Satz 1 und 2, 338 Abs. 2 Nr. 1 und 2, 338 Abs. 3.<br>AktG: 58 Abs. 2a Satz 2, 152 Abs. 2 und 3, 158 Abs. 1 Satz 2, 160 Abs. 1 Nr. 1 bis 8, 240 Satz 3, 261 Abs. 1 Satz 3 und 4.<br>GmbHG: 29 Abs. 4 Satz 2, 42 Abs. 3. |

Die Pflicht zur Aufnahme bestimmter Angaben wird durch § 286 HGB begrenzt. Dies erfolgt vor dem Hintergrund, dass eine Berichterstattung ggf. dem Wohl der Öffentlichkeit oder dem berichtenden Unternehmen schaden könnte und dieser Schaden im groben Missverhältnis zum Informationsnutzen für den Abschlussadressaten steht. Darüber hinaus bestehen größenabhängige Erleichterungen für Kapitalgesellschaften* gemäß § 288 HGB. So brauchen mittelgroße Kapitalgesellschaften* keine weitere Aufgliederung der Umsatzerlöse vorzunehmen. Kleine Kapitalgesellschaften* brauchen darüber hinaus z.B. auch keine Angaben über die Bilanzierungs- und Bewertungsmethoden oder zu durchschnittlichen Arbeitnehmeranzahl zu machen. Größenabhängige Erleichterungen existieren schließlich auch im Hinblick auf die Offenlegung (§ 327 Satz 2 HGB).

Freiwillige Angaben können im Anhang vorgenommen werden, sofern sie nicht den Blick auf die tatsächlichen Verhältnisse des Unternehmens beeinträchtigen.

## 10.2 Lagebericht

Die gesetzlichen Vertreter einer Kapitalgesellschaft* haben gemäß § 264 Abs.1 Satz 1 HGB neben dem Jahresabschluss – bestehend aus Bilanz, GuV und Anhang – einen Lagebericht aufzustellen. Der Lagebericht ist nicht Element des Jahresabschlusses gemäß § 242 Abs. 3 HGB i.V.m. § 264 Abs. 1 HGB. Kleine Kapitalgesellschaften* brauchen einen Lagebericht nicht aufzustellen. In § 289 HGB werden neben dem Mindestinhalt auch die Aufgaben des Lageberichts geregelt.

In der betrieblichen Praxis wird der Lagebericht zumeist in einem einheitlichen Druckwerk, dem sog. Geschäftsbericht, gemeinsam mit dem Jahresabschluss veröffentlicht, dabei ist er diesem häufig vorangestellt.

Im Gegensatz zum Anhang ist der Lagebericht auf eine wirtschaftliche Gesamtbeurteilung des Unternehmens ausgerichtet. Er verdichtet die Informationen des Jahresabschlusses und ergänzt sie zeitlich und sachlich. Um die Fähigkeit diesbezüglich zu verbessern, ist die Lageberichterstattung nicht an die Grundsätze ordnungsmäßiger Buchführung (GoB) gebunden. Der Lagebericht löst sich von den handelsrechtlichen strengen Objektivierungsvorgaben um seinen Informations- und Rechenschaftsaufgaben besser nachkommen zu können. Darüber hinaus besitzt der Lagebericht neben seinen vergangenheitsorientierten Komponenten, wie der Darstellung des Geschäftsverlaufs oder den bestehenden Zweigniederlassungen und einer gegenwartsorientierten Komponente im Form der Darstellung der Lage der Gesellschaft auch zukunftsorientierte Komponenten. Diese sind die Darstellung der Risiken der zukünftigen Entwicklung, Angaben über die voraussichtliche Entwicklung der Gesellschaft und auch Vorgänge von besonderer Bedeutung, die nach dem Bilanzstichtag eingetreten sind.

Der Lagebericht hat die Aufgabe dem Jahresabschlussadressaten durch Bereitstellung dieser Informationen eine umfassende wirtschaftliche Gesamtbeurteilung zu ermöglichen. Die Angaben des Lageberichts haben dabei ebenfalls ein den tatsächlichen Verhältnissen entsprechendes Bild zu vermitteln (§ 289 Abs.1 HGB).

Durch die Darstellung der wirtschaftlichen Lage des Unternehmens sowie der Gewährung eines umfassenden Überblicks über die wirtschaftliche Entwicklung im abgelaufenen Geschäftsjahr unter Berücksichtigung, dass der Lagebericht mit dem Jahresabschluss offen zu legen sind, legt die Unternehmensleitung hiermit auch Rechenschaft ab. Insoweit kommt dem Lagebericht auch eine Rechenschaftsaufgabe zu.

Eine Regelung wie ein Lagebericht zu gliedern ist, wurde durch den Gesetzgeber in § 289 HGB nicht eingefügt. Sie ist durch die Inhalte und den Zweck dieses Rechnungslegungselements vom aufstellenden Unternehmen festzulegen, hierbei ist eine vollständige, richtige sowie klar strukturierte und verständliche Berichterstattung Voraussetzung. Gemäß des Vollständigkeitspostulats hat der Lagebericht alle Angaben zu enthalten, die für die Gesamtbeurteilung der wirtschaftlichen Lage des Unternehmens und des Geschäftsverlaufs sowie der Risiken der zukünftigen Entwicklung erforderlich sind oder durch § 289 HGB gefordert werden. Auch eine Berichterstattung der wesentlichen Sachverhalte ist zulässig.

Im Rahmen der Richtigkeit bzw. Verlässlichkeit müssen die Angaben im Lagebericht vergleichbar sein. Die Annahmen sollten dabei plausibel und die Angaben zu anderen Informationen/Annahmen im Jahresabschluss kompatibel sein.

In Bezug auf Klarheit und Übersichtlichkeit müssen die Angaben klar, eindeutig und in verständlicher Form gemacht werden. Zur besseren zeitlichen Vergleichbarkeit ist ein gegenüber den Vorjahren stetiger Berichtsaufbau sowie einheitliche betriebswirtschaftliche Kennzahlen (Eigenkapitalanteil, Gesamtkapitalrentabilität etc.) zu wählen. Darüber hinaus sind bei zahlenmäßigen Angaben Vorjahreszahlen anzugeben. Der Lagebericht ist als solcher zu kennzeichnen.

Der Lagebericht verfügt über verschiedene Komponenten um seinen Aufgaben zu entsprechen. Eine inhaltliche Konkretisierung seiner Pflichtteile erfolgt in § 289 HGB. Demzufolge ist der Geschäftsverlauf und die Lage der Gesellschaft darzustellen (Wirtschaftsbericht), auf die Risiken der zukünftigen Entwicklung einzugehen (Risikobericht), Vorgänge von besonderer Bedeutung, die nach dem Schluss des Geschäftsjahres eingetreten sind, zu erläutern (Nachtragsbericht), die voraussichtliche Entwicklung der Gesellschaft darzustellen (Prognosebericht) und auf den Bereich der Forschung und Entwicklung (F&E-Bericht) sowie bestehende Zweigniederlassungen einzugehen (Zweigniederlassungsbericht).

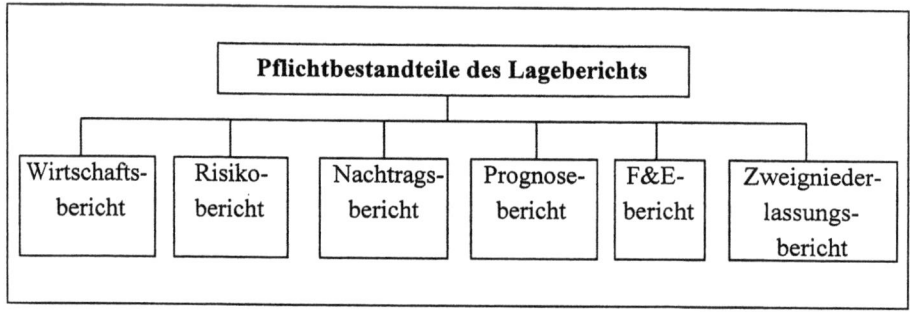

*Abbildung 10.2:* Teilberichte des Lageberichts

Schließlich können freiwillige Angaben in einen Zusatzbericht einmünden.

Wirtschaftsbericht (§ 289 Abs. 1 HGB)
Im Rahmen der Darstellung des Geschäftsverlaufs ist ein Überblick über die Entwicklung des Unternehmens während des abgelaufenen Geschäftsjahres zu geben und eine Beurteilung dieser Entwicklung anzuschließen. Die Darstellung ist in verschiedene Bereiche wie Entwicklung der Branche und Gesamtwirtschaft, Umsatz- und Auftragsentwicklung, Produktion, Beschaffung, Investitionen, Finanzierung, Personal- und Sozialbereich, u.a. aufzuteilen. Die Darstellung der wirtschaftlichen Lage des Unternehmens hat den tatsächlichen Verhältnissen zu entsprechen. Dies erfolgt neben verbalen Ausführungen zumeist anhand von Kennzahlen. Hierbei sollte einzeln auf die Vermögens-, Finanz- und Ertragslage eingegangen werden. Ergänzend sind Angaben über zukünftige Tatbestände, die für die Beurteilung der wirtschaften Lage von Bedeutung sind, vorzunehmen (z.B.

beabsichtigte bedeutende Investitionsvorhaben, Emission von Aktien oder Anleihen, wesentliche Entwicklungstendenzen, usw.)

Risikobericht (§ 289 Abs. 1 HGB)
Wesentlicher Bestandteil des Lageberichts ist die Darstellung der Risiken der zukünftigen Entwicklung, die die Ausführungen zur Entwicklung und Lage des Unternehmens ergänzen. Als Risiko ist hierbei die Möglichkeit ungünstiger künftiger Entwicklungen zu verstehen, die mit erheblichen, wenn auch nicht notwendigerweise überwiegender Wahrscheinlichkeit erwartet wird. Hierbei ist bei der Berichterstattung zwischen bestandsgefährdenden Risiken und Risiken mit wesentlichem Einfluss auf die Vermögens-, Finanz- und Ertragslage zu unterscheiden.

Nachtragsbericht (§ 289 Abs. 2 Nr.1 HGB)
Bei den Angaben zu den Vorgängen von besonderer Bedeutung, die nach dem Schluss des Geschäftsjahres eingetreten sind, sind nur solche Vorgänge aufzunehmen, die Auswirkungen auf die Lage des Unternehmen haben können. D.h. Vorgänge, die, wenn sie bereits vor dem Ablauf des Geschäftsjahres vollzogen gewesen wären, eine andere Darstellung der Lage des Unternehmens im Rahmen der Berichterstattung mit sich gebracht hätten. Hierbei sind sowohl Vorgänge mit positiven als auch mit negativen Auswirkungen einzubeziehen. Zeitlich sind Vorgänge bis zur Aufstellung des Jahresabschlusses und des Lageberichts zu berücksichtigen (siehe auch die Differenzierung zu wertaufhellenden und wertbegründende Informationen im Kapitel 2.3.5).

Prognosebericht (§ 289 Abs. 2 Nr.2 HGB)
Im Rahmen der Angaben zur voraussichtlichen Entwicklung der Gesellschaft sind Ausführungen zu allen Bereichen, die bereits Gegenstand der Berichterstattung über den Geschäftsverlauf und zur Lage des Unternehmens waren, zu machen. Die Ausführungen haben Prognosecharakter und dies sollte auch – z.B. durch Angabe von Bandbreiten oder verbalen Umschreibungen – zum Ausdruck gebracht werden. Um den Abschlussadressaten einen Bezugsrahmen für diese Prognosen mitzugeben, ist der zeitliche Horizont und die zugrunde gelegten Annahmen anzugeben.

F&E-Bericht (§ 289 Abs. 2 Nr. 3 HGB)
Die Angabe über den Bereich Forschung und Entwicklung liegt die Überlegung zugrunde, dass bei Industrieunternehmen (insbesondere in Hochtechnologie-Bereichen) ein langfristiges Bestehen ohne ausreichende Forschungs- und Entwicklungsaktivitäten nicht möglich ist. Unter Forschung ist hierbei die planmäßige, systematische Untersuchung zu verstehen, die darauf ausgerichtet ist, neue wissenschaftliche oder technische Erkenntnisse und Erfahrungen zu gewinnen. Die Entwicklung bezieht sich auf die Umsetzung in marktfähige Produkte, Anwendung und Verwertung der gewonnenen Forschungsergebnisse. Der Berichtsadressat soll eine Vorstellung über die globale Ausrichtung der Forschungs- und Entwicklungsaktivitäten erhalten, eine Darstellung konkreter Forschungsergebnisse oder Entwicklungsabsichten ist nicht erforderlich.

Zweigniederlassungs-Bericht (§ 289 Abs. 2 Nr. 4 HGB)
Hier hat zumindest die Angabe zu erfolgen, wo das bilanzierende Unternehmen Zweigniederlassungen unterhält, ob diese unter gleichem oder anderem Namen firmieren und welche wesentlichen Veränderungen sich im Vorjahresvergleich ergeben haben.

Der deutsche Standardisierungsrat (DSR) hat zur Konkretisierung der Anforderungen an die Lageberichterstattung von Konzernen gemäß § 315 HGB einen Standardentwurf (E-DRS 20, Entwurfsfassung vom 13. November 2003) vorgelegt. Dieser wird, wenn er beschlossen und durch das Bundesministerium der Justiz (BMJ) bekannt gemacht wird, für den Konzernabschluss bindende Wirkung entfalten. Für den hier zu betrachtenden Einzelabschluss entsteht keine rechtliche Bindung, jedoch sind die zugrunde gelegten Anforderungen mit geringen Abweichungen identisch, was ein Missachten des Standards erschwert. Darüber hinaus besteht vom DSR ein gültiger und vom BMJ bekannt gemachter Standard zur Risikoberichterstattung (DRS 5, Fassung vom 3. April 2001, bekannt gemacht vom BMJ am 29. Mai 2001). Auch dieser Standard entfaltet nur für Konzerne rechtliche Bindungswirkung. Jedoch sind auch für die Risikoberichterstattung keine unterschiedlichen Grundsätze an die Berichterstattung von Konzernen und einzelnen Gesellschaften zu stellen. Insoweit dienen diese Standards der weiteren inhaltlichen Konkretisierung der Berichterstattung.

# Übungsaufgaben zum 10. Kapitel

*Aufgabe 10.1:*
Im Lagebericht einer AG finden sich die folgenden Hinweise:

a) Wir änderten die Bewertungsmethoden gegenüber dem vorangegangenen Geschäftsjahr nicht, sie sind somit aus dem vergangenen Abschluss zu ersehen und bedürfen keiner erneuten Erläuterung.
b) Roh-, Hilfs- und Betriebsstoffe wurden nach dem Niederstwertprinzip bewertet.

Beurteilen Sie die vorgefundenen Angaben.


*Aufgabe 10.2:*
Welche Unternehmen sind verpflichtet einen Lagebericht zu erstellen?


*Aufgabe 10.3:*
Legen Sie die Aufgaben des Anhangs systematisch dar.

# Tipps zur Lösung der Übungsaufgaben

*Aufgabe 2.2:*

 Nochmaliges Lesen der Kapitel 2.2.1, 2.2.2 und 2.3.4.

*Aufgabe 2.3:*

 Nochmaliges Durcharbeiten des Beispiels 2.3.

*Aufgabe 2.4:*

 Nochmaliges Durcharbeiten der Kapitel 2.2.1 und 2.2.2.

*Aufgabe 2.5:*

 Siehe § 264a HGB.

*Aufgabe 2.6:*

 Siehe Abbildung 2.6.

*Aufgabe 2.7:*

 Siehe Abbildung 2.7.

*Aufgabe 2.8:*

a) Es sind durchgehend die Rechtsfolgen einer mittleren Gesellschaft relevant.

 Siehe die Angaben in Tabelle 2.1, jeweils müssen von den drei Kriterien zur Zuordnung in eine Größenkategorie zwei erfüllt sein.

Die vor dem Jahr 2001 liegenden Ausprägungen (2000) entsprechen denen des Jahres 2001.

b) Es handelt sich nicht um eine große KG, sie ist daher nicht publizitätspflichtig

 Eine KG ist eine Personengesellschaft, siehe daher die Angaben des Publizitätsgesetzes (§ 1 Abs. 1 PublG) in Kapitel 2.3.3.

*Aufgabe 2.9:*

 Nochmaliges Lesen des Kapitels 2.3.4 (Maßgeblichkeit und umgekehrte Maßgeblichkeit).

*Aufgabe 2.10:*

 Nochmaliges Lesen der Kapitel 2.3.2 und 2.3.3.
Alternativ:
Nachschlagen der § 316 Abs. 1 HGB und § 6 Abs. 1 PublG.

*Aufgabe 2.11:*

 Nochmaliges Lesen des Kapitels 2.3.5.

*Aufgabe 3.1 bis 3.4:*

 Nochmaliges Lesen des Kapitels 3.2.

*Aufgabe 3.5:*

 Nochmaliges Lesen des Kapitels 3.3.1
Alternativ:
Nachschlagen des § 253 Abs. 1 HGB.

## Aufgabe 3.6:
Die Anschaffungskosten betragen € 192.000.

Der Rechenweg zur Bestimmung der Anschaffungskosten lautet:
  Netto-Anschaffungspreis
  + Anschaffungsnebenkosten
  − Anschaffungspreisminderungen
  <u>± nachträgliche Anschaffungskosten</u>
  = Anschaffungskosten

Zu den Anschaffungskosten zählen neben dem eigentlichen Kaufpreis auch Aufwendungen, die anfallen, damit der Vermögensgegenstand in betriebsbereiten Zustand versetzt werden kann. Voraussetzung hierfür ist, dass sie dem Vermögensgegenstand direkt einzeln zugeordnet werden können.

## Aufgabe 3.7:
a) Die minimalen/maximalen Herstellungskosten der gesamten Lagerleistung betragen € 125.000/€ 184.400.
b) Die steuerrechtlich minimalen Herstellungskosten betragen € 4,10/Stück für Schlicht und € 8,80/Stück für Prahl. Der maximale Ansatz beträgt 4,58/Stück für Schlicht und € 9,28/Stück für Prahl.

Siehe Tabelle 3.1.

## Aufgabe 4.1:
a) Aktivierungsverbot

Der immaterielle Vermögenswert muss, als Bedingung seiner Aktivierung, entgeltlich beschafft worden sein.

b) Aktivierungswahlrecht

Nochmaliges Durcharbeiten des Beispiels 4.8

c) Aktivierungswahlrecht

 Ermitteln Sie zur Beurteilung den Netto-Kaufpreis.

## Aufgabe 4.2:

| Jahr | Ergebnis: Jahresabschreibungen |
|------|-------------------------------|
| 1    | 200.000                       |
| 2    | 160.000                       |
| 3    | 128.000                       |
| 4    | 102.400                       |
| 5    | 81.920                        |
| 6-10 | 65.536                        |

 Der Übergang von der degressiven zur linearen Abschreibung erfolgt in der Regel in dem Jahr, in dem der lineare Abschreibung vom Restbuchwert einen höheren (oder zumindest erstmals einen gleichen) Abschreibungsbetrag ergeben würde, als wenn die degressive Abschreibung fortgeführt werden würde.

## Aufgabe 4.3:
a) Grundstück 1 zu € 1 Mio., Grundstück 2 zu € 700.000.

 Nochmaliges Lesen des Kapitels 4.2.1.2 i.V. mit Kapitel 2.3.5, insbesondere dem Beispiel 2.6

b) Zuschreibung ist nicht zulässig.

 Nochmaliges Lesen des Kapitels 4.3.

## Aufgabe 4.5:
a)+b) Herstellungsaufwand; c) Erhaltungsaufwand

 Nochmaliges Lesen des Kapitels 4.2.

*Aufgabe 4.6:*

a) Der Abschreibungsprozentsatz beträgt 36,9%.

$$p = \left(1 - \sqrt[t]{\frac{R_t}{A}}\right) \cdot 100\%$$

*Aufgabe 4.7:*

| In T€<br>Jahre | 1<br>Historische AK/HK | 2<br>Zu-gänge | 3<br>Ab-gänge | 4<br>Umbu-chungen | 5<br>Zuschrei-bungen | 6<br>Kum. Abschrei-bungen | 7<br>Buchwert am Jahres-ende |
|---|---|---|---|---|---|---|---|
| 2000 | 0 | 10 | 0 | 0 | 0 | 1 | 9 |
| 2001 | 10 | 30 | 0 | 0 | 0 | 5 | 35 |
| 2002 | 40 | 0 | 10 | 0 | 0 | 6 | 24 |
| 2003 | 30 | 0 | 0 | 0 | 0 | 9 | 21 |

Nochmaliges Lesen des Kapitels 4.4.

*Aufgabe 4.8:*

Es ergibt sich ein derivativer Geschäfts- oder Firmenwert in Höhe von € 15 Mio. Der mögliche Wertansatz reicht von € 0 bis € 15 Mio.

Nochmaliges Durcharbeiten des Beispiels 4.8.

*Aufgabe 4.9:*

GmbH: Zuschreibungsgebot; KG: Beibehaltungswahlrecht

Nochmaliges Lesen des Kapitels 4.2.2.

*Aufgabe 4.10:*

a) Der Abschreibungsprozentsatz für die degressive Abschreibung beträgt 13,33%. Der Wechsel der Abschreibungsmethode erfolgt im Jahr 2002 mit einer Jahresabschreibung von € 68.204.

Gemäß § 7 Abs. 2 EStG darf der Prozentsatz das Doppelte desjenigen Satzes, der sich aus der linearen Abschreibung ergibt, nicht übersteigen und gleichzeitig maximal 20% betragen.

## *Aufgabe 5.3:*
a)   Der Wertansatz hat zu € 1.360 zu erfolgen.

 Nochmaliges Lesen der Kapitel 5.1 und 5.2.1

## *Aufgabe 5.4:*
a)

| Verfahren | Anschaffungskosten je kg in € | Bewertung des Endbestands (45 kg) in € |
|---|---|---|
| Gewogene Durchschnittsmethode | 160,00 | 7.200 |
| FIFO-Verfahren | 173,56 | 7.810 |
| LIFO-Verfahren | 145,00 | 6.525 |
| HIFO-Verfahren | 144,33 | 6.495 |
| *LOFO-Verfahren* | *177,78* | *8.000* |

 Nochmaliges Lesen des Kapitels 5.2.2. Aufgrund des Fehlens von Informationen über Lagerabgänge kommen keine permanente Verfahren in Betracht.

## *Aufgabe 5.5:*
Die Bewertung erfolgt mindestens zu den aktivierungspflichtigen Herstellungskosten (Fall 1) und höchstens zu den maximal aktivierungsfähigen Herstellungskosten (Fall 2).

| In T€ | 1. Jahr | 2. Jahr | 3. Jahr | 4. Jahr |
|---|---|---|---|---|
| Jahresergebnis Fall 1 | -1.200 | -1.200 | -1.200 | 6.600 |
| Jahresergebnis Fall 2 | -300 | -300 | -300 | 3.900 |

 Nochmaliges Lesen des Kapitels 5.2.6.

## Aufgabe 6.1:
a) Die Bilanzsumme nach der Bruttomethode beträgt € 110.000, die nach der Nettomethode 90.000.

Nochmaliges Durcharbeiten des Beispiels 6.1.

b) Der Bilanzgewinn beträgt € 85.000.

Siehe Tabelle 6.1.

## Aufgabe 6.2:
a) Die maximale Einstellung in die gesetzliche Rücklage beträgt T€ 7.000.

Siehe Tabelle 6.1.

## Aufgabe 6.4:
Das Endkapital zum 31.12.2004 beträgt € 288.000

Nochmaliges Lesen des Kapitels 6.5.

## Aufgabe 7.4:
Der Ausweis hat unter den „sonstigen Rückstellungen" mit € 138.000 zu erfolgen.

Nochmaliges Lesen der Kapitel 7.1.2 und 7.2.2.

## Aufgabe 7.5:
Der Bilanzansatz der Zusage zum 31.12.2002 erfolgt mit € 70.014,46.

Um vom Barwert der Rente aus Schritt 1 zum Barwert der Rente zum Bilanzstichtag zu gelangen (Schritt 2), muss ersterer viermal abgezinst werden: 31.12.2002 (= 2.1.2003) bis 2.1.2007.

## Aufgabe 8.1:

a) Ansatz als aRAP und b) Ansatz als aRAP.

c) Ansatz als geleistete Anzahlungen auf Vorräte.

d) Ansatz als sonstige Verbindlichkeit.

e) Ansatz als sonstiger Vermögensgegenstand.

f) kein Ansatz als Vermögensgegenstand.

g) die Zölle dürfen als aRAP angesetzt werden.

 Achten Sie auf vorliegende strenge Zeitraumbezogenheit.

## Aufgabe 8.3:

| Sachverhalt | Möglicher Bestandteil der Aufwendungen für die Ingangsetzung und Erweiterung des Geschäftsbetriebes? | |
|---|---|---|
| | Ja | Nein |
| Aufwendungen für eine Beratung zur strategischen Neuausrichtung | X | |
| Aufwendungen für die Eintragung in das Handelsregister | | X |
| Aufwendungen für die Mitarbeiter-Akquisition | X | |
| Aufwendungen für eine selbsterstellte Vertriebssteuerungssoftware | X | |
| Von der Hausbank fakturierte Emissionskosten | | X |
| Anschaffungskosten für einen PKW | | X |

 Nochmaliges Lesen des Kapitels 8.3.

## Aufgabe 9.3:

Nach beiden Verfahren resultiert ein Jahresüberschuss von € 75.000.

 Würden beim Umsatzkostenverfahren zur Bestimmung der Herstellungskosten der zur Erzielung der Umsatzerlöse erbrachten Leistungen lediglich die 7.500 Stück berücksichtigt, die verkauft worden sind, und nicht zusätzlich auch der Schwund, dann würde das Jahresergebnis zu hoch ausgewiesen werden.

# Musterlösungen zu den Übungsaufgaben

## *Aufgabe 2.1:*

|  | **Externes Rechnungswesen** | **Internes Rechnungswesen** |
|---|---|---|
| (Haupt-)Informations-empfänger | Externe, wie z.B.: Fiskus, Kapitalgeber etc. | Interne, wie z.B. die Führungskräfte des Unternehmens. |
| Freiwilligkeit der Rechnung | Rechnung auf Basis gesetzlicher Pflicht. | i.d.R. freiwillige Rechnung. |

## *Aufgabe 2.2:*

Gemäß statischer Bilanzauffassung ist die wesentliche Aufgabe des Jahresabschlusses die jährliche Ermittlung des Reinvermögens. Die zentrale Funktion des Jahresabschlusses vor dem Hintergrund der dynamischen Bilanztheorie liegt in der Ermittlung des betriebswirtschaftlichen Erfolgs. In der einschlägigen Literatur existieren verschiedene Funktionenkataloge, die jeweils einen Vorschlag darstellen, um die verschiedenen Aufgaben des Jahresabschlusses komprimiert zu präsentieren. Der wohl kürzeste zeigt eine Differenzierung in Informations- und Zahlungsbemessungsfunktion. Die Informationsfunktion beinhaltet demnach eine Dokumentationskomponente (Schuldendeckungskontrolle) und eine Rechenschaftskomponente, wonach die Unternehmensleitung als Verwalter fremden Vermögens den Nachweis eines jeweils sorgfältig überdachten Mitteleinsatzes zu erbringen hat. Die Zahlungsbemessungsfunktion regelt den grundsätzlichen Konflikt zwischen den Eigentümern des Unternehmens (Ziel: möglichst hohe Ausschüttung) und den Gläubigern (Ziel: möglichst niedrige Ausschüttung an die Eigentümer aufgrund des gewünschten Substanzerhalts).

## *Aufgabe 2.3:*

Jede für die Bestimmung des Gewinns oder Verlusts relevante (weil reinvermögensverändernde) Wertänderung des Vermögens wird als Aufwand oder Ertrag einer bestimmten Periode zugerechnet, daher ist der Erfolg auch auf dem Wege der Saldierung von Erträgen und Aufwendungen ermittelbar.

*Aufgabe 2.4:*
In der statischen Bilanzauffassung genießt die GuV nur eine geringe Bedeutung, wesentliches Rechenwerk ist die Bilanz. Im Rahmen der dynamischen Bilanztheorie ist hingegen die GuV als Instrument der Erfolgsermittlung von zentraler Bedeutung, die Bilanz ist hierbei lediglich ein Hilfsmittel der GuV.

*Aufgabe 2.5:*
Hierunter fallen alle Personenhandelsgesellschaften, bei denen nicht wenigstens ein persönlich haftender Gesellschafter eine natürliche Person oder eine Personengesellschaft mit einer natürlichen Person als persönlich haftendem Gesellschafter ist oder sich die Verbindung von Gesellschaften in dieser Art fortsetzt, so z.B. die GmbH & Co. KG.

*Aufgabe 2.6:*
Bei Einzelunternehmen und nicht haftungsbeschränkten Personenhandelsgesellschaften besteht der Jahresabschluss aus der Bilanz und der GuV. § 264 Abs. 1 HGB bestimmt, dass der Jahresabschluss neben der Bilanz und der GuV bei Kapitalgesellschaften* um einen Anhang zu erweitern ist. Bilanz, GuV und Anhang stellen eine Einheit dar. Zudem haben Kapitalgesellschaften* grundsätzlich einen Lagebericht zu erstellen, dieser steht als eigenständiges Informationsinstrument neben dem Jahresabschluss. Gemäß § 264, Abs. 3 HGB sind kleine Kapitalgesellschaften* von der Aufstellung des Lageberichts befreit.

*Aufgabe 2.7:*
Siehe Abbildung 2.7.

*Aufgabe 2.8:*
Zwei von drei Kriterien müssen zur Zuordnung in eine Größenkategorie erfüllt sein. Die jeweiligen Rechtsfolgen treten ein, wenn sich die Zuordnung zur gleichen Größenklasse mindestens an zwei aufeinander folgenden Stichtagen ergibt.
a) Gemäß der Angaben in Tabelle 2.1 handelt es sich in den Jahren 2001 um eine mittlere (gemäß Bilanzsumme mittlere, gemäß Umsatzerlöse kleine und aufgrund der Arbeitnehmeranzahl mittlere),

in den Folgejahren 2002 und 2003 um eine kleine, bzw. mittlere Gesellschaft. Es sind durchgehend die Rechtsfolgen einer mittleren Gesellschaft relevant.

b) Handelt es sich um eine KG sind die Größenkriterienausprägungen dem Publizitätsgesetz zu entnehmen (Kapitel 2.3.3). Demzufolge handelt es sich nicht um eine große KG, das Unternehmen wäre nicht publizitätspflichtig.

### *Aufgabe 2.9:*
Der Maßgeblichkeitsgrundsatz bestimmt, dass handelsbilanzieller Ansatz und Bewertung maßgeblich sind für den Ansatz und die Bewertung in der Steuerbilanz. Ist die Handelsbilanz nach den GoB und unter Beachtung der konkreten handelsrechtlichen Vorschriften erstellt, so bildet die Handelsbilanz folglich die Grundlage zur Erstellung der Steuerbilanz. Allerdings gilt, dass wenn eine steuerliche Vorschrift etwas zu den GoB Abweichendes bestimmt, diese für die Zwecke der steuerlichen Gewinnermittlung vorgeht. In der Steuerbilanz werden Wahlrechte nur anerkannt, wenn sie in gleicher Form in der Handelsbilanz ausgeübt werden. Diese umgekehrte Maßgeblichkeit verlangt im skizzierten Falle folglich die Ausrichtung der Handelsbilanz an der Steuerbilanz (wesentlich in erster Linie bei der Inanspruchnahme von subventionsorientierten Steuervergünstigungen).

### *Aufgabe 2.10:*
Sofern es sich nicht um eine kleine GmbH oder AG gemäß § 267 HGB handelt, besteht eine Prüfungspflicht, ansonsten nicht. Prüfungspflicht besteht auch für große Einzelunternehmungen und OHGs im Sinne des § 1 Abs. 1 PublG.

### *Aufgabe 2.11:*
a) Grundsatz der Vollständigkeit
b) Grundsatz der (materiellen und formellen) Stetigkeit
c) Grundsatz der Klarheit

### *Aufgabe 3.1:*
Zwei beispielhafte Fälle, in denen ein Unternehmen trotz fehlenden juristischen Eigentums Vermögensgegenstände aktivieren muss, da das

Unternehmen die Verfügungsgewalt inne hat, sind der sicherungsübereignete Vermögensgegenstand (Maschinen, Kraftfahrzeug, Forderungen etc.) oder die vom Lieferanten unter Eigentumsvorbehalt bezogene und noch nicht bezahlte Ware.

*Aufgabe 3.2:*
Zum notwendigen Betriebsvermögen zählen alle Gegenstände, die wesentlich oder unentbehrlich zur Erreichung der unternehmerischen Zielsetzung sind (z.B. die Regalsysteme des Händlers). Gegenstände, die weder einen unmittelbaren Bezug zum notwendigen Betriebsvermögen, noch zum notwendigen Privatvermögen aufweisen und über deren Zuordnung der Steuerpflichtige daher in eigenem Ermessen entscheidet, zählen bei entsprechender Entscheidung zum gewillkürten Betriebsvermögen.

*Aufgabe 3.3:*
Aussage a) ist richtig, die übrigen Aussagen sind falsch, denn Bilanzierungshilfen sind nicht abstrakt bilanzierungsfähig. Ihr Ansatz liegt im Ermessen des Bilanzierenden.

*Aufgabe 3.4:*

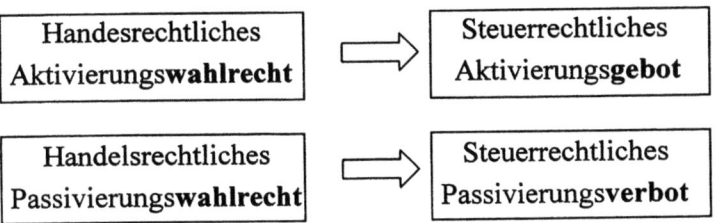

*Aufgabe 3.5:*

| BilanzPosten | Wertkategorie |
|---|---|
| Vermögensgegenstände | Rückzahlungsbetrag |
| Rentenverpflichtungen, für die keine Gegenleistung mehr zu erwarten ist | Wert nach vernünftiger kaufmännischer Beurteilung |
| Rückstellungen | Anschaffungs- oder Herstellungskosten |
| Verbindlichkeiten | Barwert |

*Aufgabe 3.6:*

| | | |
|---|---|---|
| | Netto-Anschaffungspreis: | € 200.000 |
| + | Anschaffungsnebenkosten (€ 2.200 + 400 + 3.400 + 2.000): | + € 8.000 |
| − | Anschaffungspreisminderungen: | − € 16.000 |
| + | nachträgliche Anschaffungskosten: | + € 0 |
| = | Anschaffungskosten: | € 192.000 |

Die Kosten der Beschaffungsabteilung sind der Maschine nicht einzeln zurechenbar, sie gehen daher nicht in die Anschaffungskosten ein. Der Zahlungszeitpunkt der Transportversicherungsprämie ist unerheblich für die Aktivierung. Die Aufwendungen für das Fundament und die Montage ist notwendig, um die Maschine in einen betriebsbereiten Zustand zu setzen. Das Klimagerät stellt einen selbstständigen Vermögensgegenstand dar und ist gesondert zu aktivieren. Laufende betriebliche Aufwendungen stehen nicht im Zusammenhang mit der Anschaffung und sind daher nicht mit einzubeziehen.

*Aufgabe 3.7:*

Die Herstellungskosten der Lagerleistung sind, sofern Gesamtkosten beziffert sind, mangels anderer Angabe bei Verwendung des Durchschnittsprinzips (Kosten je Stück = Gesamtkosten/Produktionsmenge) zu bestimmen.

a) Vertriebskosten sind keine Bestandteile der Herstellungskosten.

| Kostenbestandteile/Stück | Schlicht | Prahl |
|---|---|---|
| Materialeinzelkosten | € 1,60 | € 3,30 |
| + Fertigungseinzelkosten | € 1,00 | € 4,00 |
| = Minimalansatz Herstellungskosten (handelsrechtl.) | € 2,60 | € 7,30 |
| + Materialgemeinkosten | € 0,00 | € 0,20 |
| + Fertigungsgemeinkosten (sonstige = € 1/Stück + Abschreibungen) | € 1,50 | € 1,30 |
| + Allgemeine Verwaltungsgemeinkosten | € 0,48 | € 0,48 |
| = Maximalansatz Herstellungskosten | € 4,58 | € 9,28 |

Bei einer Lagerleistung von insgesamt 20.000 Schlicht und 10.000 Prahl beträgt der handelsrechtliche Minimalansatz (€ 52.000 + € 73.000 =) € 125.000 und der handelsrechtliche Maximalansatz (€ 91.600 + € 92.800 =) € 184.400.

b) Zur Bestimmung des steuerrechtlichen Minimalansatzes sind die Material- und Fertigungsgemeinkosten ebenfalls zu berücksichtigen, damit liegt dieser für Schlicht bei € 4,10/Stück und für Prahl bei € 8,80/Stück. Die steuerrechtlich maximalen Wertansätze entsprechen den handelsrechtlichen (s.o.).

## *Aufgabe 3.8:*
Der handels- wie steuerrechtlich höchste Wertansatz sind die Anschaffungs-/Herstellungskosten (§ 253 Abs. 1 Satz 1 HGB). Ein Wertzuwachs über diesen Wert kann durch Wertkorrekturen nicht berücksichtigt werden (Anschaffungskostenprinzip).

## *Aufgabe 3.9:*
Nein, die Teilwertvermutungen stellen stärker auf die Marktverhältnisse ab und stehen somit im Widerspruch zur Legaldefinition.

## *Aufgabe 4.1:*
a) Trotz der Inanspruchnahme der Dienste der beiden Externen liegt hinsichtlich der Software kein entgeltlicher Erwerb vor. Der gesamte Aufwand von € 15.000 ist im Geschäftsjahr erfolgswirksam in der GuV zu erfassen – es besteht ein Aktivierungsverbot.

b) Der Kaufpreis, um den Reinvermögenswert reduziert, führt zu einem derivativen Geschäfts- oder Firmenwert von € 200.000 – es besteht ein Aktivierungswahlrecht.

c) Der Netto-Anschaffungswert beträgt € 400, folglich unterhalb von € 410 – auch hier besteht ein Aktivierungswahlrecht (genauer: Aktivierungspflicht mit dem Wahlrecht der vollständigen Abschreibung im Zugangsjahr).

*Aufgabe 4.2:*

| Jahr | Degressive Abschreibung (20%) | | | Lineare Abschreibung (zunächst auf den degressiven Buchwert) | | Ergebnis: Jahresabschreibungen |
|---|---|---|---|---|---|---|
| | Buchwert Jahresbeginn (€) | Abschreibung (€) | Buchwert Jahresende (€) | Abschr.-Betrag auf | Abschreibung (€) | |
| 1 | 1.000.000 | 200.000 | 800.000 | 1.000.000 | *100.000* | **200.000** |
| 2 | 800.000 | 160.000 | 640.000 | 800.000 | *88.889* | **160.000** |
| 3 | 640.000 | 128.000 | 512.000 | 640.000 | *80.000* | **128.000** |
| 4 | 512.000 | 102.400 | 409.600 | 512.000 | *73.143* | **102.400** |
| 5 | 409.600 | 81.920 | 327.680 | 409.600 | *68.267* | **81.920** |
| 6 | 327.680 | *65.536* | 262.144 | 327.680 | 65.536 | **65.536** |
| 7 | 262.144 | *52.429* | 209.715 | 262.144 | 65.536 | **65.536** |
| 8 | 209.715 | *41.943* | 167.772 | 196.608 | 65.536 | **65.536** |
| 9 | 167.772 | *33.554* | 134.218 | 131.072 | 65.536 | **65.536** |
| 10 | 134.218 | *26.844* | 107.374 | 65.536 | 65.536 | **65.536** |

*Aufgabe 4.3:*

a) Hinsichtlich des Grundstücks 1 ist das Anschaffungskostenprinzip zu beachten, der Bilanzansatz erfolgt somit zu maximal € 1 Mio. Da davon ausgegangen werden kann, dass beim 2. Grundstück die Kontaminierung bereits im abgelaufenen Geschäftsjahr vorhanden war, handelt es sich um eine wertaufhellende Information. Zudem ist nicht davon auszugehen, dass es sich um eine vorübergehende Wertminderung handelt, somit ist eine außerplanmäßige Abschreibung auf € 700.000 vorzunehmen.

b) Eine Zuschreibung ist nicht zulässig, es bleibt damit beim ausgewiesenen Restwert.

*Aufgabe 4.4:*

a) Ausweis unter „Anteile an verbundenen Unternehmen"
b) Ausweis unter „Beteiligungen"
c) Ausweis unter „Ausleihungen an verbundene Unternehmen"
d) Ausweis unter „Ausleihungen an Unternehmen, mit denen ein Beteiligungsverhältnis besteht"
e) Ausweis im Umlaufvermögen („sonstige Wertpapiere")

*Aufgabe 4.5:*
a) Es handelt sich um Herstellungsaufwand, da eine wesentliche Verbesserung der Mietobjekte gegeben ist.
b) Es handelt sich um Herstellungsaufwand, da das Verwaltungsgebäude faktisch neu geschaffen wird.
c) Hierbei liegt lediglich Erhaltungsaufwand vor, denn weder erfolgt die Herstellung eines Vermögensgegenstandes noch seine Erweiterung, noch seine wesentliche Verbesserung.

Handelt es sich um Erhaltungsaufwand, so ist dieser in voller Höhe als Aufwand des Geschäftsjahres und damit voll ergebnismindernd in der GuV zu berücksichtigen. Im Falle von Herstellungsaufwand erfolgt die Aktivierung (beim zugehörigen Vermögensgegenstand) und in der Folge die Abschreibung.

*Aufgabe 4.6:*
a) Der Abschreibungssatz beträgt 36,9%.
b) Handelsrechtlich kann ein Abschreibungsprozentsatz in Höhe von 36,9% angesetzt werden, sofern er den faktischen Werteverzehr gut abbildet. Steuerrechtlich ist ein Satz über 20%, bzw. dem doppelten Betrag, der sich bei linearer Abschreibung ergeben hätte, unzulässig.

*Aufgabe 4.7:*

| In T€ | 1 | 2 | 3 | 4 | 5 | 6 | 7 |
|---|---|---|---|---|---|---|---|
| Jahre | Historische AK/HK | Zugänge | Abgänge | Umbuchungen | Zuschreibungen | Kum. Abschreibungen | Buchwert am Jahresende |
| 2000 | 0* | 10 | 0 | 0 | 0 | 1 | 9 |
| 2001 | 10 | 30 | 0 | 0 | 0 | 5 | 35** |
| 2002 | 40 | 0 | 10 | 0 | 0 | 6*** | 24 |
| 2003 | 30 | 0 | 0 | 0 | 0 | 9 | 21 |

* Der Zugang erfolgte im ersten Geschäftsjahr, folglich war die Presse zu Jahresbeginn noch nicht vorhanden.
** Der Buchwert am Jahresende ergibt sich über die Addition des Anfangsbestandes, der Zugänge des Jahres und der Zuschreibungen, abzüglich der Abgänge und der kumulierten Abschreibungen.

*** Die kumulierten Abschreibungen resultieren als Summe der kumulierten Abschreibungen des Vorjahres und der Abschreibungen des Geschäftsjahres, abzüglich der Zuschreibungen und der auf die Abgänge entfallenden kumulierten Abschreibungen.

### *Aufgabe 4.8:*
Der Zeitwert des Nettovermögens (Vermögen – Schulden) beträgt € 30 Mio. (€ 44 Mio. - € 14 Mio.). Bei einem Kaufpreis von € 45 Mio. ergibt sich somit ein derivativer Geschäfts- oder Firmenwert in Höhe von € 15 Mio. Da keine Aktivierungspflicht besteht, existiert kein Mindestansatz. Der Maximalansatz beträgt € 15 Mio., für den Fall, dass der Geschäfts- oder Firmenwert in jedem Folgejahr zu 25% abgeschrieben wird. Der mögliche Wertansatz reicht folglich von € 0 bis € 15 Mio.

### *Aufgabe 4.9:*
Sofern es sich um eine GmbH handelt, besteht ein Zuschreibungsgebot, denn mit der fehlenden steuerlichen Anerkennung sind auch die Gründe für den handelsrechtlichen Ansatz entfallen (§ 280 Abs. 1 HGB).

Handelt es sich um eine KG, so braucht keine Zuschreibung erfolgen (Beibehaltungswahlrecht, § 253 Abs. 5 HGB, da § 280 Abs. 1 HGB nicht anwendbar.).

### *Aufgabe 4.10:*
a) Gemäß § 7 Abs. 2 EStG darf der Prozentsatz das Doppelte desjenigen Satzes, der sich aus der linearen Abschreibung ergibt, nicht übersteigen und zugleich höchstens 20% betragen. Bei einem Ausgangswert von € 1,5 Mio. und einer Dauer von 15 Jahren, würde eine lineare Abschreibung € 100.000/Jahr betragen – der doppelte Satz entspricht der Höchstgrenze von € 200.000. Eine 20%ige degressive Abschreibung auf den Ausgangswert würde im ersten Jahr zu einer höheren Abschreibung in Höhe von € 300.000 führen. Damit beträgt die Abschreibung im ersten Jahr € 200.000 – dies sind 13,33% auf den Ausgangswert.

|  | Degressive Abschreibung (13,33333%) | | | Lineare Abschreib. (zunächst auf den degress. Buchwert) | | Ergebnis: Abschreibung/ Jahr |
|---|---|---|---|---|---|---|
|  | Buchwert Jahresbeginn (€) | Abschreibung (€) | Buchwert J.-ende (€) | Abschr.-Betrag auf | Abschreibung (€) |  |
| 1994 | 1.500.000 | 200.000 | 1.300.000 | 1.500.000 | 100.000 | 200.000 |
| 1995 | 1.300.000 | 173.334 | 1.126.666 | 1.300.000 | 92.857 | 173.334 |
| 1996 | 1.126.666 | 150.222 | 976.444 | 1.126.666 | 86.667 | 150.222 |
| 1997 | 976.444 | 130.192 | 846.252 | 976.444 | 81.370 | 130.192 |
| 1998 | 846.252 | 112.834 | 733.418 | 846.252 | 76.932 | 112.834 |
| 1999 | 733.418 | 97.790 | 635.628 | 733.418 | 73.342 | 97.790 |
| 2000 | 635.628 | 84.750 | 550.878 | 635.628 | 70.625 | 84.750 |
| 2001 | 550.878 | 73.450 | 477.428 | 550.878 | 68.860 | 73.450 |
| 2002 | 477.428 | 63.657 | 413.771 | 477.428 | 68.204 | 68.204 |
| 2003 |  |  |  | 409.224 | 68.204 | 68.204 |
| 2004 |  |  |  | 341.020 | 68.204 | 68.204 |
| 2005 |  |  |  | 272.816 | 68.204 | 68.204 |
| 2006 |  |  |  | 204.612 | 68.204 | 68.204 |
| 2007 |  |  |  | 136.408 | 68.204 | 68.204 |
| 2008 |  |  |  | 68.204 | 68.204 | 68.204 |

b)

|  | Lineare Abschreibung | | |
|---|---|---|---|
| Jahr | Buchwert zu Jahresbeginn (€) | Abschreibung (€) | Buchwert zum Jahresende (€) |
| 1994 | 1.500.000 | 100.000 | 1.400.000 |
| 1995 | 1.400.000 | 100.000 | 1.300.000 |
| 1996 | 1.300.000 | 100.000 | 1.200.000 |
| 1997 | 1.200.000 | 100.000 | 1.100.000 |
| 1998 | 1.100.000 | 100.000 | 1.000.000 |
| 1999 | 1.000.000 | 100.000 | 900.000 |
| 2000 | 900.000 | 100.000 | 800.000 |
| 2001 | 800.000 | 100.000 | 700.000 |
| 2002 | 700.000 | 100.000 | 600.000 |
| 2003 | 600.000 | 100.000 | 500.000 |
| 2004 | 500.000 | 100.000 | 400.000 |
| 2005 | 400.000 | 100.000 | 300.000 |
| 2006 | 300.000 | 100.000 | 200.000 |
| 2007 | 200.000 | 100.000 | 100.000 |
| 2008 | 100.000 | 100.000 | 0 |

Der ursprüngliche Abschreibungsplan im Falle linearer Abschreibung ist oben aufgeführt. Im Erkenntniszeitpunkt Ende 2004 ist die Achterbahn überbewertet, denn wie sich nun zeigt, beträgt die tatsächliche Nutzungsdauer nicht 15, sondern lediglich 13 Jahre. Bis zum Erkenntniszeitpunkt wurde 11 mal abgeschrieben, der Restbuchwert beträgt € 400.000. Wäre von Beginn an die „richtige" Nutzungsdauer angesetzt worden, so betrüge der Restwert bei 11maliger Abschreibung in Höhe von jeweils (€ 1,5 Mio./13 Jahre =) € 115.385 noch € 230.769. Neben der Jahresabschreibung in Höhe von € 100.000 ist somit für das Jahr 2004 eine außerplanmäßige Abschreibung in Höhe der Restwertdifferenz € 169.231 anzusetzen. Der dann noch verbleibende Restwert von € 230.769 ist mit jeweils € 115.385 an Abschreibungen auf die Jahre 2005 und 2006 zu verrechnen.

## *Aufgabe 5.1:*

a) Der Ausweis erfolgt im Posten der liquiden Mittel (Kassenbestand).

b) Der Ausweis der eigenen Anteile erfolgt im Rahmen der Wertpapiere des Umlaufvermögens (als Passivposten ist zudem eine Rücklage für eigene Anteile zu bilden).

c) Ausweis erfolgt als Forderungen gegen verbundene Unternehmen.

d) Der Ausweis hat im Anlagevermögen als geleistete Anzahlungen unter der Hauptposten der immateriellen Vermögensgegenstände zu erfolgen.

e) Bei der Ware handelt es sich um Kommissionsware, sie ist nicht zu aktivieren, für den Ausweis der Anzahlung besteht somit kein Wahlrecht, sie ist als Verbindlichkeit zu erfassen.

f) Die Information ging zwischen dem Bilanzstichtag und dem Zeitpunkt der Bilanzerstellung zu, die Insolvenz ereignete sich vor dem Bilanzstichtag (Wertaufhellung), daher ist die Forderung abzuschreiben.

## *Aufgabe 5.2:*

Ein Festwertansatz ist nach § 240 Abs. 3 HGB möglich für Vermögensgegenstände des Sachanlagevermögens und bei Roh-, Hilfs- und Betriebsstoffe, wenn deren Gesamtwert für das Unternehmen von nachrangiger Bedeutung ist und sie regelmäßig ersetzt werden. Des Weiteren darf sich der Bestand in Zusammensetzung, Größe und Wert nur geringfügig ändern. In diesem Fall können diese Vermögensgegenstände mit gleichbleibenden Mengen und Werten zu einem festen Wert angesetzt werden. Es hat jedoch nach spätestens drei Jahren eine körperliche Bestandsaufnahme zu erfolgen, um sicherzustellen, dass der Festwert noch angemessen ist. Bei Abweichungen bis zu 10% können die alten Festwerte beibehalten werden.

## *Aufgabe 5.3:*

a) Zum Bilanzstichtag handelt es sich um ein schwebendes Geschäft, daher hat der Bilanzansatz beim Verkäufer in Höhe des im Vergleich zu den Anschaffungskosten niedrigeren Marktpreises in Höhe von € 1.360 zu erfolgen.

b) Jeweils 1.000 Liter des Anfangsbestandes sind mit € 500/Liter, 1.000 Liter des Zugangs mit € 550/Liter zu bewerten. Der gewogene Durchschnitt beträgt € 537,50/1.000 Liter – somit mehr als € 530/1.000 Liter. Der Wertansatz nach der Durchschnittsmethode ist damit unzulässig.

## *Aufgabe 5.4:*

a) Aufgrund fehlender Angaben zu den Lagerabgängen scheiden die permanenten Verfahren aus. Die Ergebnisse zu den grundsätzlich möglichen Verfahren lauten:

| Verfahren | Anschaffungskosten je kg in € | Bewertung des Endbestands (45 kg) in € |
|---|---|---|
| Gewogene Durchschnittsmethode | 160,00 | 7.200 |
| FIFO-Verfahren | 173,56 | 7.810 |
| LIFO-Verfahren | 145,00 | 6.525 |
| HIFO-Verfahren | 144,33 | 6.495 |
| *LOFO-Verfahren* | *177,78* | *8.000* |

Das LOFO-Verfahren ist der Vollständigkeit halber aufgeführt und mag im internen Rechnungswesen eine Rolle spielen, handels- und steuerrechtlich ist es unzulässig.

b) Steuerrechtlich zulässige Verfahren sind die Durchschnittsmethode und das LIFO-Verfahren, das FIFO-Verfahren ist es nur in Ausnahmefällen.

c) Beträgt der Wiederbeschaffungspreis nur € 159/kg, so scheiden alle Wertansätze über € 159/kg aus:

| Verfahren | Anschaffungskosten je kg in € |
|---|---|
| Gewogene Durchschnittsmethode | 159,00 |
| FIFO-Verfahren | 159,00 |
| LIFO-Verfahren | 145,00 |
| HIFO-Verfahren | 144,33 |

d) In diesem Fall besteht ein handelsrechtliches Wahlrecht zur Vornahme einer außerordentlichen Abschreibung zur Vorwegnahme künftiger Wertschwankungen gemäß § 253 Abs. 3 Satz 3 HGB auf € 124/kg. In der Steuerbilanz ist die Vornahme dieser Abschreibung allerdings unzulässig.

## Aufgabe 5.5:

Während der Leistungserstellung erfolgt der Bilanzausweis unter dem Posten der unfertigen Erzeugnisse. Die Bewertung erfolgt mindestens zu den aktivierungspflichtigen Herstellungskosten (Fall 1) und höchstens zu den maximal aktivierungsfähigen Herstellungskosten (Fall 2). In der GuV wird als Ertrag zunächst (Jahre 1-3) die wertmäßige Bestandserhöhung je Jahr erfasst und in der letzten Periode der erzielte Umsatz. Als Aufwand werden in allen drei Jahren die angefallenen Selbstkosten/Jahr angesetzt. Im vierten Jahr ist zudem die Bestandsreduzierung (wegen Verkaufs) zu berücksichtigen.

Fall 1:

| In T€ | 1. Jahr | 2. Jahr | 3. Jahr | 4. Jahr |
|---|---|---|---|---|
| Umsatz | 0 | 0 | 0 | 15.000 |
| Bestandsveränderung | 1.800 | 1.800 | 1.800 | -5.400 |
| Aufwand | -3.000 | -3.000 | -3.000 | -3.000 |
| Jahresergebnis | -1.200 | -1.200 | -1.200 | 6.600 |

Fall 2:

| In T€ | 1. Jahr | 2. Jahr | 3. Jahr | 4. Jahr |
|---|---|---|---|---|
| Umsatz | 0 | 0 | 0 | 15.000 |
| Bestandsveränderung | 2.700 | 2.700 | 2.700 | -8.100 |
| Aufwand | -3.000 | -3.000 | -3.000 | -3.000 |
| Jahresgewinn | -300 | -300 | -300 | 3.900 |

In beiden Fällen stellen sich Auftragszwischenverluste ein. Diese sind umso höher, je niedriger der Wertansatz für die unfertigen Erzeugnisse gewählt wird. In der letzten Periode erfolgt dann eine sprunghafte Ergebnisverbesserung. Die Folge dieser strikt am Realisationsprinzip orientierten Bewertung ist mithin eine enorme Verzerrung des Bildes der Vermögens-, Finanz- und Ertragslage.

***Aufgabe 6.1:***

a) Die Erstellung der Eröffnungsbilanz ist nach der Brutto- oder der Nettomethode möglich. Ein vereinbartes Agio ist unabhängig ausstehender Einlagen in voller Höhe zu zahlen.

Bruttomethode Bilanz zum 02.01.2003 (Werte in T€):

| Aktiva | | Passiva | |
|---|---|---|---|
| Ausstehende Einlage: | 20 | A. Eigenkapital | |
| | | I. Gezeichnetes Kapital: | 100 |
| B. Umlaufvermögen | | II. Kapitalrücklage: | 10 |
| I. Liquide Mittel: | 90 | | |
| Bilanzsumme: | 110 | Bilanzsumme: | 110 |

Nettomethode Bilanz zum 02.01.2003 (Werte in €):

| Aktiva | | Passiva | |
|---|---|---|---|
| B. Umlaufvermögen | | A. Eigenkapital | |
| I. Liquide Mittel: | 90 | I. Gezeichnetes Kapital: | 100 |
| | | ./. nicht eingeforderte | |
| | | ausstehende Einlage: | 20 |
| | | Eingefordertes | |
| | | Kapital: | 80 |
| | | II. Kapitalrücklage: | 10 |
| Bilanzsumme: | 90 | Bilanzsumme: | 90 |

b) Ausgehend vom Jahresüberschuss in Höhe von € 200.000, ist zunächst ein Anteil von 5% in die gesetzliche Rücklage einzustellen. Vom verbleibenden Rest (€ 190.000) sind maximal 50 % gemäß § 58 Abs. 2 AktG in die andere Gewinnrücklagen einzustellen (€ 95.000). Schließlich ist die satzungsmäßige Rücklage in Höhe von 5% des Jahresüberschusses zu bilden (€ 10.000). Somit verbleibt als Bilanzgewinn ein Betrag von € 85.000.

*Aufgabe 6.2:*

a) Auch nach der Kapitalerhöhung ist nicht zusätzlich in die gesetzliche Rücklage einzustellen, diese und die Kapitalrücklage zusammen überschreiten 10% des gezeichneten Kapitals. Vom Jahresüberschuss (T€ 16.000) ist jedoch zunächst der Verlustvortrag (T€ 2.000) zu subtrahieren, anschließend erst folgt die Möglichkeit bis zu 50 % in die anderen Gewinnrücklagen (€ 7.000) einzustellen.

b)
- c) Gezeichnetes Kapital: T€ 175.000
- d) Kapitalrücklage: T€ 37.500
- e) Gewinnrücklagen
  1. gesetzliche Rücklage: T€ 30.000
  2. andere Gewinnrücklagen: T€ 57.000
  
  T€ 87.000
- IV. Bilanzgewinn: T€ 7.000

c) Es wird hierbei kein Kapital von außen zugeführt, insofern existiert keine Finanzierungswirkung.

*Aufgabe 6.3:*

|  | Gezeichnetes Kapital | Kapital- und Gewinnrücklage | Gewinn/ Verlust | Stille Rücklagen |
|---|---|---|---|---|
| **Nominalkapital** | X |  |  |  |
| **Effektives Eigenkapital** | X | X | X | X |
| **Rechnerisches Eigenkapital** | X | X | X |  |

*Aufgabe 6.4:*

| | |
|---|---|
| Eigenkapital 1.1.2004: | € 240.000 |
| + Einlage in 2004: | € 40.000 |
| - Entnahmen in 2004: | € 72.000    12 x (€ 4.000 + € 2.000) |
| + Jahresüberschuss 2004: | € 80.000 |
| Eigenkapital 31.12.2004: | € 288.000 |

*Aufgabe 7.1:*

a) Hinsichtlich der Garantieverpflichtung handelt es sich um eine vergangenen Erträgen zuzuordnende Außenverpflichtung, folglich liegt eine passivierungspflichtige Verbindlichkeitsrückstellung vor. Kulanzabwicklungen werden i. d. R. vom Markt erwartet, auch hier liegt eine Passivierungspflicht vor. Somit sind insgesamt Rückstellungen für ungewisse Verbindlichkeiten in Höhe von € 350.000 + € 17.500 = € 367.500 zu bilden.

b) Ansatz als „Erhaltene Anzahlungen auf Bestellungen" in Höhe von € 10.000.

c) Es handelt sich um eine passivierungspflichtige Aufwandsrückstellung (Instandhaltung), da die Maßnahme binnen drei Monaten des Folgegeschäftsjahres nachgeholt wird.

d) Es ist eine Verbindlichkeit aus Lieferung und Leistungen (inkl. der USt) in Höhe von € 23.200 zu passivieren. Ein Skontoabzug wäre ein Verstoß gegen das Realisationsprinzip und hat daher zu unterbleiben.

e) Ein Ansatz einer Drohverlustrückstellung kommt nicht in Betracht, da kein schwebendes Geschäft vorliegt. Die auf Lager befindliche Ware ist abzuschreiben (siehe Kapitel 5.2).

*Aufgabe 7.2:*

Das Darlehen ist als „Verbindlichkeit gegenüber Kreditinstituten" mit € 100.000 zu passivieren. In der Handelsbilanz kann das Disagio in Höhe von € 5.000 entweder vollständig im Jahr der Kreditaufnahme als Aufwand erfasst werden, oder es wird als Disagio unter den aktiven Rechnungsabgrenzungsposten erfasst und über die Kreditlaufzeit (4 Jahre) mit jeweils € 1.250 linear abgeschrieben. Für die Zwecke der Steuerbilanz ist das Disagio zwingend zu aktivieren und über die Laufzeit abzuschreiben.

*Aufgabe 7.3:*

Die Anschaffungskosten betragen € 10.000. Am 31.12.2004 belief sich der Stichtagswert auf € 9.750 – aufgrund des Realisationsprinzips ist die Verbindlichkeit jedoch weiterhin mit € 10.000 auszuweisen, da die Abwertung einen nicht realisierten Gewinnausweis zur Folge hätte. Am 31.12.2005 ist die Verbindlichkeit auf € 10.500 erhöht auszuweisen (Höchstwertprinzip). Zum 31.12.2006 besteht ein Wahlrecht, die Verbindlichkeit kann weiterhin zu € 10.500 oder zum niedrigeren Anschaffungswert in Höhe von € 10.000 passiviert werden.

*Aufgabe 7.4:*

Es liegen immer dann Schulden vor, wenn eine selbstständig bewertbare, sichere oder hinreichend sichere Vermögensbelastung aufgrund einer rechtlichen oder wirtschaftlichen Leistungsverpflichtung vorliegt. Die hier dargestellte Verpflichtung ist hinreichend sicher. Es handelt es sich um eine vergangenen Erträgen zuzuordnende Außenverpflichtung, folglich liegt eine passivierungspflichtige Verbindlichkeitsrückstellung vor. Der nach vernünftiger kaufmännischer Beurteilung anzusetzende Erfüllungsbetrag resultiert aus der Rechnung: € 230.000 * 0,5 * 1,2 = € 138.000. Der Ausweis hat unter den „sonstigen Rückstellungen" zu erfolgen.

*Aufgabe 7.5:*

1. Barwert der Rentenleistung zu Rentenbeginn: € 111.627,64
2. Durch 4malige Abzinsung mit 6 % resultiert der Barwert der Rentenleistung zum Bilanzstichtag: € 88.419,55
3. Der Barwert der Rentenleistung zum Diensteintrittszeitpunkt beträgt: € 49.373,01
4. Der Barwert aus 3. wird zu fiktiven Nettoprämien/Periode über den Gesamtzeitraum verrentet zu: € 5.311,55
5. Der Barwert der noch zu erbringenden Gegenleistung zum 31.12.2002 beträgt: € 18.405,08
6. Schließlich ist der Teilwert zum 31.12.2002 durch Saldierung der Ergebnisse von 2. und 5. zu bestimmen: € 88.419,54 - € 18.405,08 = € 70.014,46 (Bilanzansatz der Pensionszusage zum 31.12.2002).

*Aufgabe 8.1:*
a) Strenge Zeitraumbezogenheit gegeben, Auszahlung vor, Aufwand nach Bilanzstichtag, d.h. Ansatz als aRAP.
b) Wie a), jedoch nur anteiliger Ansatz als aRAP.
c) Kein strenger Zeitraumbezug, Ansatz als geleistete Anzahlungen auf Vorräte.
d) Strenge Zeitraumbezogenheit gegeben, Aufwand vor, Auszahlung nach Bilanzstichtag, anteiliger Ansatz als sonstige Verbindlichkeit.
e) Strenge Zeitraumbezogenheit gegeben, Ertrag vor, Einzahlung nach Bilanzstichtag, Ansatz als sonstiger Vermögensgegenstand.
f) Es fehlt die strenge Zeitraumbezogenheit, die künftigen Umsätze sind zudem ungewiss, kein Ansatz als Vermögensgegenstand.
g) Ausgabe vor, Aufwand nach Bilanzstichtag, es fehlt zwar der strenge Zeitraumbezug, doch handelt es sich um einen der in § 250 HGB genannten Sonderfälle – die Zölle dürfen als aRAP angesetzt werden.

*Aufgabe 8.2:*
Der Vorteil liegt in einem Steuerstundungseffekt, ein eigentlich realisierter Ertrag muss nicht im Jahr seines zeitlichen Anfalls, sondern in späteren Perioden versteuert werden. Der Eigenkapitalanteil des Sonderpostens mit Rücklagenanteil ist abhängig von der Höhe des Ertragsteuersatzes des Unternehmens, beträgt dieser beispielsweise 35%, so ist der Eigenkapitalanteil des Sonderpostens 65%.

*Aufgabe 8.3:*

| Sachverhalt | Möglicher Bestandteil der Aufwendungen für die Ingangsetzung und Erweiterung des Geschäftsbetriebes? | |
|---|---|---|
| | **Ja** | **Nein** |
| Aufwendungen für eine Beratung zur strategischen Neuausrichtung | Dürfen berücksichtigt werden | |
| Aufwendungen für die Eintragung in das Handelsregister | | Aktivierungsverbot, da sie zu den Gründungsaufwendungen zählen |
| Aufwendungen für die Mitarbeiterakquisition | Dürfen berücksichtigt Werden | |
| Aufwendungen für eine selbsterstellte Vertriebssteuerungs-Software | Da diese Aufwendungen normalerweise nicht aktiviert werden dürfen, dürfen sie hier berücksichtigt werden. | |
| Von der Hausbank fakturierte Emissionskosten | | Aktivierungsverbot, da Aufwendungen der Eigenkapitalbeschaffung. |
| Anschaffungskosten für einen PKW | | Es handelt sich hierbei um (ohnehin) zu aktivierende Anschaffungskosten. Der PKW ist gesondert zu aktivieren. |

*Aufgabe 8.4:*

Die OHG darf ihre gesamten Haftungsverhältnisse, die nicht in der Bilanz vermerkt sind, in einer Summe unter dem Bilanzstrich angeben. Die angesprochene Bürgschaft braucht dabei nicht getrennt ausgewiesen werden. Der Ausweis zum 31.12.2005 unter dem Bilanzstrich kann lauten: „Haftungsverhältnisse aus Bürgschaften € 10.000". Aufgrund geänderter Einschätzung ist zum 31.12.2006 eine Rückstellung für ungewisse Verbindlichkeiten von € 4.000 zu bilden, der Posten der Haftungsverhältnisse aus Bürgschaften ist auf € 6.000 zu reduzieren. Zum 31.12.2007 ist die Rückstellung aufzulösen und eine sonstige Verbindlichkeit in Höhe von € 2.000, sowie sonstige betriebliche Erträge in Höhe des Differenzbetrages von € 2.000, anzusetzen. Die Angabe unter dem Bilanzstrich ist um den Differenzbetrag auf € 8.000 zu erhöhen.

*Aufgabe 9.1:*

Bei dem Gesamtkostenverfahrens sind die Aufwendungen sachlich gegliedert, im Rahmen des Umsatzkostenverfahrens funktional. Das Gesamtkostenverfahren stellt eine Produktionserfolgsrechnung dar, als Ertrag werden auch Bestandsveränderungen im Bereich der fertigen und unfertigen Erzeugnisse sowie andere aktivierte Eigenleistungen berücksichtigt. Hierauf verzichtet das Umsatzkostenverfahren als Absatzerfolgsrechnung, die entsprechend angefallenen Aufwendungen werden entweder von den Periodenaufwendungen subtrahiert und/oder die auf die aus Vorperioden stammenden Erzeugnisse und Waren entfallenden Aufwendungen werden hinzugerechnet.

## *Aufgabe 9.2:*

| Vorgang | Posten gemäß § 275 Abs. 2 HGB |
|---|---|
| Dividenden aus Wertpapieren eines verbundenen Unternehmens | Nr. 9 |
| Es wurden Garantiezusagen im normalen Umfange gegeben, nun ist eine Rückstellung zu bilden | Nr. 8 |
| Abschreibungen auf den derivativen Firmenwert | Nr. 7a |
| Die betriebseigene Montage fertigte im gesamten Monat Mai für den zu Lieferzwecken genutzten LKW eine Spezialvorrichtung an | Nr. 3 |
| Für die Werkswohnungen gingen die Mieten ein | Nr. 4 |
| Säumniszuschläge für verspätete Steuerzahlung | Nr. 8 |

## *Aufgabe 9.3:*

Wenn die Geräte zum zulässigen Minimalansatz bewertet werden sollen, so ist dieser durch die ausschließliche Berücksichtigung der angegebenen Material- und Fertigungseinzelkosten in Höhe von insgesamt € 3 Mio. für 10.000 Stück mit € 300/Stück zu errechnen.

Gesamtkostenverfahren:
  Umsatzerlöse:              € 4.875.000 (= € 650/Stück * 7.500 Stück)
  + Erhöhung des Bestands an
    fertigen Erzeugnissen:    € 600.000 (= € 300/Stück * 2.000 Stück)
  - Periodenaufwand:      € 5.400.000
  = Jahresüberschuss:     € 75.000

Umsatzkostenverfahren:
  Umsatzerlöse:              € 4.875.000 (= € 650/Stück * 7.500 Stück)
  - Herstellungskosten der zur
    Erzielung der Umsatzerlöse
    erbrachten Leistungen:  € 2.400.000 (€ 300/Stück * 8.000 Stück)

- übrige Aufwendungen:     € 2.400.000
= Jahresüberschuss:     €  75.000

Die Herstellungskosten der zur Erzielung der Umsatzerlöse erbrachten Leistungen enthalten die Einzelkosten des Schwunds.

### *Aufgabe 10.1:*
Beides sind Informationen die aufgrund ihrer Art nicht Bestandteil des Lageberichts, sondern des Anhangs sind!
a)    Ein solcher Hinweis ist auch im Anhang nicht zulässig. Die Vorschrift des § 284 Abs. 2 Nr. 1 impliziert die in jedem Jahr erneut darzulegende Angabe der Bilanzierungs- und Bewertungsmethoden.
b)    Der Hinweis wäre im Anhang bezüglich der Roh-/Hilfs- und Betriebsstoffe ausreichend.

### *Aufgabe 10.2:*
Verpflichtet sind alle mittelgroßen und großen Kapitalgesellschaften*.

### *Aufgabe 10.3:*
Der Anhang hat die Aufgabe, die durch die Bilanz und GuV vermittelten Informationen näher zu erläutern, zu ergänzen, zu korrigieren und beide Medien zu entlasten. Die Erläuterungsfunktion des Anhangs dient der weiteren Interpretation und Kommentierung bestimmter Angaben in der Bilanz und der GuV bezüglich Inhalt, Entstehen und Charakter. Im Rahmen seiner Ergänzungsfunktion vermittelt er zusätzliche Informationen zur Bilanz und GuV. Sind Informationen, die sich nicht auf die Bilanz und GuV beziehen, für die Beurteilung der Vermögens-, Finanz- und Ertragslage unerlässlich, so hat eine Aufnahme dieser Informationen in den Anhang zu erfolgen. Bedingen besondere Ereignisse eine hohe Wahrscheinlichkeit für eine Fehlinterpretation der Angaben in der Bilanz und GuV, weist der Anhang im Rahmen seiner Korrekturfunktion durch Aufnahme zusätzlicher Informationen darauf hin. Schließlich ist seine entlastende Rolle notwendig. Bestimmte Informationen können von der Bilanz oder GuV in den Anhang verlagert werden, ohne einen Informationsverlust zu erleiden, hierdurch kann die Übersichtlichkeit und Klarheit von Bilanz und GuV erhöht werden (§ 243 Abs. 2 HGB).

# Literaturverzeichnis

Adler, H./Düring, W./Schmalz, K.: Rechnungslegung und Prüfung der Unternehmen, 6. Auflage, Stuttgart 2002.

Baetge, J./Kirsch, H.J./Thiele, S.: Bilanzen, 6. Auflage, Düsseldorf 2002.

Beck'scher Bilanzkommentar: Der Jahresabschluss nach Handels- und Steuerrecht, 5. Auflage, München 2002.

Bitz, M./Schneeloch, D./Wittstock, W.: Der Jahresabschluss, 4. Auflage, München 2003.

Coenenberg, A. G.: Jahresabschluss und Jahresabschlussanalyse, 19. Auflage, Stuttgart 2003.

Meyer, C.: Bilanzierung nach Handels- und Steuerrecht, 15. Auflage, Herne, Berlin 2004.

# Stichwortverzeichnis

Abgrenzungsgrundsatz 28
    -, sachlicher 28
    -, zeitlicher 28 f.
Abschreibung 64 ff., 178
    -, Änderung der 82 ff.
    -, Außerplanmäßige 76 ff.
    -, Degressive 71 ff.
    -, Degressiv-lineare 73 f.
    -, Leistungsorientierte 69 f.
    -, Lineare 70 f.
    -, Planmäßige 66 ff.
    -, Progressive 74
    -splan 66 f.
AfA-Tabelle 67 f.
Aktiva 3
Anhang 185 ff.
Anteile 62 f.
Anlagespiegel 83 ff.
Anlagen 60 ff.
    -, Andere 61 ff.
    -, Finanz- 62
    - im Bau 62,
    -, Sach- 61 f.
    -, Technische 61
Anleihen 136 f.
Anlagevermögen 59 ff.
    -, Abnutzbares 65 f.
    -, Nicht abnutzbares 65 f.
Anschaffungskosten 42 ff.
Asset deal 75
Aufwand 5 f., 169 ff., 178 ff.
-, außerordentlicher 180
Ausleihungen 62 f.
Ausstehende Einlagen 118 f.
Barwert 48 f.

Beizulegender Wert 52 f.
Beteiligungen 62 f.
    -, Erträge aus 179
Betriebsergebnis 174 ff.
Betriebsvermögen 38
Betriebs- und
Geschäftsausstattung 61
Bewertungsregeln 41 ff.
Bilanz 3 ff.
    -ansatz 35 ff.
    -summe 3 f.
    -gewinn 127 ff.
Bilanzierungsfähigkeit 35 ff.
Bilanzierungshilfe 40, 159 f.
Bilanztheorie 7 ff.
    -, dynamische 8 f.
    -, organische 9 f.
    -, statische 7 f.
Börsen- oder Marktpreis 50 ff.
Buchführungspflicht 20
Completed-Contract 112
Disagio 147
Eigene Anteile 97
    -, Rücklage für 125
Eigenkapital 3 f., 116
    -, Effektives 116 f.
    -, Rechnerisches 116 f.
Eigenleistung 177
Einheitsbilanz 21
Einlagen 130 f.
Einzelwertberichtigung 108
Entnahmen 130 f.
Erfolgsspaltung 171
Erfüllungsbetrag 48

Ergebnis
- -verwendung  127 ff.
- - der gewöhnlichen Geschäftstätigkeit 180

Erhaltungsaufwand  64
Ertrag  5 f., 169 ff., 177
- -, außerordentlicher  180

F&E-Bericht  192
Festwertverfahren 102 f.
FIFO  105 f.
Forderungen  95 f., 107 ff.
Fremdkapital  4 f., 135 ff.
Geschäfts- oder Firmenwert  60 f., 75 f.
Gesamtkostenverfahren  172 ff.
Gesetzliche Rücklage  123 f.
Gewinnrücklagen 120 ff.
Gewinnvortrag  127
Gezeichnetes Kapital 117 ff.
GoB  11, 22 ff., 31
Going-Concern-Prinzip 30 f.
Größenkriterien  15
- - für Kapitalgesellschaften 15 f.
- - für Personengesellschaften 18

Grundstücke und Gebäude  61
Gruppenbewertung 103
GuV  5 f., 169 ff.
GWG  62
Herstellungskosten  44 ff., 64
- - zur Erzielung der Umsatzerlöse  182

HIFO  106 f.
Höchstwertprinzip  51 f.
Imparitätsprinzip  27 f.
Jahresabschluss  6, 14
- -, Offenlegung des 17 f., 19
- -, Prüfung des  17, 19
- -, Feststellung des 17, 19

Jahresüberschuss  126 ff.
Jahresfehlbetrag  126 ff.
KapCoRiLiG  12
Kapital  4 f.
- -erhöhung  119
- -herabsetzung 119 f.
- -rücklage  120 ff.

Lagebericht  188 ff.
Langfristige Fertigung  95
Leasing  164 ff.
LIFO  106
Liquide Mittel  97 f., 111 f.
LOFO  107
Maßgeblichkeit  20 f.
- -, umgekehrte  21, 80

Nachtragsbericht  191
Niederstwertprinzip  49 ff.
- -, Mildes  50 ff., 76
- -, Strenges  50 ff., 98 f.

Nominalkapital  116
Passiva  3
Pauschalwertberichtigung  109
Percentage-of-Completion  112
Prognosebericht  191
Realisationsprinzip  26 f.
Rechnungsabgrenzungsposten  155 ff.
Rechnungswesen
- -, externes  2 f., 6
- -, internes  2 f., 6

Reinvermögensvergleich  3 f.
Risikobericht  191
Rücklagen  120 ff.

Rückstellungen 139 ff., 148 ff.
-, Aufwands- 143 f.
- für drohende Verluste aus schwebenden Geschäften 142 f.
- für ungewisse Verbindlichkeiten 141 f.
-, Pensions- 145, 149 f.
Rückzahlungsbetrag 47 f.
Sammelbewertung 103 f.
Scheingewinn 9 f.
Share deal 76
Sonderposten mit Rücklagenanteil 157
Sonstige Vermögensgegenstände 96
Steuern
-, Latente 161 ff.
- vom Einkommen und Ertrag 181
-, Sonstige 182
Stetigkeitsgrundsatz 29 f.
Teilwert 54 f.
-abschreibung 79
Umlaufvermögen 93 ff.
Umsatz
-erlöse 176 f.
-kostenverfahren 172 ff.
-, Bruttoergebnis vom 183
Verbindlichkeiten 135 ff., 146 ff.
-spiegel 137
-, Eventual- 163
Verlustvortrag 127
Vorräte 93 ff., 101 ff.
Wertaufhellung 24 f.
Wertbegründung 24 f.

Wertminderung 49 ff.
-, dauerhafte 51
- des Anlagevermögens 50 ff.
- des Umlaufvermögens 50 ff.
-, vorübergehende 50 f.
Wertpapiere 62 f.
- des Anlagevermögens 62 f.
- des Umlaufvermögens 97 f., 110 ff.
Wirtschaftsbericht 190 f.
Zinsen 179 ff.
Zukunftswert 54
Zuschreibung 80 f.
Zurechenbarkeit 37 ff.
Zweigniederlassungs-Bericht 192

MIX
Papier aus verantwortungsvollen Quellen
Paper from responsible sources
FSC® C105338

If you have any concerns about our products,
you can contact us on
**ProductSafety@springernature.com**

In case Publisher is established outside the EU,
the EU authorized representative is:
**Springer Nature Customer Service Center GmbH
Europaplatz 3, 69115 Heidelberg, Germany**

Printed by Libri Plureos GmbH
in Hamburg, Germany